모든 응용을 다 푸는 해결의 법칙

응용 **해결의 법칙** 만의

학습 관리

1 메타인지 개념학습

메타인지 학습을 통해 개념을 얼마나 알고 있는지 확인하고 개념을 다질 수 있어요.

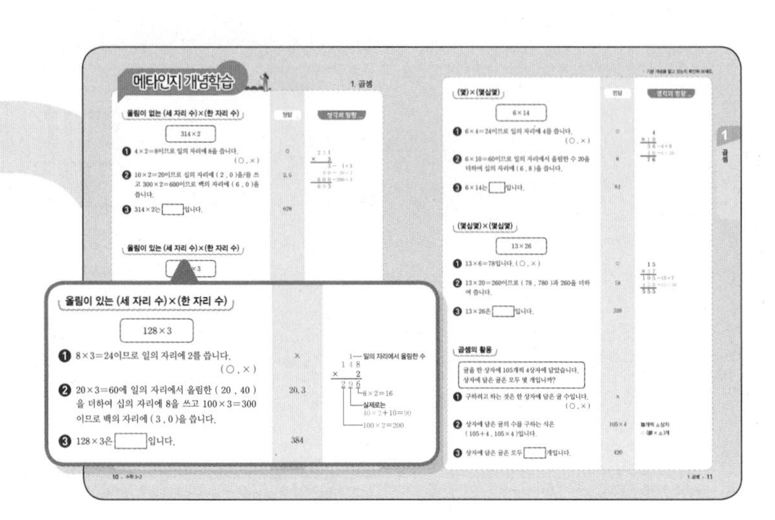

2 응용 개념 비법

응용 개념 비법에서 한 단계 더 나아간 심화 개념 설명을 익히고 교과서 개념으로 기본 개념을 확인할 수 있어요.

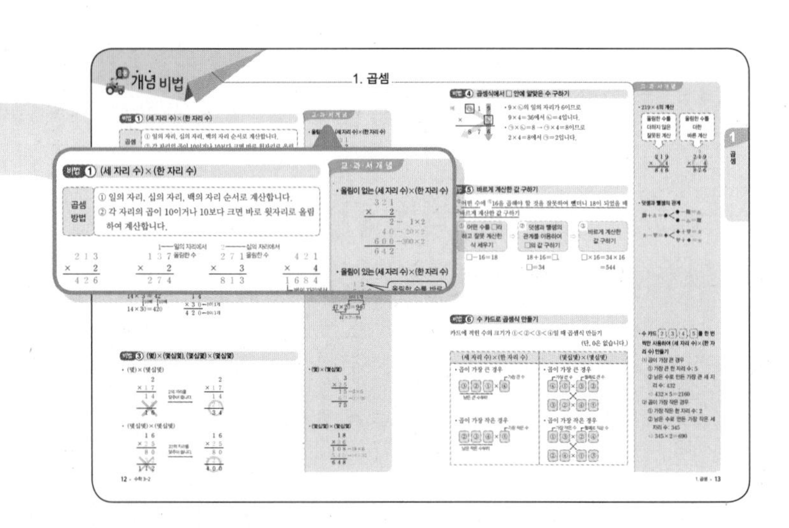

3 기본 유형 익히기

다양한 유형의 문제를 풀면서 개념을 완전히 내 것으로 만들어 보세요.

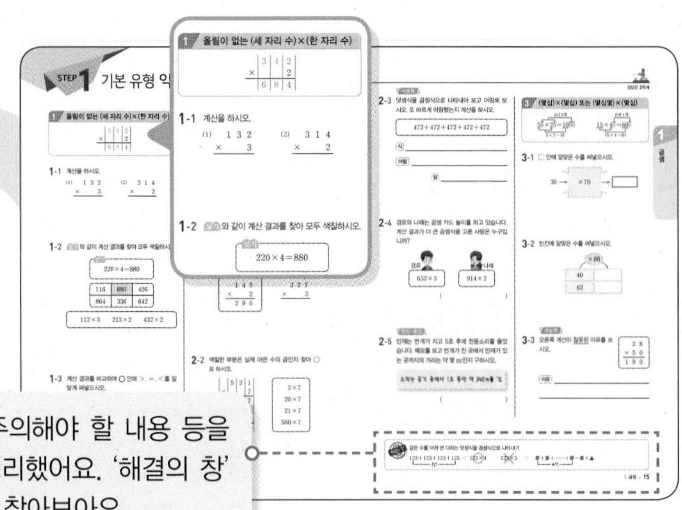

해결의 창 꼭 알아야 할 개념, 주의해야 할 내용 등을 아래에 '해결의 창'으로 정리했어요. '해결의 창'을 통해 문제 해결의 방법을 찾아보아요.

4 응용 유형 익히기

응용 유형 문제를 단계별로 푸는 연습을 통해 어려운 문제도 스스로 풀 수 있는 힘을 길러 줍니다.

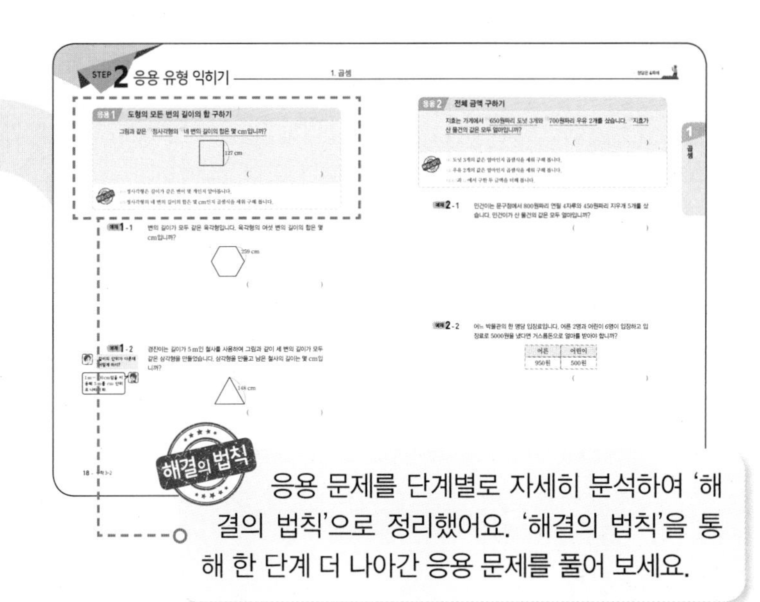

해결의 법칙 응용 문제를 단계별로 자세히 분석하여 '해결의 법칙'으로 정리했어요. '해결의 법칙'을 통해 한 단계 더 나아간 응용 문제를 풀어 보세요.

5 응용 유형 뛰어넘기

한 단계 더 나아간 심화 유형 문제를 풀면서 수학 실력을 다져 보세요.

동영상 강의 제공

유사 문제 제공

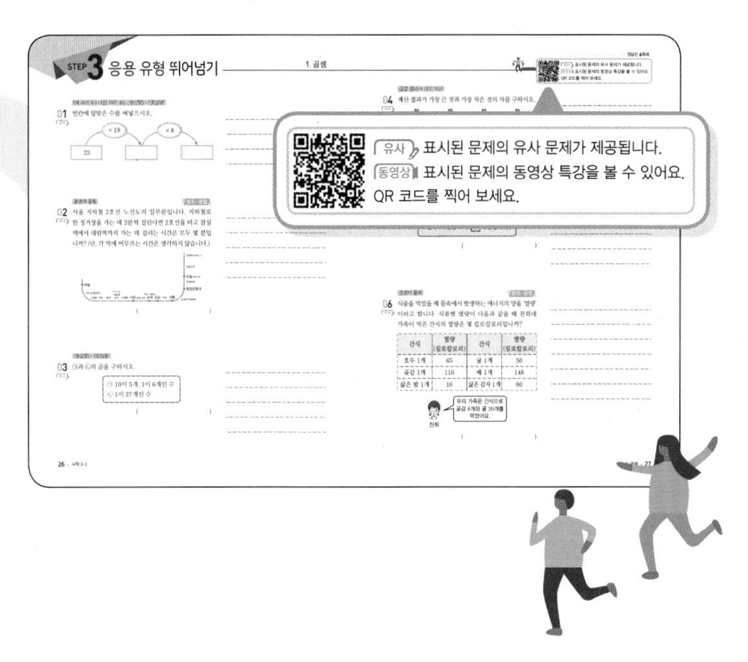

6 실력평가

실력평가를 풀면서 앞에서 공부한 내용을 정리해 보세요. 학교 시험에 잘 나오는 유형과 좀 더 난이도가 높은 문제까지 수록하여 확실하게 유형을 정복할 수 있어요.

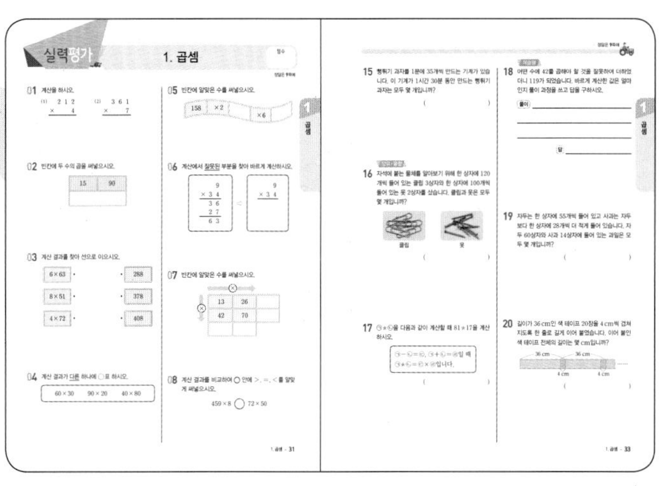

동영상 강의

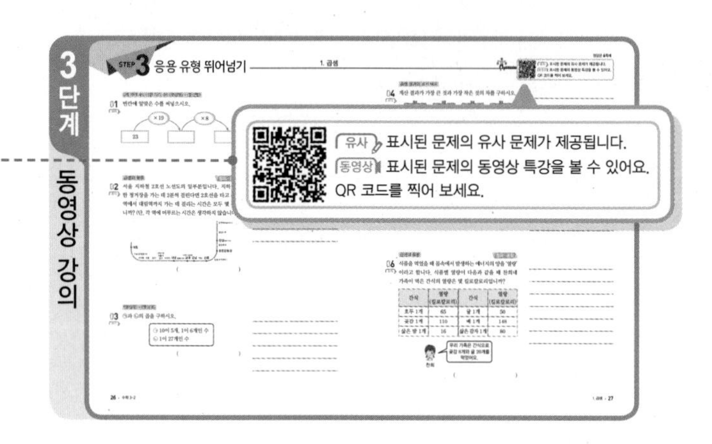

선생님의 더 자세한 설명을 듣고 싶거나 혼자 해결하기 어려운 문제는 교재 내 QR 코드를 통해 동영상 강의를 무료로 제공하고 있어요.

유사 문제

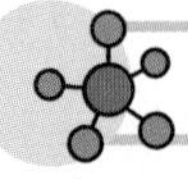

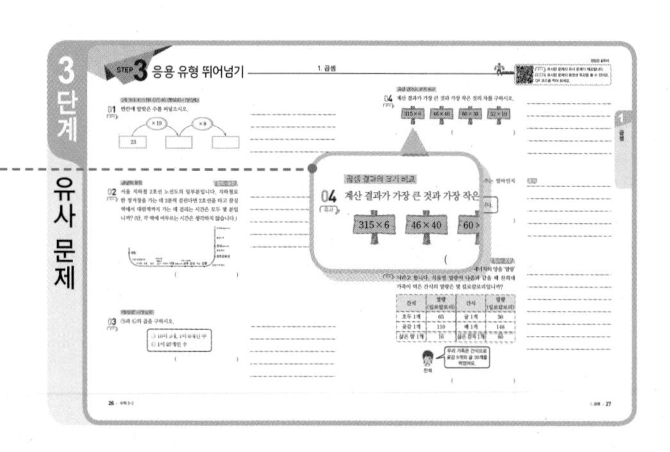

3단계에서 비슷한 유형의 문제를 더 풀어 보고 싶다면 QR 코드를 찍어 보세요. 추가로 제공되는 유사 문제를 풀면서 앞에서 공부한 내용을 정리할 수 있어요.

응용 해결의 법칙 3-1

동영상	게임	유사문제

1	덧셈과 뺄셈	학습하기
2	평면도형	학습하기
3	나눗셈	학습하기
4	곱셈	학습하기
5	길이와 시간	학습하기
6	분수와 소수	학습하기

해결의 법칙

이럴 때 필요해요!

우리 아이에게
수학 개념을
탄탄하게 해 주고
싶을 때

교과서 개념, 한 권으로 끝낸다!

개념을 쉽게 설명한 교재로 개념 동영상을 확인하면서 차근차근 실력을 쌓을 수 있어요. 교과서 내용을 충실히 익히면서 자신감을 가질 수 있어요.

개념이 어느 정도
갖춰진 우리 아이에게
공부 습관을
키워 주고싶을 때

기초부터 심화까지 몽땅 잡는다!

다양한 유형의 문제를 풀어 보도록 지도해 주세요. 이렇게 차근차근 유형을 익히며 수학 수준을 높일 수 있어요.

개념이 탄탄한
우리 아이에게
응용 문제로
수학 실력을 길러
주고 싶을 때

응용 문제는 내게 맡겨라!

수준 높고 다양한 유형의 문제를 풀어 보면서 성취감을 높일 수 있어요.

차례

3·2

1 곱셈

19단 외우기의 비밀

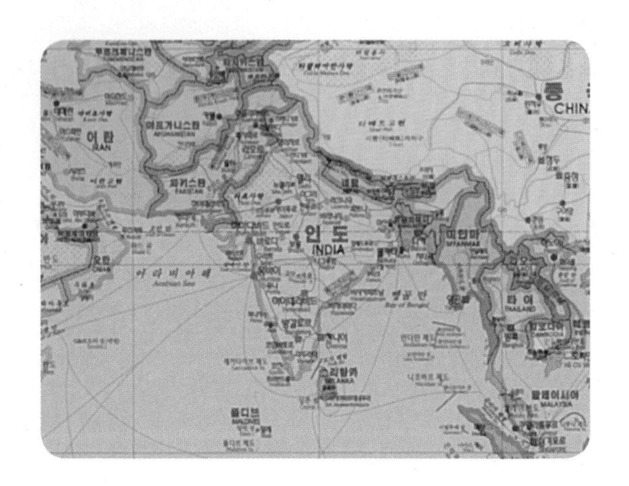

여러분!
인도라고 하면 어떤 것이 떠오르나요?
힌두교, 불교, 카레……
모두 맞아요!
그런데 수학을 떠올리는 친구들도 있죠?
그렇다면 수학적으로 인도는 어떤 곳일까요?

그곳은 구구단이 아닌 19단을 술술 외우는 사람들이 사는 나라랍니다.
구구단이 아닌 19단을 술술 외운다니, 어떻게 그게 가능할까요?
사실은 19단을 외우는 것이 아니라 바로바로 계산할 수 있다는 말이 더 정확하겠네요.
원리를 이해하면 19단 뿐 아니라 더 높은 단을 외우는 것도 어렵지 않아요.
같은 계산이어도 다양하게 풀어 보고 또 다른 방법이 있는지를 생각해 보게 하는 것이 인도인의 입에서 입으로 전해오던 수학, 베다(Veda) 수학이랍니다.

이미 배운 내용	이번에 배울 내용	앞으로 배울 내용
[3-1 곱셈] • (몇십)×(몇) • 올림이 없는 (몇십몇)×(몇) • 올림이 있는 (몇십몇)×(몇)	• (세 자리 수)×(한 자리 수) • (몇십)×(몇십), (몇십몇)×(몇십) • (몇)×(몇십몇) • (몇십몇)×(몇십몇)	[4-1 곱셈과 나눗셈] • (세 자리 수)×(몇십) • (세 자리 수)×(두 자리 수) • 몇십으로 나누기 • 몇십몇으로 나누기

인도인의 베다 수학 중 곱셈에서는
곱하는 수의 종류에 따라 빠르게 계산하는 방법을 알려줍니다.
그중 (십몇)×(십몇)을 계산하는 방법에 따라 계산하면 19단을 쉽고 빠르게 계산할 수 있어요.
예를 들어 16×13을 계산해 보며 알아볼까요?

(십몇)×(십몇)의 계산

$$\begin{array}{r} 16 \\ \times\ 13 \\ \hline 19 \end{array} \leftarrow 16+3 \quad \Rightarrow \quad \begin{array}{r} 16 \\ \times\ 13 \\ \hline 19 \\ 18 \end{array} \leftarrow 6\times3 \quad \Rightarrow \quad \begin{array}{r} 16 \\ \times\ 13 \\ \hline 190 \\ 18 \\ \hline 208 \end{array}$$

0이 있다고 생각하고 계산하기

16+3을 계산하여 합 19를 씁니다.	6×3을 계산하여 곱 18을 오른쪽으로 한 칸 옮겨서 씁니다.	190+18=208이 16×13의 곱과 같습니다.

일반적인 곱셈은 아래의 왼쪽과 같이 4칸을 따로 계산하여 더하는데,
베다 수학에서는 오른쪽과 같이 10× 끼리 묶어서 더 간단하게 계산한답니다.

일반적인 곱셈

4칸을 각각 계산

10×3	6×3
10×10	10×6

16×13
=10×10+6×10+10×3+6×3
=100+60+30+18
=208

베다 수학의 곱셈

옮겨서 더 빠르게 계산!

10×3	6×3	
10×10	10×6	10×3

16×13
=(16+3)×10+6×3
=190+18
=208

메타인지 개념학습

올림이 없는 (세 자리 수)×(한 자리 수)

정답 | 생각의 방향

314×2

❶ $4 \times 2 = 8$이므로 일의 자리에 8을 씁니다. (○ , ×)

정답: ○

❷ $10 \times 2 = 20$이므로 십의 자리에 (2 , 0)을/를 쓰고 $300 \times 2 = 600$이므로 백의 자리에 (6 , 0)을 씁니다.

정답: 2, 6

❸ 314×2는 ☐ 입니다.

정답: 628

생각의 방향:

```
    2 3 1
×       3
---------
        3 …  1×3
      9 0 …  30×3
    6 0 0 …200×3
---------
    6 9 3
```

올림이 있는 (세 자리 수)×(한 자리 수)

128×3

❶ $8 \times 3 = 24$이므로 일의 자리에 2를 씁니다. (○ , ×)

정답: ×

❷ $20 \times 3 = 60$에 일의 자리에서 올림한 (20 , 40)을 더하여 십의 자리에 8을 쓰고 $100 \times 3 = 300$이므로 백의 자리에 (3 , 0)을 씁니다.

정답: 20, 3

❸ 128×3은 ☐ 입니다.

정답: 384

생각의 방향:

```
      1── 일의 자리에서 올림한 수
    1 4 8
×       2
---------
    2 9 6
    │ │ └─ 8×2=16
    │ └─── 실제로는 40×2+10=90
    └───── 100×2=200
```

(몇십)×(몇십)

20×30

❶ $2 \times 3 = 6$입니다. (○ , ×)

정답: ○

❷ 20×30은 2×3의 (10 , 100)배입니다.

정답: 100

생각의 방향: (몇십)×(몇십)은 (몇)×(몇)의 100배입니다.

❸ 20×30은 ☐ 입니다.

정답: 600

(몇)×(몇십몇)

정답 | 생각의 방향

6×14

❶ $6\times4=24$이므로 일의 자리에 4를 씁니다. (○ , ×)

정답: ○

❷ $6\times10=60$이므로 일의 자리에서 올림한 수 20을 더하여 십의 자리에 (6 , 8)을 씁니다.

정답: 8

❸ 6×14는 [ ] 입니다.

정답: 84

생각의 방향:

```
    4
  × 1 9
  -----
    3 6 …4×9
    4 0 …4×10
  -----
    7 6
```

(몇십몇)×(몇십몇)

13×26

❶ $13\times6=78$입니다. (○ , ×)

정답: ○

❷ $13\times20=260$이므로 (78 , 780)과 260을 더하여 씁니다.

정답: 78

❸ 13×26은 [ ] 입니다.

정답: 338

생각의 방향:

```
    1 5
  × 3 7
  -------
  1 0 5 …15×7
  4 5 0 …15×30
  -------
  5 5 5
```

곱셈의 활용

귤을 한 상자에 105개씩 4상자에 담았습니다.
상자에 담은 귤은 모두 몇 개입니까?

❶ 구하려고 하는 것은 한 상자에 담은 귤 수입니다. (○ , ×)

정답: ×

❷ 상자에 담은 귤의 수를 구하는 식은 ($105+4$, 105×4)입니다.

정답: 105×4

생각의 방향: ■개씩 ▲상자 ⇨ (■×▲)개

❸ 상자에 담은 귤은 모두 [ ] 개입니다.

정답: 420

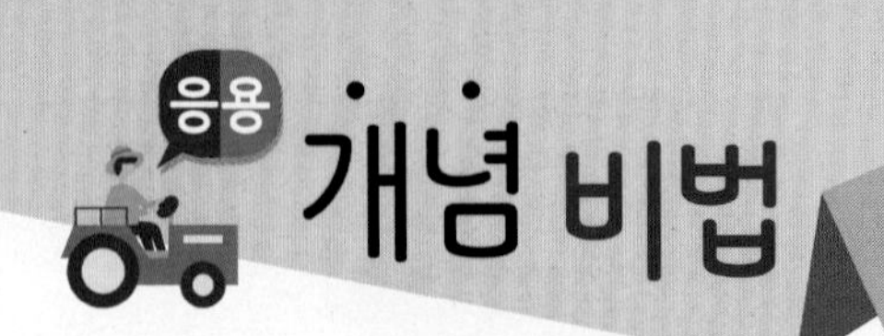

비법 ① (세 자리 수)×(한 자리 수)

곱셈 방법
① 일의 자리, 십의 자리, 백의 자리 순서로 계산합니다.
② 각 자리의 곱이 10이거나 10보다 크면 바로 윗자리로 올림하여 계산합니다.

$213 \times 2 = 426$

$137 \times 2 = 274$ (1: 일의 자리에서 올림한 수)

$271 \times 3 = 813$ (2: 십의 자리에서 올림한 수)

$421 \times 4 = 1684$ (1: 백의 자리에서 올림한 수)

비법 ② (몇십)×(몇십) 또는 (몇십몇)×(몇십)

• (몇십)×(몇십) ⇨ (몇)×(몇)에 0을 2개 붙입니다.

$4 \times 2 = 8$ → (10배, 10배) → $40 \times 2 = 80$

$4 \times 2 = 8$ → (10배, 10배, 100배) → $40 \times 20 = 800$

40 ← 0이 1개, $\times 20$ ← 0이 1개, 800 ← 0이 2개 (⊕)

• (몇십몇)×(몇십) ⇨ (몇십몇)×(몇)에 0을 1개 붙입니다.

$14 \times 3 = 42$ → (10배, 10배) → $14 \times 30 = 420$

14, $\times 30$ ← 0이 1개, 420 ← 0이 1개

비법 ③ (몇)×(몇십몇), (몇십몇)×(몇십몇)

• (몇)×(몇십몇)

2×17: 14, 2 → 16 (×) — 2의 자리를 맞추어 씁니다. → 14, 20 → 34 (○)

• (몇십몇)×(몇십몇)

16×25: 80, 32 → 112 (×) — 32의 자리를 맞추어 씁니다. → 80, 320 → 400 (○)

교·과·서 개념

• 올림이 없는 (세 자리 수)×(한 자리 수)

321×2: 2 … 1×2, 40 … 20×2, 600 … 300×2 → 642

• 올림이 있는 (세 자리 수)×(한 자리 수)

$548 \times 3 = 1644$ (올림 1 2)

올림한 수를 바로 윗자리 위에 작게 씁니다.

• (몇십)×(몇십)

$30 \times 50 = 1500$ (0이 2개, $3 \times 5 = 15$)

• (몇십몇)×(몇십)

$47 \times 20 = 940$ (0이 1개, $47 \times 2 = 94$)

• (몇)×(몇십몇)

3×25: 15 … 3×5, 60 … 3×20 → 75

• (몇십몇)×(몇십몇)

18×36: 108 … 18×6, 540 … 18×30 → 648

비법 4 곱셈식에서 □ 안에 알맞은 수 구하기

예) 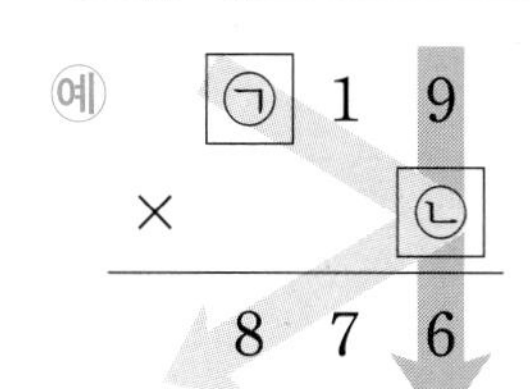

- $9\times$㉡의 일의 자리가 6이므로 $9\times4=36$에서 ㉡$=4$입니다.
- ㉠$\times$㉡$=8$ → ㉠$\times4=8$이므로 $2\times4=8$에서 ㉠$=2$입니다.

비법 5 바르게 계산한 값 구하기

예) ②어떤 수에 ①16을 곱해야 할 것을 잘못하여 뺐더니 18이 되었을 때 ③바르게 계산한 값 구하기

① 어떤 수를 □라 하고 잘못 계산한 식 세우기	⇨	② 덧셈과 뺄셈의 관계를 이용하여 □의 값 구하기	⇨	③ 바르게 계산한 값 구하기
□$-16=18$		$18+16=$□, □$=34$		□$\times16=34\times16$ $=544$

비법 6 수 카드로 곱셈식 만들기

카드에 적힌 수의 크기가 ①<②<③<④일 때 곱셈식 만들기

(단, 0은 없습니다.)

(세 자리 수)×(한 자리 수)	(몇십몇)×(몇십몇)
• 곱이 가장 큰 경우 ③②①×④ (④: 가장 큰 수, ③②①: 남은 큰 수부터)	• 곱이 가장 큰 경우 ④①×③② (④: 가장 큰 수, ③: 둘째로 큰 수) ③②×④①
• 곱이 가장 작은 경우 ②③④×① (①: 가장 작은 수, ②③④: 남은 작은 수부터)	• 곱이 가장 작은 경우 ①③×②④ (①: 가장 작은 수, ②: 둘째로 작은 수) ②④×①③

교·과·서 개념

- 219×4의 계산

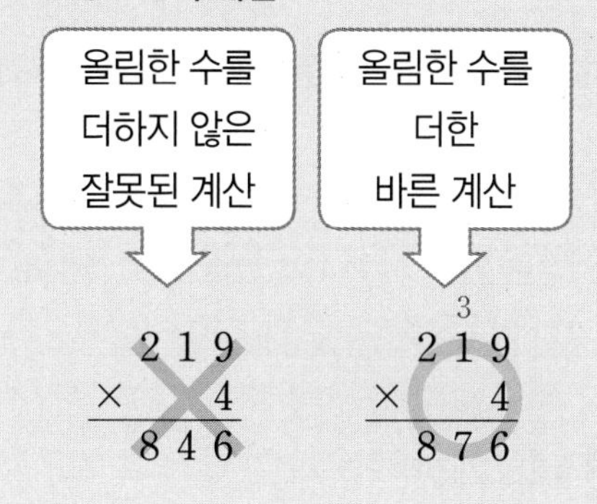

- 덧셈과 뺄셈의 관계

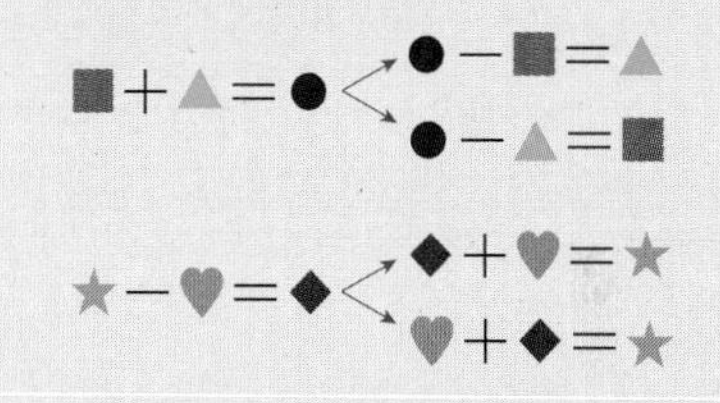

- 수 카드 2, 3, 4, 5를 한 번 씩만 사용하여 (세 자리 수)×(한 자리 수) 만들기
  (1) 곱이 가장 큰 경우
  ① 가장 큰 한 자리 수: 5
  ② 남은 수로 만든 가장 큰 세 자리 수: 432
  ⇨ $432\times5=2160$
  (2) 곱이 가장 작은 경우
  ① 가장 작은 한 자리 수: 2
  ② 남은 수로 만든 가장 작은 세 자리 수: 345
  ⇨ $345\times2=690$

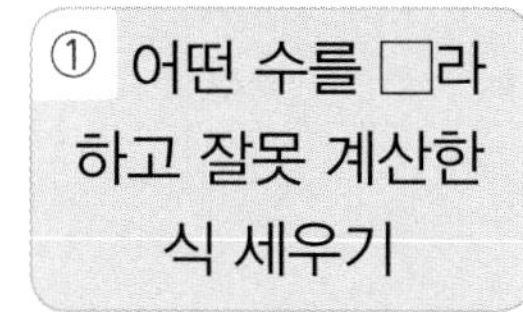

1 곱셈

STEP 1 기본 유형 익히기

1 올림이 없는 (세 자리 수)×(한 자리 수)

	3	4	2
×			2
	6	8	4

1-1 계산을 하시오.

(1) $\begin{array}{r} 132 \\ \times \quad 3 \\ \hline \end{array}$

(2) $\begin{array}{r} 314 \\ \times \quad 2 \\ \hline \end{array}$

1-2 보기 와 같이 계산 결과를 찾아 모두 색칠하시오.

보기

$220 \times 4 = 880$

116	880	426
864	336	642

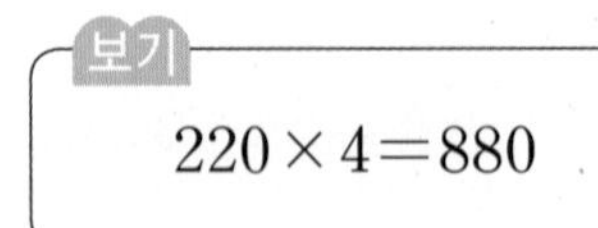

$112 \times 3 \quad 213 \times 2 \quad 432 \times 2$

1-3 계산 결과를 비교하여 ○ 안에 >, =, <를 알맞게 써넣으시오.

$\begin{array}{r} 202 \\ \times \quad 4 \\ \hline \end{array}$ ○ $\begin{array}{r} 443 \\ \times \quad 2 \\ \hline \end{array}$

1-4 하루에 의자를 123개씩 만드는 공장이 있습니다. 이 공장에서 3일 동안 만들 수 있는 의자는 모두 몇 개입니까?

(   )

2 올림이 있는 (세 자리 수)×(한 자리 수)

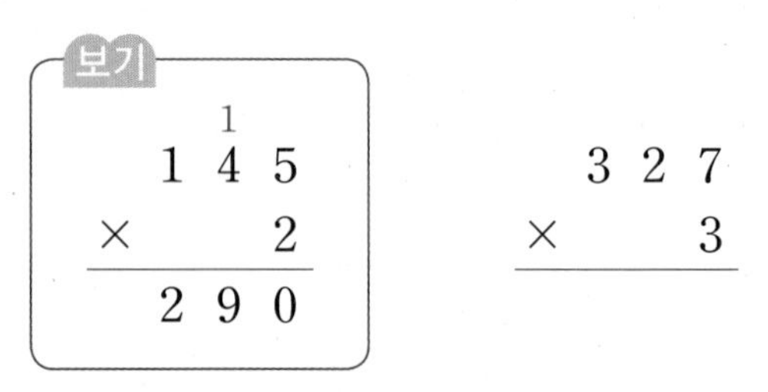

2 ─ 일의 자리에서 올림

	3	2	7
×			3
	9	8	1

2 ─ 십의 자리에서 올림

	1	5	2
×			4
	6	0	8

2-1 보기 와 같이 계산을 하시오.

보기

$\begin{array}{r} {}^{1} \\ 145 \\ \times \quad 2 \\ \hline 290 \end{array}$

$\begin{array}{r} 327 \\ \times \quad 3 \\ \hline \end{array}$

2-2 색칠한 부분은 실제 어떤 수의 곱인지 찾아 ○표 하시오.

	5	2	1
×			7
			7
	1	4	0
3	5	0	0
3	6	4	7

2×7

20×7

21×7

500×7

정답은 2쪽에

서술형

2-3 덧셈식을 곱셈식으로 나타내어 보고 어림해 보시오. 또 바르게 어림했는지 계산을 하시오.

472＋472＋472＋472＋472

식 ____________________

어림 ____________________

답 ____________________

2-4 경표와 나래는 곱셈 카드 놀이를 하고 있습니다. 계산 결과가 더 큰 곱셈식을 고른 사람은 누구입니까?

(　　　　　　　　)

창의·융합

2-5 민재는 번개가 치고 5초 후에 천둥소리를 들었습니다. 메모를 보고 번개가 친 곳에서 민재가 있는 곳까지의 거리는 약 몇 m인지 구하시오.

소리는 공기 중에서 1초 동안 약 340 m를 감.

(　　　　　　　　)

3 (몇십)×(몇십) 또는 (몇십몇)×(몇십)

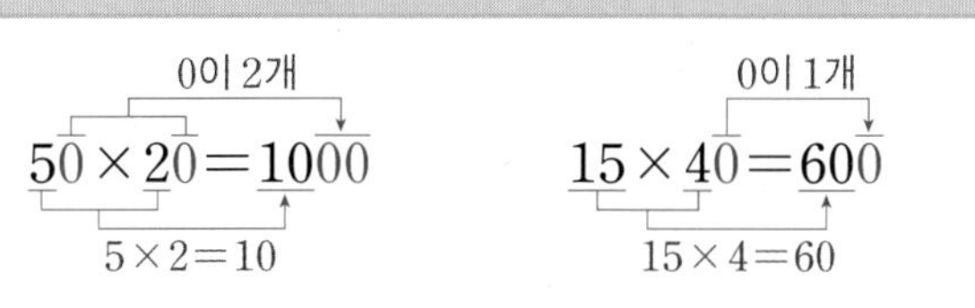

3-1 □ 안에 알맞은 수를 써넣으시오.

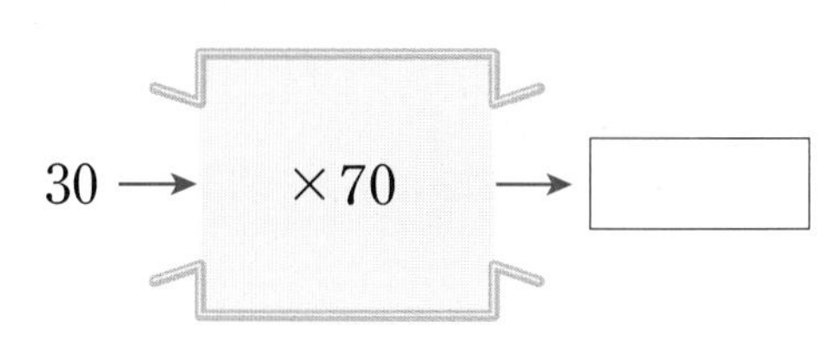

3-2 빈칸에 알맞은 수를 써넣으시오.

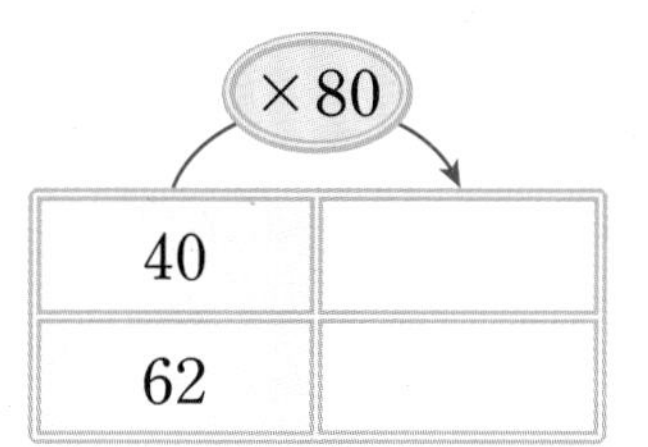

서술형

3-3 오른쪽 계산이 잘못된 이유를 쓰시오.

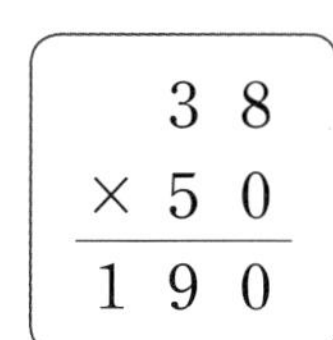

이유 ____________________

같은 수를 여러 번 더하는 덧셈식을 곱셈식으로 나타내기

123＋123＋123＋123 ⇨ 123×4 (○)　123×5 (×)　(4번)

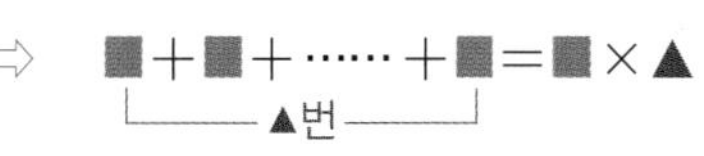

STEP 1 기본 유형 익히기

3-4 계산 결과가 같은 것끼리 선으로 이으시오.

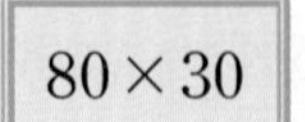

80×30 •	• 45×50
60×60 •	• 90×40
25×90 •	• 40×60

3-5 계산 결과가 2000보다 큰 곱셈식에 모두 색칠하시오.

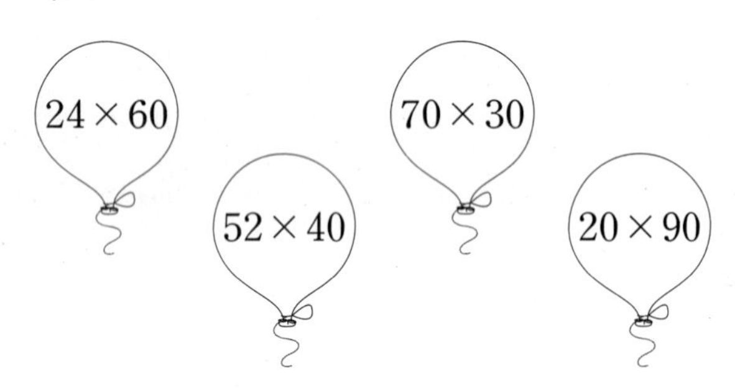

창의·융합

3-6 물자라 수컷 등에는 알이 똑같은 개수씩 붙어 있습니다. 물자라 수컷 20마리의 등에 붙어 있는 알은 모두 몇 개입니까?

나는 물자라 수컷이에요. 내 등에는 알이 66개 붙어 있어요. 나는 암컷의 도움없이 혼자 알을 돌본답니다.

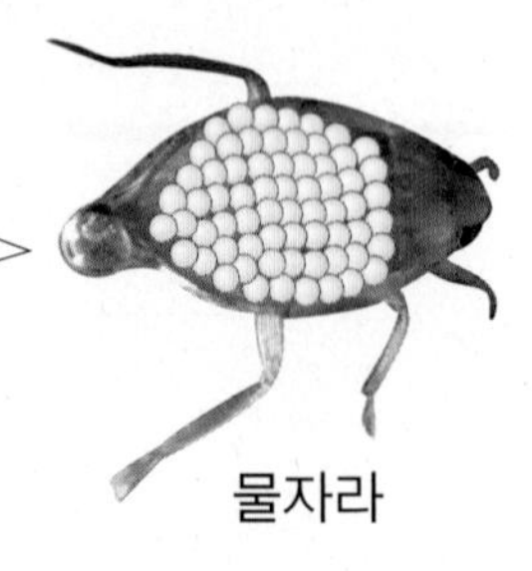

물자라

(　　　　　　　　　　)

4 (몇)×(몇십몇)

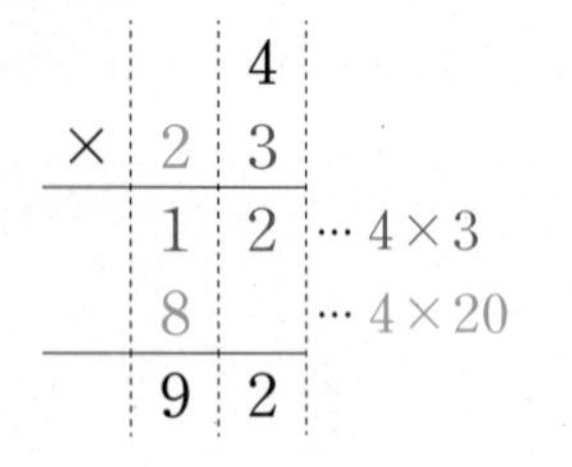

4-1 빈칸에 두 수의 곱을 써넣으시오.

2	76

4-2 빈칸에 알맞은 수를 써넣으시오.

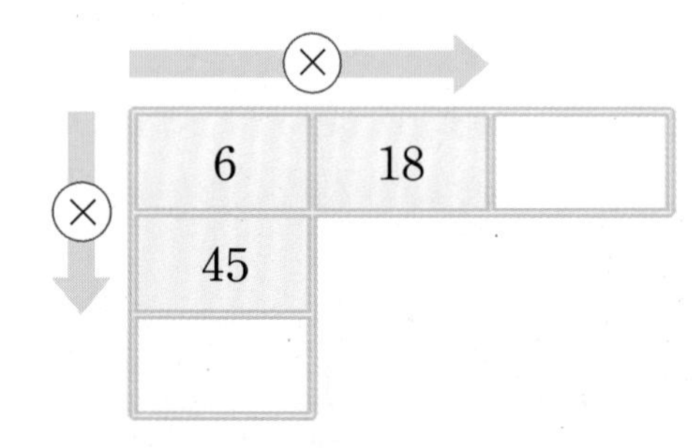

4-3 계산 결과가 큰 순서대로 기호를 쓰시오.

㉠ 9×34　㉡ 3×82　㉢ 5×27

(　　　　　　　　　　)

4-4 새롬이는 종이학을 하루에 8마리씩 접으려고 합니다. 12일 동안 접을 수 있는 종이학은 모두 몇 마리입니까?

(　　　　　　　　　　)

5 (몇십몇)×(몇십몇)

			5	3	
		×	1	9	
	4	7	7		··· 53×9
	5	3			··· 53×10
1	0	0	7		

5-1 계산을 하시오.

(1) $\begin{array}{r} 41 \\ \times\ 16 \\ \hline \end{array}$

(2) $\begin{array}{r} 32 \\ \times\ 57 \\ \hline \end{array}$

5-2 계산에서 잘못된 부분을 찾아 바르게 계산하시오.

$\begin{array}{r} 29 \\ \times\ 63 \\ \hline 87 \\ 174 \\ \hline 261 \end{array}$ ⇨ $\begin{array}{r} 29 \\ \times\ 63 \\ \hline \end{array}$

5-3 모눈종이를 이용하여 18×15를 나타내고, 그 곱을 구하시오.

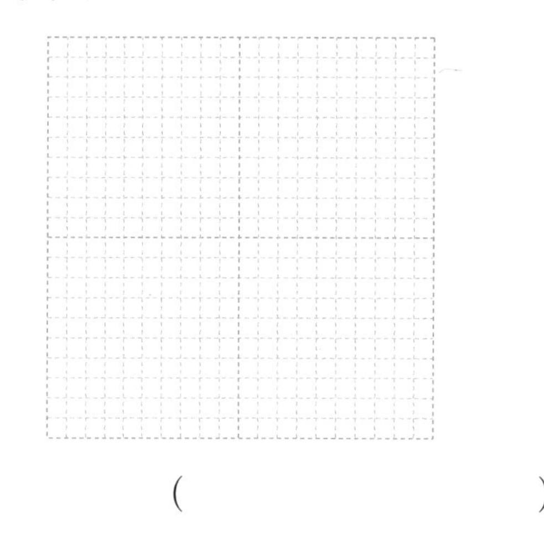

(　　　　　　　　　　)

5-4 ㉠과 ㉡의 차를 구하시오.

㉠ 74×23　　㉡ 62×48

(　　　　　　　　　　)

서술형

5-5 동현이네 아파트에는 한 동에 92가구씩 살고 있습니다. 25개 동에는 모두 몇 가구가 살고 있는지 식을 쓰고 답을 구하시오.

식 ______________________

답 ______________________

(몇십)×(몇십) 또는 (몇십몇)×(몇십)에서 0의 개수에 주의합니다.

40×50=200 ✕　40×50=2000 ○　|　12×50=60 ✕　12×50=600 ○

STEP 2 응용 유형 익히기

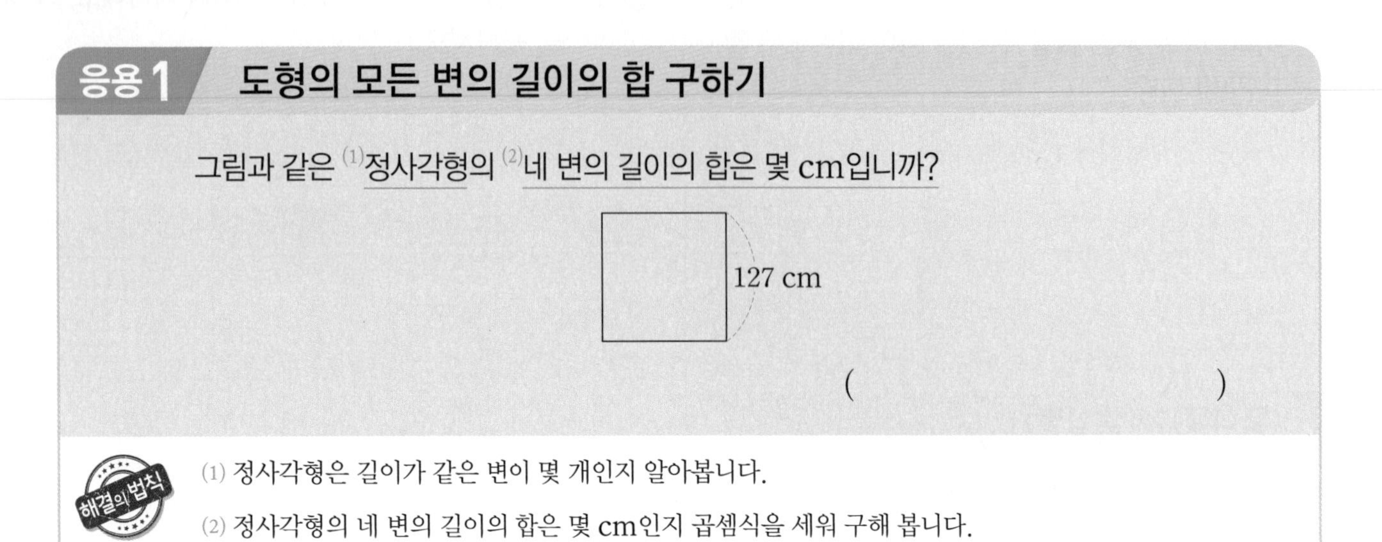

응용 1 도형의 모든 변의 길이의 합 구하기

그림과 같은 (1)정사각형의 (2)네 변의 길이의 합은 몇 cm입니까?

(　　　　　　　　　　)

해결의 법칙

(1) 정사각형은 길이가 같은 변이 몇 개인지 알아봅니다.

(2) 정사각형의 네 변의 길이의 합은 몇 cm인지 곱셈식을 세워 구해 봅니다.

예제 1-1 변의 길이가 모두 같은 육각형입니다. 육각형의 여섯 변의 길이의 합은 몇 cm입니까?

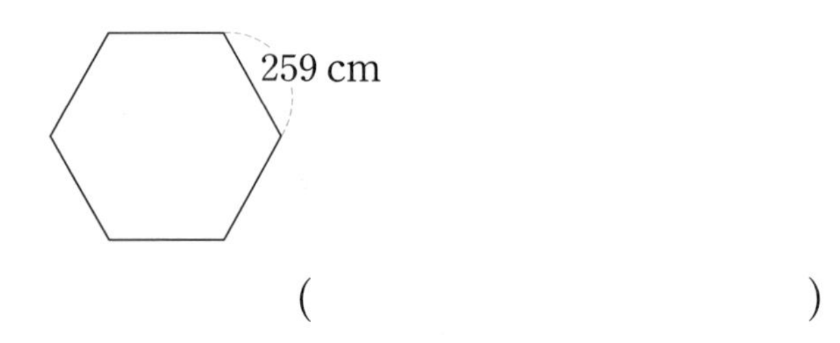

(　　　　　　　　　　)

예제 1-2 경진이는 길이가 5 m인 철사를 사용하여 그림과 같이 세 변의 길이가 모두 같은 삼각형을 만들었습니다. 삼각형을 만들고 남은 철사의 길이는 몇 cm입니까?

길이의 단위가 다른데 어떻게 하지?

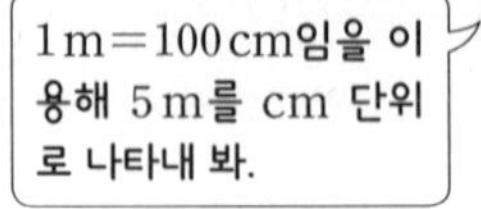

1 m=100 cm임을 이용해 5 m를 cm 단위로 나타내 봐.

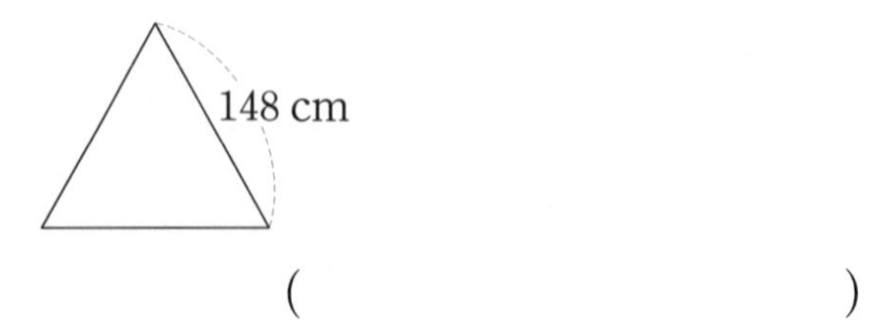

(　　　　　　　　　　)

응용 2 전체 금액 구하기

지효는 가게에서 (1)650원짜리 도넛 3개와 (2)700원짜리 우유 2개를 샀습니다. (3)지효가 산 물건의 값은 모두 얼마입니까?

( )

(1) 도넛 3개의 값은 얼마인지 곱셈식을 세워 구해 봅니다.

(2) 우유 2개의 값은 얼마인지 곱셈식을 세워 구해 봅니다.

(3) (1)과 (2)에서 구한 두 금액을 더해 봅니다.

예제 2-1 민건이는 문구점에서 800원짜리 연필 4자루와 450원짜리 지우개 5개를 샀습니다. 민건이가 산 물건의 값은 모두 얼마입니까?

( )

예제 2-2 어느 박물관의 한 명당 입장료입니다. 어른 2명과 어린이 6명이 입장하고 입장료로 5000원을 냈다면 거스름돈으로 얼마를 받아야 합니까?

어른	어린이
950원	500원

( )

1 곱셈

STEP 2 응용 유형 익히기

응용 3 두 수의 차 구하기

과일 가게에 (1)사과는 한 상자에 20개씩 40상자 있고, (2)배는 한 상자에 15개씩 30상자 있습니다. (3)사과는 배보다 몇 개 더 많습니까?

( )

(1) 사과 수는 몇 개인지 곱셈식을 세워 구해 봅니다.

(2) 배 수는 몇 개인지 곱셈식을 세워 구해 봅니다.

(3) (1)과 (2)에서 구한 두 수의 차를 구해 봅니다.

예제 3-1 꽃 가게에 장미는 한 묶음에 8송이씩 27묶음 있고, 백합은 한 묶음에 5송이씩 36묶음 있습니다. 장미는 백합보다 몇 송이 더 많습니까?

( )

예제 3-2 재하는 이동 수단별 한 시간 동안 갈 수 있는 거리를 알아보았습니다. 14시간 동안 버스가 갈 수 있는 거리는 배가 갈 수 있는 거리보다 몇 km 더 멉니까?

이동 수단별 한 시간 동안 갈 수 있는 거리

이동 수단	자전거	기차	버스	비행기	배
거리(km)	15	140	65	756	28

( )

응용 4 곱셈식 완성하기

㉠과 ㉡에 알맞은 수를 각각 구하시오.

	(2) ㉠	6	7
×			(1) ㉡
	6	6	8

㉠ (　　　　　　　　), ㉡ (　　　　　　　　)

(1) 일의 자리 계산에서 ㉡에 알맞은 수를 구해 봅니다.
(2) 백의 자리 계산에서 ㉠에 알맞은 수를 구해 봅니다.

예제 4-1

□ 안에 알맞은 수를 써넣으시오.

		5	□
	×	9	0
4	□	7	0

예제 4-2

㉠+㉡+㉢+㉣의 값을 구하시오.

		㉠	9
	×	7	㉡
	2	3	4
2	㉢	3	
2	㉣	6	4

(　　　　　　　　)

응용 5 □ 안에 들어갈 수 있는 수 구하기

(2) 1부터 9까지의 수 중에서 □ 안에 들어갈 수 있는 수를 모두 구하시오.

(1) $48 \times \square 0 < 3000$

( )

해결의 법칙
(1) $48 \times \square 0$의 계산 결과가 3000에 가까운 경우를 찾아봅니다.
(2) □ 안에 들어갈 수 있는 수를 모두 구해 봅니다.

예제 5-1 1부터 9까지의 수 중에서 □ 안에 들어갈 수 있는 수를 모두 구하시오.

$63 \times \square 0 > 5000$

( )

예제 5-2 1부터 9까지의 수 중에서 □ 안에 들어갈 수 있는 수를 모두 구하시오.

$\square 0 \times 32 < 70 \times 26$

( )

응용 6 바르게 계산한 값 구하기

(1)어떤 수에 7을 곱해야 할 것을 잘못하여 더하였더니 324가 되었습니다. / (2)바르게 계산한 값을 구하시오.

( )

(1) 잘못 계산한 식을 세워 어떤 수를 먼저 구해 봅니다.

(2) 바른 계산식을 세우고 계산해 봅니다.

예제 6-1 어떤 수에 60을 곱해야 할 것을 잘못하여 빼었더니 28이 되었습니다. 바르게 계산한 값을 구하시오.

( )

예제 6-2 대화를 읽고 바르게 계산한 값과 잘못 계산한 값의 차를 구하시오.

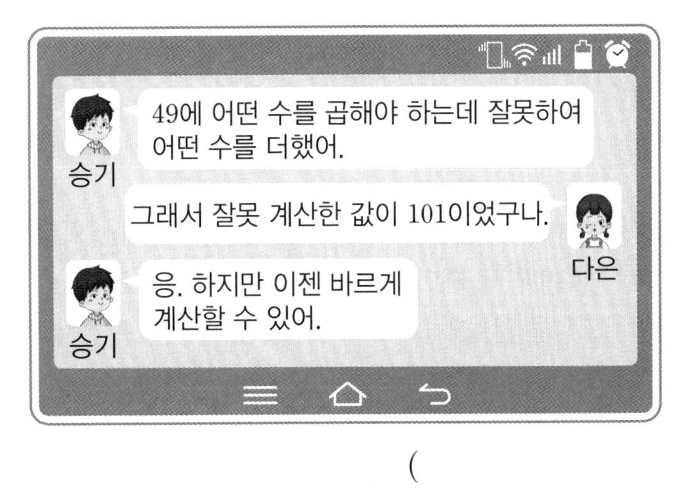

승기
49에 어떤 수를 곱해야 하는데 잘못하여 어떤 수를 더했어.
다은
그래서 잘못 계산한 값이 101이었구나.
승기
응. 하지만 이젠 바르게 계산할 수 있어.

( )

STEP 2 응용 유형 익히기

응용 7 이어 붙인 색 테이프의 길이 구하기

[(1)]길이가 10 cm인 색 테이프 30장을 [(2)]2 cm씩 겹쳐지도록 한 줄로 길게 이어 붙이려고 합니다. / [(3)]이어 붙인 색 테이프 전체의 길이는 몇 cm입니까?

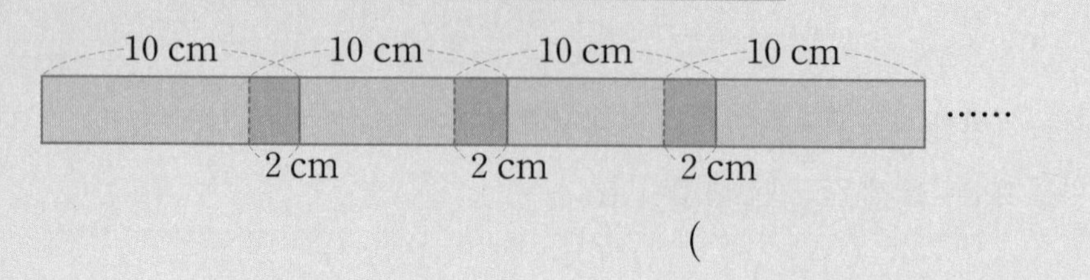

( )

(1) 길이가 10 cm인 색 테이프 30장의 길이는 모두 몇 cm인지 구해 봅니다.

(2) 겹친 부분의 길이는 모두 몇 cm인지 구해 봅니다.

(3) 이어 붙인 색 테이프 전체의 길이는 몇 cm인지 구해 봅니다.

예제 7-1 길이가 25 cm인 색 테이프 40장을 6 cm씩 겹쳐지도록 한 줄로 길게 이어 붙이려고 합니다. 이어 붙인 색 테이프 전체의 길이는 몇 cm입니까?

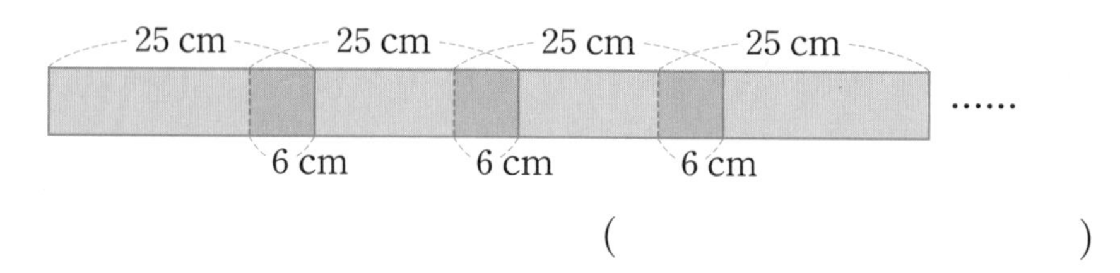

( )

예제 7-2 길이가 64 cm인 색 테이프 32장을 10 cm씩 겹쳐지도록 이으려고 합니다. 첫 번째 색 테이프와 마지막 색 테이프도 10 cm 겹쳐지도록 이어 붙여 원 모양을 만들었습니다. 이어 붙인 색 테이프 전체의 길이는 몇 cm입니까?

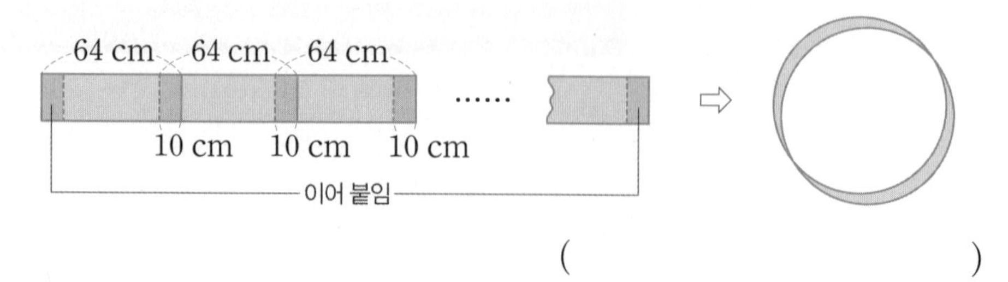

( )

응용 8 수 카드로 곱셈식 만들기

[(1), (2)] 4장의 수 카드를 한 번씩만 사용하여 (세 자리 수)×(한 자리 수)의 곱셈식을 만들려고 합니다. / [(3)] 나올 수 있는 가장 큰 곱을 구하시오.

7 3 6 4

(　　　　　　　　　　)

(1) 한 자리 수가 가장 큰 수일 때 곱이 가장 큰 곱셈식을 만들고 계산해 봅니다.

(2) 세 자리 수의 백의 자리가 가장 큰 수일 때 곱이 가장 큰 곱셈식을 만들고 계산해 봅니다.

(3) (1), (2)에서 구한 (세 자리 수)×(한 자리 수)의 결과를 비교하여 가장 큰 곱을 구해 봅니다.

예제 8 - 1 4장의 수 카드를 한 번씩만 사용하여 (세 자리 수)×(한 자리 수)의 곱셈식을 만들려고 합니다. 나올 수 있는 가장 큰 곱을 구하시오.

5 2 8 9

(　　　　　　　　　　)

예제 8 - 2 3장의 수 카드를 한 번씩만 사용하여 (몇)×(몇십몇)의 곱셈식을 만들려고 합니다. 나올 수 있는 가장 큰 곱과 가장 작은 곱의 차를 구하시오.

가장 작은 곱은 어떻게 구하지?

곱해지는 수나 곱하는 수가 작을수록 곱도 작아져.

4 9 2

(　　　　　　　　　　)

STEP 3 응용 유형 뛰어넘기

(세 자리 수)×(한 자리 수), (몇십몇)×(몇십몇)

01 빈칸에 알맞은 수를 써넣으시오.

유사

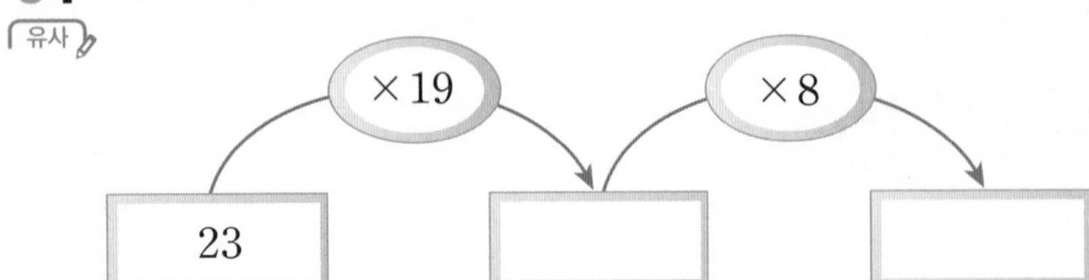

곱셈의 활용 　　창의·융합

02 서울 지하철 2호선 노선도의 일부분입니다. 지하철로 한 정거장을 가는 데 2분씩 걸린다면 2호선을 타고 잠실역에서 대림역까지 가는 데 걸리는 시간은 모두 몇 분입니까? (단, 각 역에 머무르는 시간은 생각하지 않습니다.)

유사

강변(동서울터미널)
잠실나루
잠실(송파구청)
잠실새내
종합운동장
삼성(무역센터)
선릉 역삼 강남 교대(법원·검찰청) 서초 방배 사당 낙성대 서울대입구(관악구청) 봉천 신림 신대방
구로디지털단지
대림

(　　　　　　　　)

(몇십몇)×(몇십몇)

03 ㉠과 ㉡의 곱을 구하시오.

유사

㉠ 10이 5개, 1이 6개인 수
㉡ 1이 27개인 수

(　　　　　　　　)

• 정답은 6쪽에

유사 표시된 문제의 유사 문제가 제공됩니다.
동영상 표시된 문제의 동영상 특강을 볼 수 있어요.
QR 코드를 찍어 보세요.

곱셈 결과의 크기 비교

04 유사
계산 결과가 가장 큰 것과 가장 작은 것의 차를 구하시오.

315×6 46×40 60×30 52×19

( )

서술형 곱셈의 활용

05 유사
하루는 24시간입니다. □ 안에 알맞은 수는 얼마인지 풀이 과정을 쓰고 답을 구하시오.

9월과 10월은 모두 □시간입니다.

( )

풀이

곱셈의 활용 창의·융합

06 유사
식품을 먹었을 때 몸속에서 발생하는 에너지의 양을 '열량'이라고 합니다. 식품별 열량이 다음과 같을 때 찬희네 가족이 먹은 간식의 열량은 몇 킬로칼로리입니까?

간식	열량 (킬로칼로리)	간식	열량 (킬로칼로리)
호두 1개	65	귤 1개	50
곶감 1개	110	배 1개	148
삶은 밤 1개	16	삶은 감자 1개	80

찬희: 우리 가족은 간식으로 곶감 8개와 귤 20개를 먹었어요.

( )

1

곱셈

STEP 3 응용 유형 뛰어넘기

서술형 곱셈의 활용

07 선영이는 한 권이 76쪽인 동화책 10권을 모두 읽으려고 합니다. 지금까지 동화책 1권과 49쪽을 읽었다면 앞으로 몇 쪽을 더 읽어야 하는지 풀이 과정을 쓰고 답을 구하시오.

유사 동영상

풀이

( )

□ 안에 들어갈 수 있는 수 구하기

08 1부터 9까지의 한 자리 수 중에서 □ 안에 들어갈 수 있는 수는 모두 몇 개입니까?

유사 동영상

$294 \times \square > 64 \times 28$

( )

곱셈의 활용

09 사과가 한 상자에 58개씩 18상자 있고, 키위가 한 상자에 183개씩 몇 상자 있습니다. 사과와 키위가 모두 2142개라면 키위는 몇 상자입니까?

유사 동영상

( )

• 정답은 6~7쪽에

유사 표시된 문제의 유사 문제가 제공됩니다.
동영상 표시된 문제의 동영상 특강을 볼 수 있어요.
QR 코드를 찍어 보세요.

곱셈의 활용 창의·융합

10 유사 동영상 다음을 읽고 농장에 있는 오리, 칠면조, 닭의 다리는 모두 몇 개인지 구하시오. (단, 오리, 칠면조, 닭 한 마리의 다리는 2개씩입니다.)

○○농장에서 조류 인플루엔자(AI)가 확인되었습니다. 다음은 ○○농장에 있는 오리, 칠면조, 닭의 수를 조사한 것입니다. 이 농장에는 닭이 칠면조보다 48마리 더 적었습니다.

가축	오리	칠면조	닭
수(마리)	120	160	?

( )

서술형 곱셈의 활용

11 유사 동영상 어느 공장에서 장난감을 20분에 14개씩 만듭니다. 이 공장에서 쉬지 않고 하루에 8시간씩 장난감을 만든다면 일주일 동안 만들 수 있는 장난감은 모두 몇 개인지 풀이 과정을 쓰고 답을 구하시오.

( )

풀이

곱셈식 만들기

12 유사 동영상 수 카드를 한 번씩만 사용하여 (몇십몇)×(몇십몇)의 곱셈식을 만들려고 합니다. 나올 수 있는 가장 큰 곱과 가장 작은 곱의 차를 구하시오.

3 8 6 7

( )

1 곱셈

• 정답은 7쪽에

창의사고력

13 서울에 사는 수민이네 가족은 제주도로 여행을 갔습니다. 다음을 보고 비행기와 배로 이동한 거리의 차는 몇 km인지 구하시오.

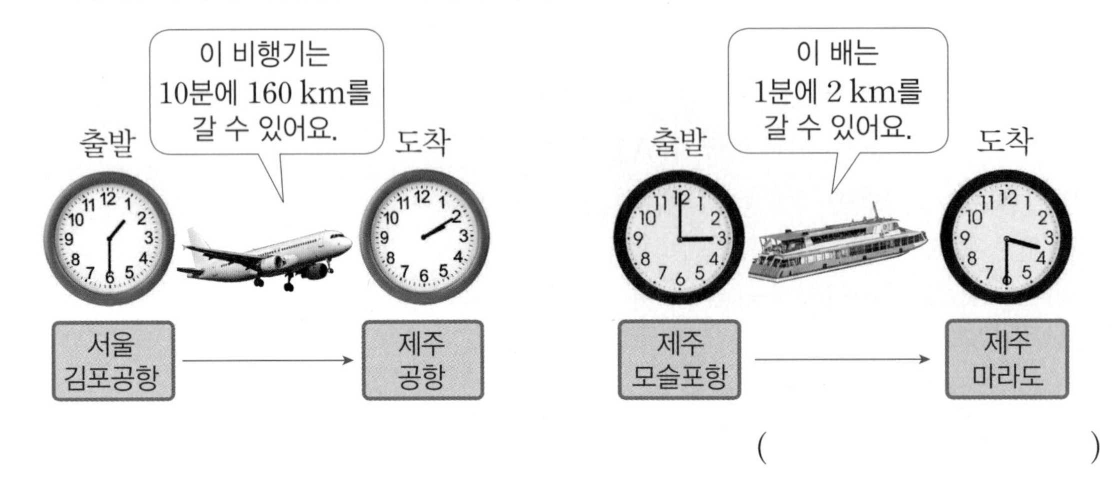
이 비행기는
10분에 160 km를
갈 수 있어요.
출발
도착
서울
김포공항
제주
공항
이 배는
1분에 2 km를
갈 수 있어요.
출발
도착
제주
모슬포항
제주
마라도

( )

창의사고력

14 ㉠과 ㉡은 서로 다른 수입니다. ㉠이 ㉡보다 작을 때, ㉠과 ㉡의 차를 구하시오.

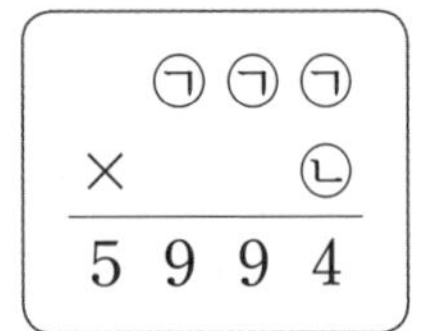
㉠㉠㉠
× ㉡
5 9 9 4

( )

1. 곱셈

점수

• 정답은 9쪽에

01 계산을 하시오.

(1)
$$\begin{array}{r} 2\ 1\ 2 \\ \times \quad\ 4 \\ \hline \end{array}$$

(2)
$$\begin{array}{r} 3\ 6\ 1 \\ \times \quad\ 7 \\ \hline \end{array}$$

02 빈칸에 두 수의 곱을 써넣으시오.

15	90

03 계산 결과를 찾아 선으로 이으시오.

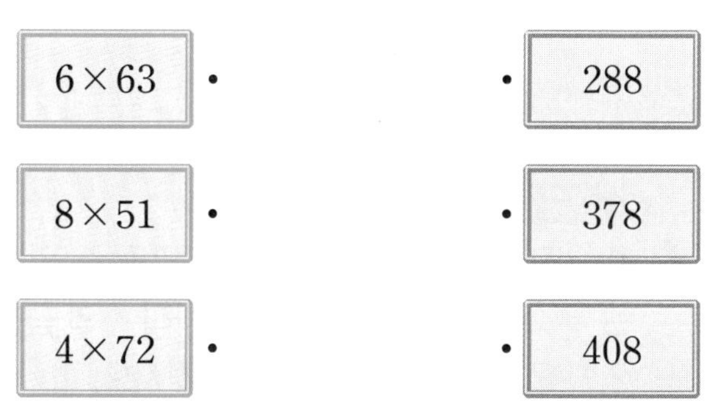

04 계산 결과가 다른 하나에 ○표 하시오.

60×30　　90×20　　40×80

05 빈칸에 알맞은 수를 써넣으시오.

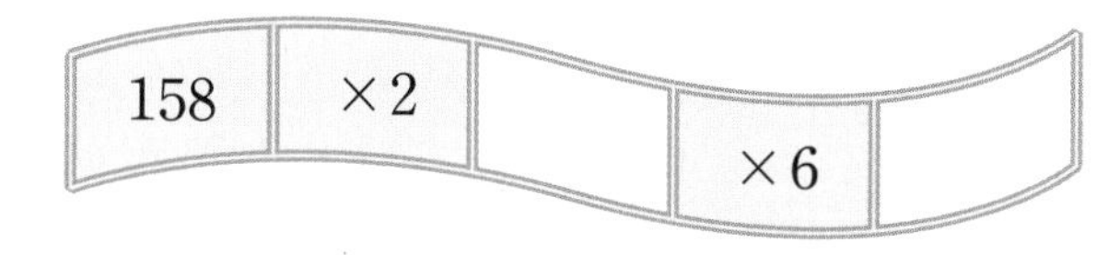

06 계산에서 잘못된 부분을 찾아 바르게 계산하시오.

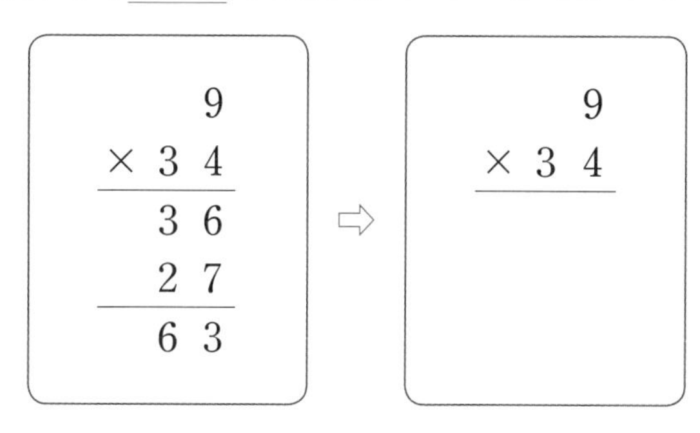

07 빈칸에 알맞은 수를 써넣으시오.

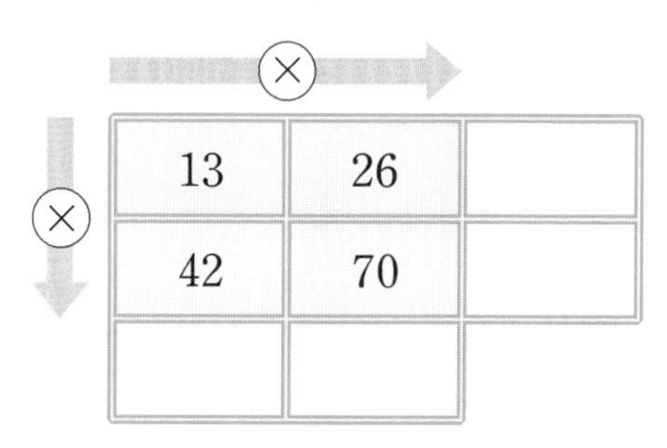

08 계산 결과를 비교하여 ○ 안에 >, =, <를 알맞게 써넣으시오.

459×8 ○ 72×50

서술형

09 티셔츠 한 벌에 단추가 5개씩 달려 있습니다. 똑같은 티셔츠 24벌에 달려 있는 단추는 모두 몇 개인지 식을 쓰고 답을 구하시오.

식 ____________________

답 ____________________

10 □ 안에 알맞은 수를 써넣으시오.

$$\begin{array}{r} \square\,8 \\ \times\ 4\,0 \\ \hline 3\,1\,2\,\square \end{array}$$

11 1부터 9까지의 한 자리 수 중에서 □ 안에 들어갈 수 있는 수를 모두 구하시오.

$637 \times \square > 4400$

( )

창의·융합

12 배추흰나비 애벌레를 관찰한 것입니다. 배추흰나비 애벌레 25마리의 숨구멍은 모두 몇 개입니까? (단, 숨구멍 한 쌍은 2개입니다.)

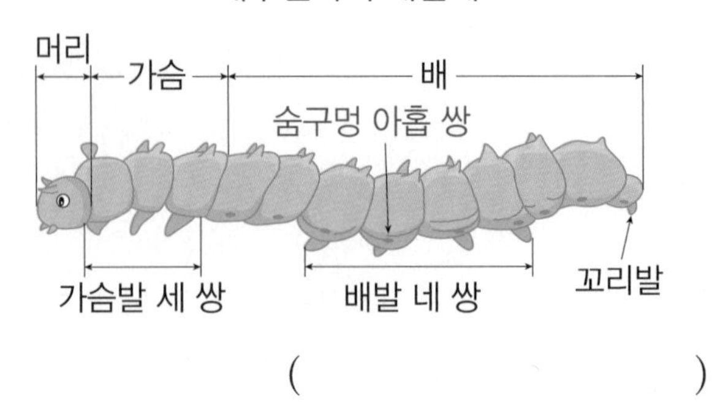

( )

13 색종이가 한 묶음에 50장씩 10묶음 있습니다. 이 중에서 370장을 사용했다면 남은 색종이는 몇 장입니까?

( )

서술형

14 수 카드를 한 번씩만 사용하여 만들 수 있는 가장 큰 두 자리 수와 가장 작은 두 자리 수의 곱은 얼마인지 풀이 과정을 쓰고 답을 구하시오.

1 6 9 3

풀이 ____________________

답 ____________________

15 뻥튀기 과자를 1분에 35개씩 만드는 기계가 있습니다. 이 기계가 1시간 30분 동안 만드는 뻥튀기 과자는 모두 몇 개입니까?

(　　　　　　　　)

창의·융합

16 자석에 붙는 물체를 알아보기 위해 한 상자에 120개씩 들어 있는 클립 3상자와 한 상자에 100개씩 들어 있는 못 2상자를 샀습니다. 클립과 못은 모두 몇 개입니까?

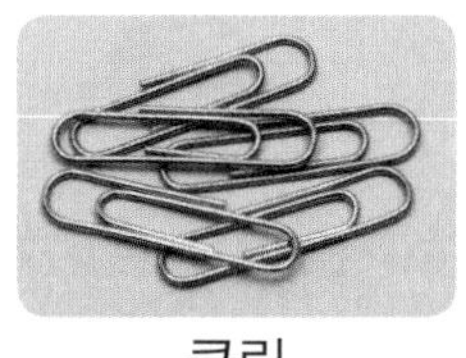

클립　　　　못

(　　　　　　　　)

17 ㉠★㉡을 다음과 같이 계산할 때 81★17을 계산하시오.

> ㉠−㉡=㉢, ㉠+㉡=㉣일 때
> ㉠★㉡=㉢×㉣입니다.

(　　　　　　　　)

서술형

18 어떤 수에 42를 곱해야 할 것을 잘못하여 더하였더니 119가 되었습니다. 바르게 계산한 값은 얼마인지 풀이 과정을 쓰고 답을 구하시오.

풀이 ____________________

____

____

답 ____________________

19 자두는 한 상자에 55개씩 들어 있고 사과는 자두보다 한 상자에 28개씩 더 적게 들어 있습니다. 자두 60상자와 사과 14상자에 들어 있는 과일은 모두 몇 개입니까?

(　　　　　　　　)

20 길이가 36 cm인 색 테이프 20장을 4 cm씩 겹쳐지도록 한 줄로 길게 이어 붙였습니다. 이어 붙인 색 테이프 전체의 길이는 몇 cm입니까?

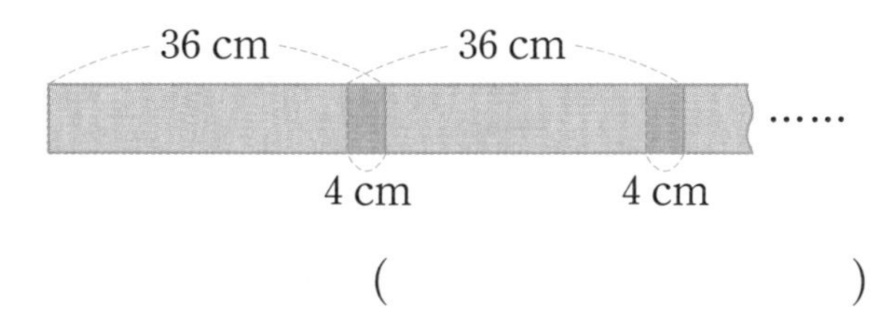

(　　　　　　　　)

2 나눗셈

수학일기를 써 보자!

수학일기란 수학에 관련된 내용을 소재로 하여 직접 겪은 일이나 생각한 것을 적은 기록을 말합니다. 수업 시간에 배운 내용도 좋고, 일상생활에서 일어난 수학에 관련된 재미있는 이야기도 좋고, 가게에서 물건의 가격을 따져 보았던 일도 좋아요. 무엇이든 수학일기의 소재가 될 수 있습니다.

음, 오늘의 일기도 밀려서 허덕이는데 수학일기라니…….

수학일기를 쓰면 얻는 게 많은데!

수학일기를 쓰는 것 자체가 수학 공부를 하는 데 도움이 될 뿐만 아니라, 수학을 좀 더 쉽고 친근하게 받아들일 수 있는 방법이 되는 것이죠! 게다가 「오늘의 일기」도 해결되니, 일석이조, 아니, 일석삼조인 셈이네요!

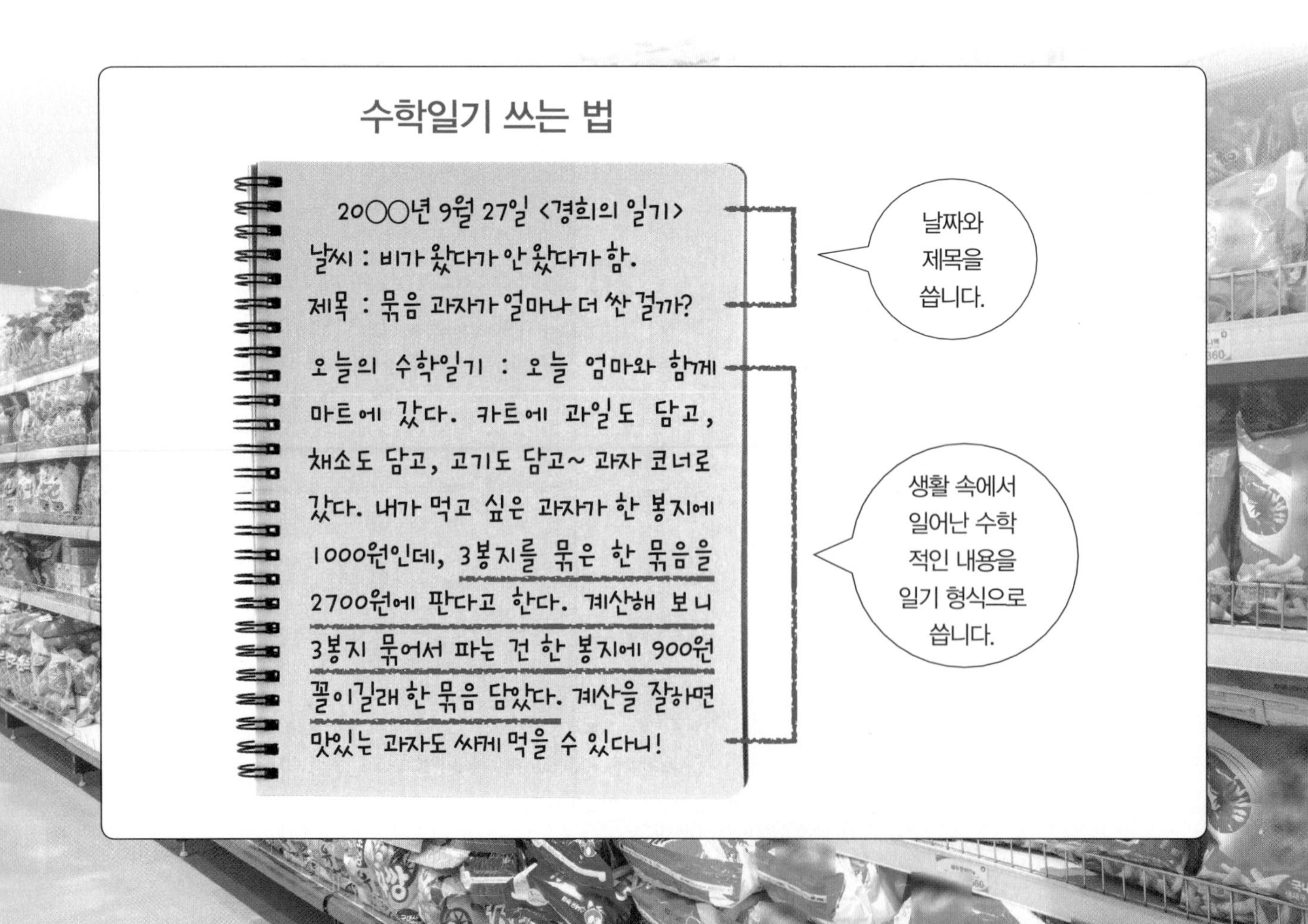

수학일기 쓰는 법

20○○년 9월 27일 <경희의 일기>
날씨 : 비가 왔다가 안 왔다가 함.
제목 : 묶음 과자가 얼마나 더 싼 걸까?

오늘의 수학일기 : 오늘 엄마와 함께 마트에 갔다. 카트에 과일도 담고, 채소도 담고, 고기도 담고~ 과자 코너로 갔다. 내가 먹고 싶은 과자가 한 봉지에 1000원인데, 3봉지를 묶은 한 묶음을 2700원에 판다고 한다. 계산해 보니 3봉지 묶어서 파는 건 한 봉지에 900원 꼴이길래 한 묶음 담았다. 계산을 잘하면 맛있는 과자도 싸게 먹을 수 있다니!

날짜와 제목을 씁니다.
생활 속에서 일어난 수학적인 내용을 일기 형식으로 씁니다.

이미 배운 내용	이번에 배울 내용	앞으로 배울 내용
[3-1 나눗셈] • 똑같이 나누기 • 곱셈과 나눗셈의 관계 알아보기 • 나눗셈의 몫을 곱셈구구로 구하기	• (몇십)÷(몇) • (몇십몇)÷(몇) • (세 자리 수)÷(한 자리 수) • 맞게 계산했는지 확인하기	[4-1 곱셈과 나눗셈] • 몇십으로 나누기 • 몇십몇으로 나누기

어느 날 쓴 경희의 수학일기예요. 여기서 나눗셈의 상황을 한번 살펴볼까요?

20○○년 10월 3일 <경희의 일기>

날씨 : 매우 맑음.

제목 : 닭 모이 주는 활동에도 수학이?!

오늘의 수학일기 : 오늘은 우리 모둠원 네 명이 닭 농장에 체험학습을 다녀왔다. 농장에 가서 닭 모이를 주었다. 모이 22봉지를 넷이서 나누려니 봉지를 뜯지 않고는 똑같이 나눌 수가 없었다. 결국 한 사람당 5봉지씩 맡고, 2봉지가 남았다. 이렇게 물건을 나누는 행동에도 수학이 필요하다는 것이 놀랍다.

집에 와서 실제로 22를 똑같이 4묶음으로 나누면 한 묶음이 5이고 2가 남았다. 수학 공부를 열심히 해서, 아까 같은 상황에 척척 계산해 내는 수학 박사가 되고 싶다!

22봉지를 네 사람이 똑같이 나누어 가져야 하니 22÷4를 계산해야 하는 상황이네요! 그림을 그려 알아보면 다음과 같이 한 사람이 5봉지씩 맡고, 2봉지가 남게 됩니다.

22봉지

5봉지씩 4묶음과 나머지 2봉지

$$22 \div 4 = 5 \cdots 2$$

(5: 몫, 2: 나머지)

실제로 우리가 생활하다 보면 계산을 해야 하는 일들이 자주 일어나죠? 그런 일들을 수학일기에 쓰며 되짚어 보면 어느 날 수학 실력이 쑥쑥 자라난 자신을 발견하게 될 거예요!

메타인지 개념학습

내림이 없는 (몇십)÷(몇)

	정답	생각의 방향

40÷2

❶ 4÷2=2입니다. (○ , ×) — 정답: ○

❷ 40÷2의 몫은 4÷2의 몫의 (10 , 100)배입니다. — 정답: 10

❸ 40÷2의 몫은 ☐입니다. — 정답: 20

생각의 방향:

3)3 → 몫 1, 3, 0 ⇨ 3)30 → 몫 10, 3, 0

나누는 수가 같을 때 나누어지는 수가 10배가 되면 몫도 10배가 됩니다.

내림이 있는 (몇십)÷(몇)

60÷4

❶ 6을 4로 나누면 몫은 2입니다. (○ , ×) — 정답: ×

❷ 6을 4로 나누고 남은 (2 , 3)에 0을 그대로 내려 써서 (20 , 30)을 다시 4로 나눕니다. — 정답: 2, 20

❸ 60÷4의 몫은 ☐입니다. — 정답: 15

생각의 방향:

5)60 → 몫 1, 5, 1 ⇨ 5)60 → 몫 12, 5, 10, 10, 0

십의 자리 수를 먼저 나눈 다음 남은 수를 내림하여 계산합니다.

내림과 나머지가 없는 (몇십몇)÷(몇)

39÷3

❶ 30÷3=10입니다. (○ , ×) — 정답: ○

❷ 9÷3의 몫은 (3 , 30)입니다. — 정답: 3

❸ 39÷3의 몫은 ☐입니다. — 정답: 13

생각의 방향:

2)24 → 몫 1, 2, 0 ⇨ 2)24 → 몫 12, 2, 4, 4, 0

십의 자리에 0을 쓰지 않고 일의 자리를 내려 씁니다.

십의 자리 수를 먼저 나눈 다음 일의 자리 수를 나눕니다.

	정답	생각의 방향

내림과 나머지가 있는 (몇십몇)÷(몇)

35÷2

❶ 35÷2의 몫은 17입니다. (○ , ×) — 정답: ○

❷ 35÷2의 나머지는 (0 , 1)입니다. — 정답: 1

생각의 방향:

$$\begin{array}{r} 14 \leftarrow \text{몫} \\ \text{나누는 수} \rightarrow 3\overline{)43} \leftarrow \text{나누어지는 수} \\ 3 \\ \hline 13 \\ 12 \\ \hline 1 \leftarrow \text{나머지} \end{array}$$

나머지가 없는 (세 자리 수)÷(한 자리 수)

264÷4

❶ 백의 자리에서 2를 4로 나눌 수 있습니다. (○ , ×) — 정답: ×

❷ 십의 자리에서 26을 4로 나누고 남은 (1 , 2)와 일의 자리 4를 합쳐 다시 4로 나눕니다. — 정답: 2

❸ 264÷4의 몫은 □입니다. — 정답: 66

생각의 방향:

$$\begin{array}{r} 5 \\ 3\overline{)168} \\ 15 \\ \hline 1 \end{array} \Rightarrow \begin{array}{r} 56 \\ 3\overline{)168} \\ 15 \\ \hline 18 \\ 18 \\ \hline 0 \end{array}$$

■▲●÷★

⇨ 백의 자리에서 ■÷★를 계산할 수 없으면 십의 자리에서 ■▲÷★를 계산합니다.

나머지가 있는 (세 자리 수)÷(한 자리 수)

604÷3

❶ 백의 자리에서 6÷3=2입니다. (○ , ×) — 정답: ○

❷ 십의 자리에서 나눌 수 없으므로 일의 자리 4를 3으로 나누면 몫은 1, 나머지는 (0 , 1)입니다. — 정답: 1

❸ 604÷3=□ ··· □ — 정답: 201, 1

생각의 방향:

$$\begin{array}{r} 2 \\ 2\overline{)403} \\ 4 \\ \hline 0 \end{array} \Rightarrow \begin{array}{r} 201 \\ 2\overline{)403} \\ 4 \\ \hline 3 \\ 2 \\ \hline 1 \end{array}$$

0을 2로 나눌 수 없으므로 십의 자리에 0을 쓰지 않고 일의 자리를 내려 씁니다.

맞게 계산했는지 확인하기

17÷5=3 ··· 2

❶ 5×3=15 ⇨ 15+2=17입니다. (○ , ×) — 정답: ○

❷ 17÷5=3 ··· 2는 (맞습니다 , 맞지 않습니다). — 정답: 맞습니다

생각의 방향: 나누는 수와 몫의 곱에 나머지를 더하면 나누어지는 수가 되어야 합니다.

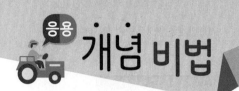

비법 ① 내림이 있는 (몇십)÷(몇), (몇십몇)÷(몇)

• (몇십)÷(몇)

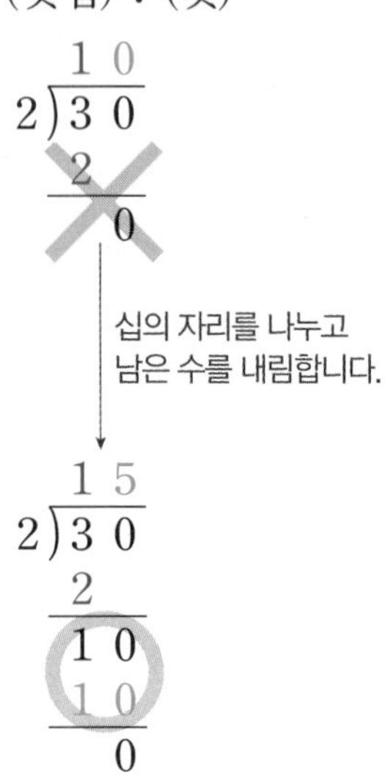

• (몇십몇)÷(몇)

1 1
4)5 6
4
6
4
2

십의 자리를 나누고
남은 수를 내림합니다.

1 4
4)5 6
4
1 6
1 6
0

비법 ② 나눗셈의 나머지의 크기

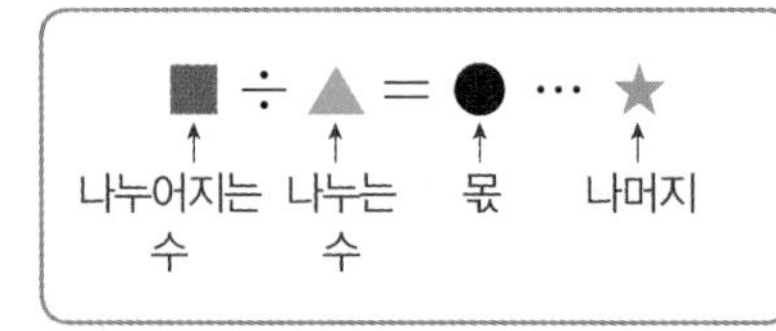

⇨ 나머지(★)는 항상 나누는 수(▲)보다 작아야 합니다.
나머지(★)가 될 수 있는 수는 0부터 나누는 수보다 1 작은 수까지입니다.
(나누는 수보다 1 작은 수: ▲-1)

비법 ③ 나누어떨어지는 나눗셈에서 □ 안에 들어갈 수 있는 수

(나누어떨어지는: 나머지가 0)

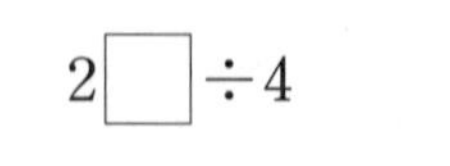

나누는 수의
단 곱셈구구를
알아봅니다.

4의 단 곱셈구구에서 곱의 십의 자리가 2인 수 찾기

• $4\times5=20$ ⇨ 2□$\div4=5$, □$=0$
• $4\times6=24$ ⇨ 2□$\div4=6$, □$=4$
• $4\times7=28$ ⇨ 2□$\div4=7$, □$=8$

교·과·서 개 념

• 내림이 없는 (몇십)÷(몇)

$6\div2=3$ (10배, 10배)
$60\div2=30$

• 내림이 있는 (몇십)÷(몇)

1 4
5)7 0
5 ← 5×10
내림한 수 – ②0
2 0 ← 5×4
0

• 내림과 나머지가 없는 (몇십몇)÷(몇)

1 4
2)2 8
2 ← 2×10
8
8 ← 2×4
0

• 나머지가 있는 (몇십몇)÷(몇)

3 ← 몫
5)1 9 ← 나누어지는 수
나누는 수 (5)
1 5
4 ← 나머지

• 내림과 나머지가 있는 (몇십몇)÷(몇)

1 5
3)4 7
3 ← 3×10
내림한 수 – ①7
1 5 ← 3×5
2

비법 ④ 남는 것이 없이 모두 담아야 하는 경우에 필요한 봉지 수

㉮ 배 33개를 한 봉지에 5개씩 남는 것이 없이 모두 담을 때 필요한 봉지 수 구하기

나눗셈을 하여 몫과 나머지 구하기 ⇨ 필요한 봉지 수 구하기

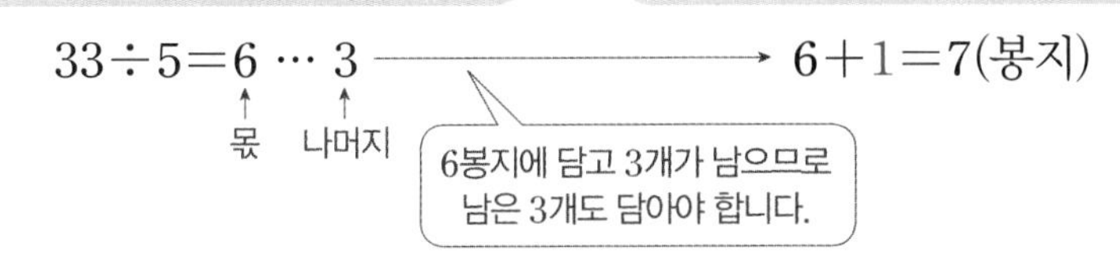

$33 \div 5 = 6 \cdots 3$ ⟶ $6+1=7$(봉지)

몫 나머지

6봉지에 담고 3개가 남으므로 남은 3개도 담아야 합니다.

비법 ⑤ 일정한 간격으로 심을 때 나무 수와 간격 수의 관계

(1) 직선인 도로에 심을 때

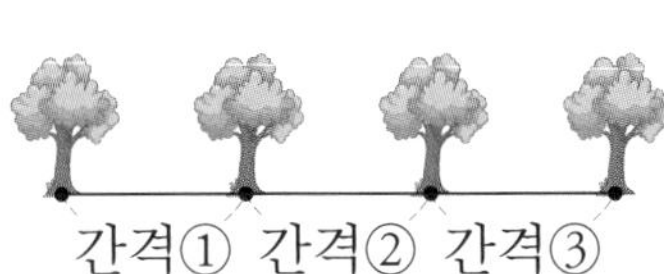

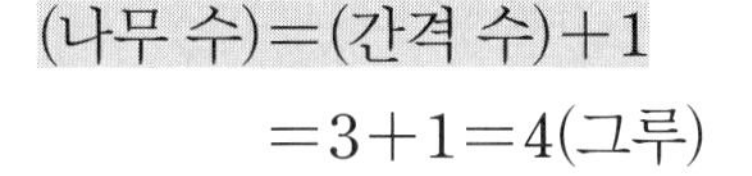

(나무 수)=(간격 수)+1
=3+1=4(그루)

(2) 원 모양 호수에 심을 때

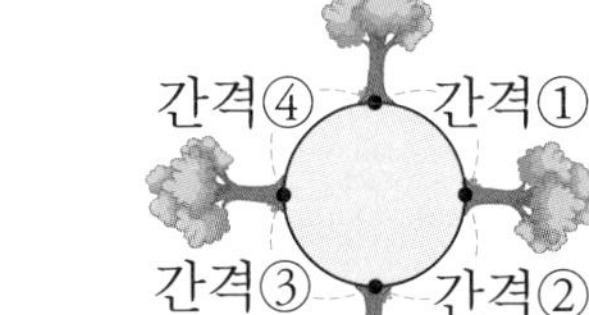

(나무 수)=(간격 수)
=4그루

비법 ⑥ 수 카드로 나눗셈식 만들기

카드에 적힌 수의 크기가 ④>③>②>①일 때

(몇십몇)÷(몇)	(세 자리 수)÷(한 자리 수)
• 몫이 가장 큰 경우 ④ ③ ÷ ① (가장 작은 수) 남은 큰 수부터	• 몫이 가장 큰 경우 ④ ③ ② ÷ ① (가장 작은 수) 남은 큰 수부터
• 몫이 가장 작은 경우 ① ② ÷ ④ (가장 큰 수) 남은 작은 수부터	• 몫이 가장 작은 경우 ① ② ③ ÷ ④ (가장 큰 수) 남은 작은 수부터

교·과·서 개 념

• 나머지가 없는
(세 자리 수)÷(한 자리 수)

```
     1 4 0
 4 ) 5 6 0
     4       ← 4×100
     1 6
     1 6     ← 4×40
         0
```

• 나머지가 있는
(세 자리 수)÷(한 자리 수)

```
       9 6
 3 ) 2 8 9
     2 7     ← 3×90
       1 9
       1 8   ← 3×6
         1
```

• 맞게 계산했는지 확인하기

$46 \div 3 = 15 \cdots 1$

확인 $\underset{①}{3 \times 15 = 45}$ ⇨ $\underset{②}{45 + 1 = 46}$

나누는 수와 몫의 곱에(①) 나머지를(②) 더하면 나누어지는 수가 되어야 합니다.

■÷▲

▲이 작고 ■이 클수록 몫은 큽니다.

▲이 크고 ■이 작을수록 몫은 작습니다.

• 수 카드 2, 3, 4를 한 번씩만 사용하여 (몇십몇)÷(몇) 만들기

(1) 몫이 가장 큰 경우

$43 \div 2 = 21 \cdots 1$ (2: 가장 작은 수)

(2) 몫이 가장 작은 경우

$23 \div 4 = 5 \cdots 3$ (4: 가장 큰 수)

2 나눗셈

STEP 1 기본 유형 익히기

1 내림이 없는 (몇십)÷(몇)

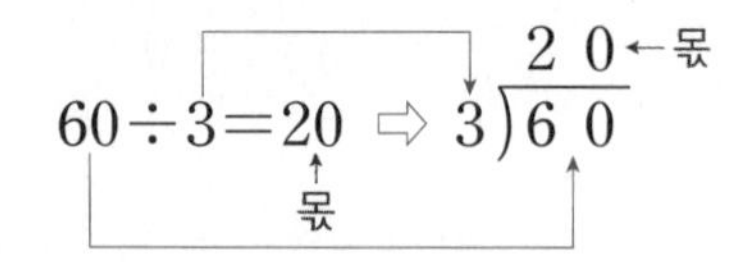

1-1 계산을 하시오.

(1) $20 \div 2$　　　(2) $50 \div 5$

1-2 몫을 찾아 선으로 이으시오.

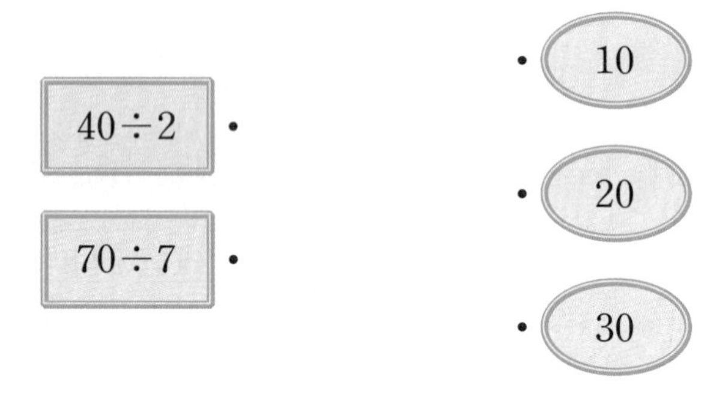

1-3 몫이 가장 큰 것을 찾아 기호를 쓰시오.

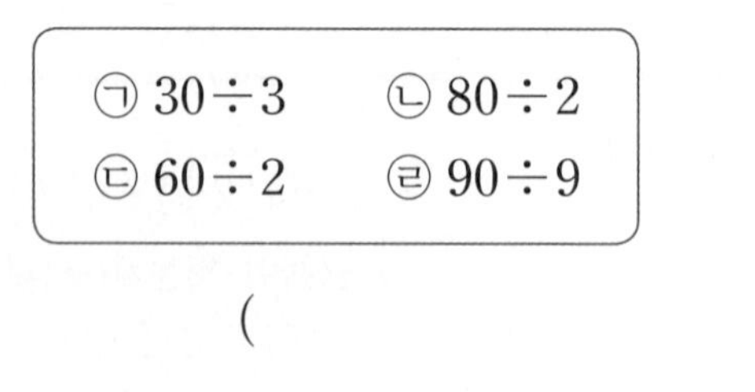

(　　　　　　　　)

2 내림이 있는 (몇십)÷(몇)

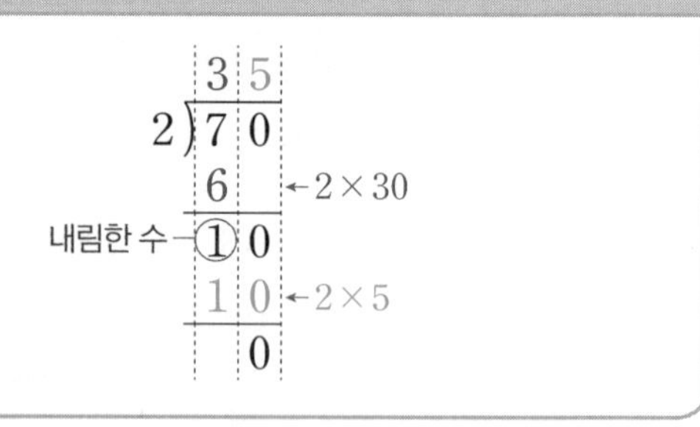

2-1 □ 안에 몫을 써넣으시오.

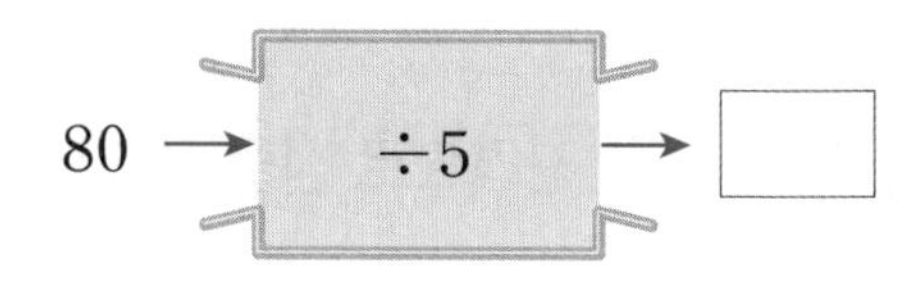

2-2 정사각형의 네 변의 길이의 합은 60 cm입니다. □ 안에 알맞은 수를 써넣으시오.

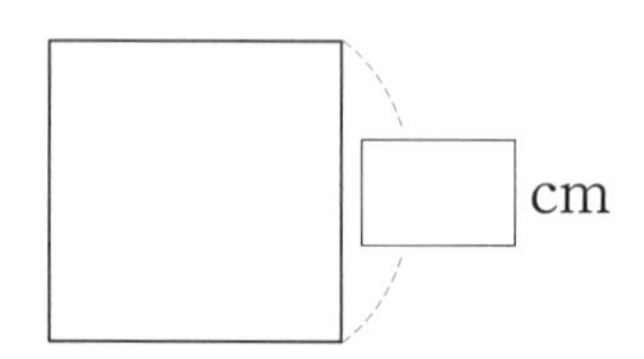

서술형

2-3 지우개 90개를 6명에게 남김없이 똑같이 나누어 주려고 합니다. 지우개를 한 명에게 몇 개씩 줄 수 있는지 식을 쓰고 답을 구하시오.

식 ______________________

답 ______________________

· 정답은 11쪽에

3 내림과 나머지가 없는 (몇십몇)÷(몇)

$$\begin{array}{r} 12 \\ 4\overline{)48} \\ \underline{4} \\ 8 \\ \underline{8} \\ 0 \end{array}$$

← 4×10

← 4×2

3-1 빈칸에 몫을 써넣으시오.

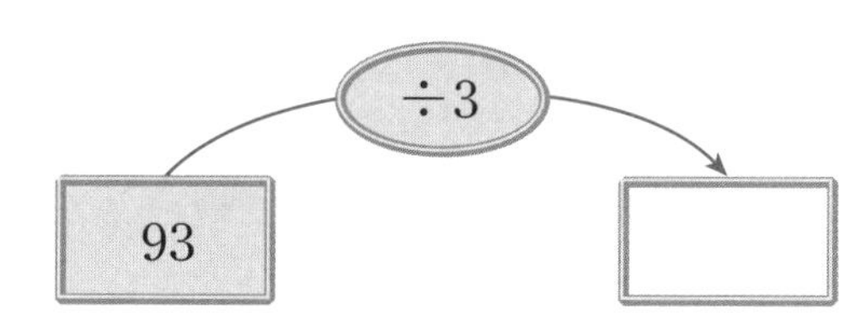

3-2 바르게 계산한 사람은 누구입니까?

(　　　　　　　　)

3-3 몫이 다른 하나를 찾아 ○표 하시오.

24÷2	36÷3	84÷4

창의·융합

3-4 경기를 하기 위해 모인 배구 선수가 66명입니다. 글을 읽고 배구팀은 모두 몇 팀인지 구하시오.

배구는 직사각형 모양의 경기장에서 공을 땅에 떨어뜨리지 않고 손으로 패스하여 세 번 안에 상대팀 쪽으로 넘겨 보내는 경기입니다. 한 팀은 6명으로 구성되어 있습니다.

(　　　　　　　　)

4 내림과 나머지가 있는 (몇십몇)÷(몇)

$$\begin{array}{r} 18 \\ 2\overline{)37} \\ \underline{2} \\ 17 \\ \underline{16} \\ 1 \end{array}$$

← 2×10

내림한 수 — 1

← 2×8

1 — 나머지는 나누는 수보다 작아야 합니다.

4-1 나눗셈의 몫과 나머지를 구하시오.

44÷3

몫 (　　　　　　　　)

나머지 (　　　　　　　　)

2 나눗셈

2-2에서 정사각형은 네 각이 모두 직각이고 네 변의 길이가 모두 같은 사각형입니다.

⇨ 네 변의 길이의 합이 ■cm인 정사각형의 한 변의 길이: ■÷2  ■÷4

4-2 나머지가 5가 될 수 <u>없는</u> 식을 찾아 ○표 하시오.

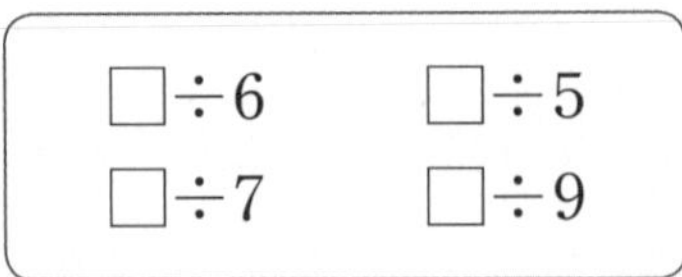

서술형

4-3 계산이 잘못된 곳을 찾아 이유를 쓰고 바르게 계산을 하시오.

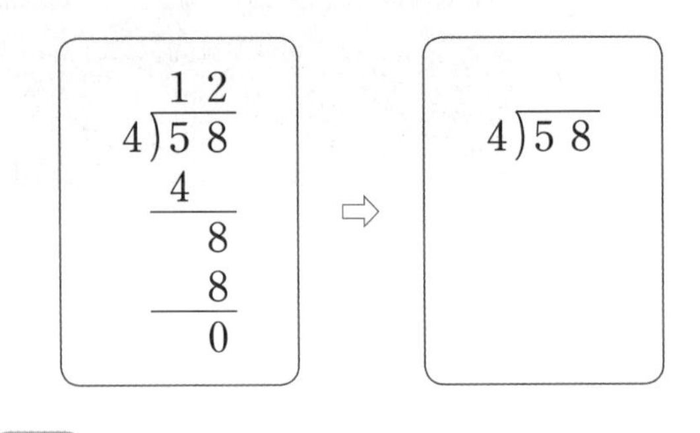

이유 ______________________

4-4 동화책 89권을 한 상자에 5권씩 넣어 포장하려고 합니다. 동화책을 몇 상자까지 포장할 수 있고, 몇 권이 남습니까?

( ), ( )

4-5 10이 8개, 1이 5개인 수를 3으로 나누었을 때의 몫과 나머지를 구하시오.

몫 ( )
나머지 ( )

5 나머지가 없는 (세 자리 수)÷(한 자리 수)

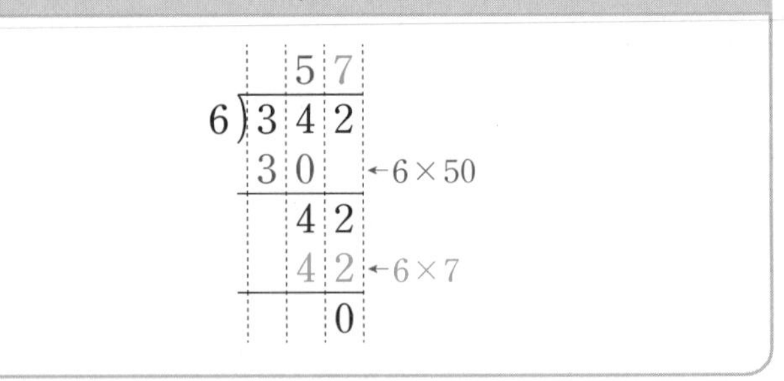

5-1 계산을 하시오.

(1) 2)4 0 0

(2) 4)3 9 2

5-2 빈칸에 몫을 써넣으시오.

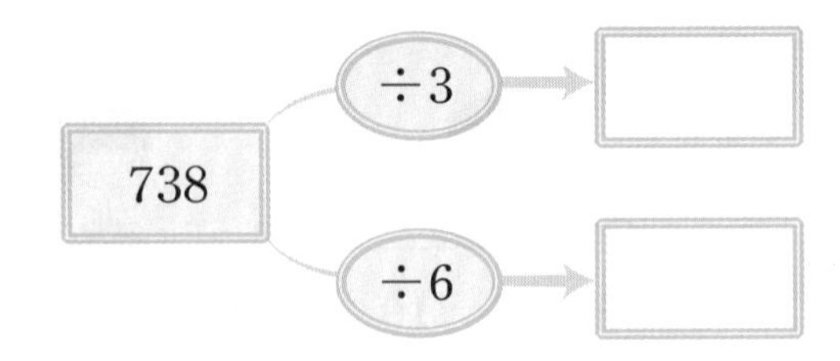

창의·융합

5-3 피노키오는 거짓말을 몇 번 했습니까?

( )

• 정답은 11쪽에

6 나머지가 있는 (세 자리 수)÷(한 자리 수)

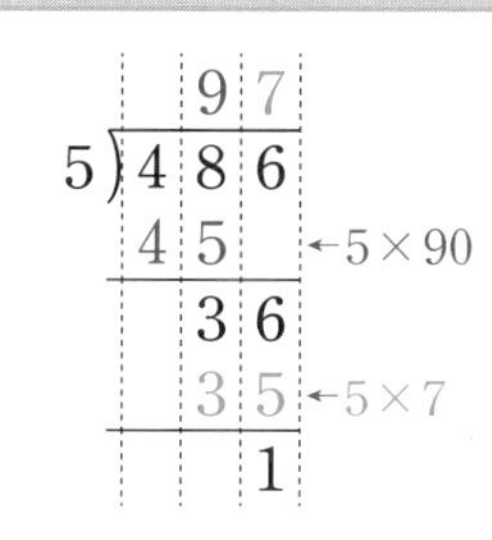

6-1 계산을 하시오.

(1) $2\overline{)305}$　　　(2) $6\overline{)729}$

6-2 나머지가 가장 큰 것을 찾아 기호를 쓰시오.

㉠ 350÷9　㉡ 734÷3　㉢ 817÷8

(　　　　　　　)

서술형

6-3 진주가 976개 있습니다. 목걸이 한 개를 만드는 데 진주가 7개 필요합니다. 목걸이를 가능한 많이 만들었을 때 남은 진주는 몇 개인지 식을 쓰고 답을 구하시오.

식 ________________

답 ________________

7 맞게 계산했는지 확인하기

58÷4=14 ⋯ 2

확인 4×14=56 ⇨ 56+2=58

7-1 나눗셈을 하고 맞게 계산했는지 확인해 보시오.

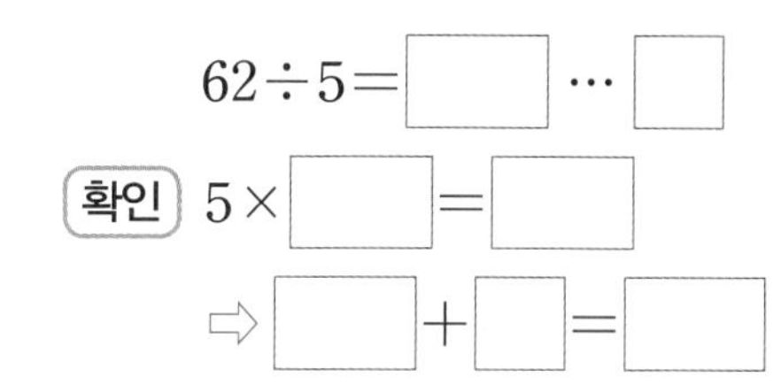

62÷5=☐ ⋯ ☐

확인 5×☐=☐

⇨ ☐+☐=☐

7-2 나눗셈을 하고 맞게 계산했는지 확인한 식이 보기 와 같습니다. 계산한 나눗셈식을 쓰고 몫과 나머지를 구하시오.

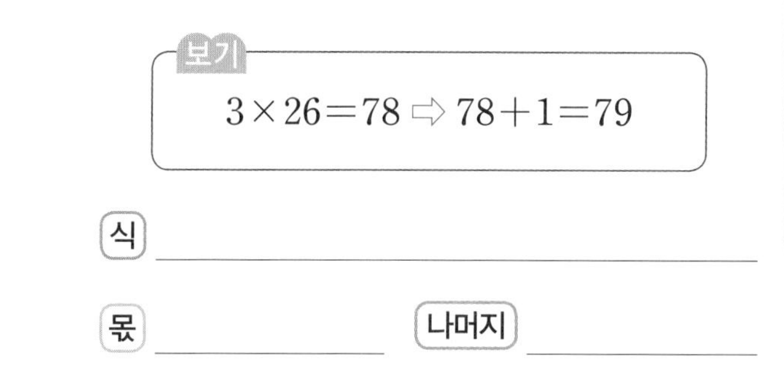

보기

3×26=78 ⇨ 78+1=79

식 ________________

몫 ________　나머지 ________

7-3 어떤 수를 7로 나누었더니 몫이 14, 나머지가 3이 되었습니다. 어떤 수는 얼마입니까?

(　　　　　　　)

나눗셈을 한 다음에는 반드시 맞게 계산했는지 확인하도록 합니다.

184÷3=61 ⋯ 1　확인 3×61=183 ⇨ 183+1=184

나누는 수와 몫의 곱에
나머지를 더하면 나누어지는
수가 되어야 합니다.

2 나눗셈

STEP 2 응용 유형 익히기

응용 1 나눗셈이 나누어떨어질 때 □ 안에 들어갈 수 구하기

(1)나눗셈이 나누어떨어질 때 / (2)0부터 9까지의 수 중 □ 안에 들어갈 수 있는 수를 모두 구하시오.

(1) $4\overline{)3\square}$

(   )

해결의 법칙

(1) $4\overline{)3\square}$ 의 나머지가 0이므로 4의 단 곱셈구구에서 곱의 십의 자리가 3이 되는 경우를 찾아봅니다.

(2) □ 안에 들어갈 수 있는 수를 모두 구해 봅니다.

예제 1 - 1 나눗셈이 나누어떨어질 때 0부터 9까지의 수 중 □ 안에 들어갈 수 있는 수를 모두 구하시오.

$6\overline{)4\square}$

(   )

예제 1 - 2 나눗셈이 나누어떨어질 때 0부터 9까지의 수 중 □ 안에 들어갈 수 있는 모든 수의 합을 구하시오.

$7\overline{)9\square}$

(   )

응용 2 남김없이 모두 담을 때 필요한 상자 수 구하기

(1)인형 49개를 한 상자에 5개씩 나누어 담으려고 합니다. / (2)남김없이 모두 담으려면 상자는 적어도 몇 개 필요합니까?

(　　　　　　　　　　)

(1) 49÷5의 몫과 나머지를 각각 구해 봅니다.

(2) 남김없이 모두 담을 때 적어도 필요한 상자 수를 구해 봅니다.

예제 2-1 쿠키 100개를 한 봉지에 7개씩 나누어 담으려고 합니다. 남김없이 모두 담으려면 봉지는 적어도 몇 개 필요합니까?

(　　　　　　　　　　)

예제 2-2 한 장에 10개씩인 붙임딱지가 8장 있습니다. 이 붙임딱지를 카드 한 장에 6개씩 붙이려고 합니다. 남김없이 모두 붙이려면 카드는 적어도 몇 장 필요합니까?

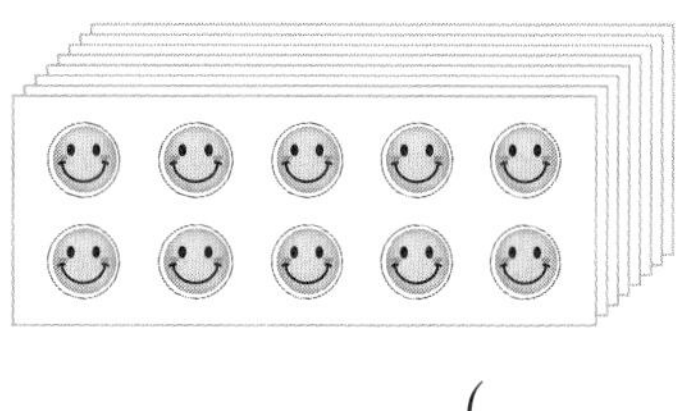

(　　　　　　　　　　)

STEP 2 응용 유형 익히기

응용 3 일정한 간격으로 나무를 심을 때 필요한 나무 수 구하기

(1)길이가 88 m인 도로의 한 쪽에 처음부터 끝까지 4 m 간격으로 나무를 심으려고 합니다. / (2)필요한 나무는 모두 몇 그루입니까? (단, 나무의 두께는 생각하지 않습니다.)

4 m 4 m ……

88 m

( )

(1) 나무와 나무 사이의 간격 수를 구해 봅니다.

(2) 나무 수와 간격 수의 관계를 이용하여 필요한 나무는 모두 몇 그루인지 구해 봅니다.

예제 3 - 1 길이가 96 m인 도로의 한 쪽에 처음부터 끝까지 8 m 간격으로 가로등을 세우려고 합니다. 필요한 가로등은 모두 몇 개입니까? (단, 가로등의 두께는 생각하지 않습니다.)

( )

예제 3 - 2 둘레가 75 m인 원 모양 호수의 가장자리에 5 m 간격으로 의자를 설치하려고 합니다. 필요한 의자는 모두 몇 개입니까? (단, 의자의 길이는 생각하지 않습니다.)

( )

응용 4 나눗셈의 활용

(1) 지영이는 노란색 단추 20개와 빨간색 단추 40개를 가지고 있습니다. / (2) 이 단추를 색깔에 관계없이 3개의 통에 남김없이 똑같이 나누어 담으려고 합니다. 한 통에 몇 개씩 담아야 합니까?

( )

해결의 법칙

(1) 지영이가 가지고 있는 전체 단추 수를 구해 봅니다.

(2) 한 통에 담아야 하는 단추 수를 구해 봅니다.

예제 4-1 곶감이 한 상자에 6개씩 12줄로 들어 있습니다. 이 곶감을 4명이 남김없이 똑같이 나누어 가지려고 합니다. 한 명이 몇 개씩 가질 수 있습니까?

( )

예제 4-2 이어달리기와 피구를 하는 학생은 모두 94명입니다. 피구를 하는 학생은 한 모둠에 몇 명입니까?

4명씩 8모둠을 만들어 이어달리기를 하고 있어.

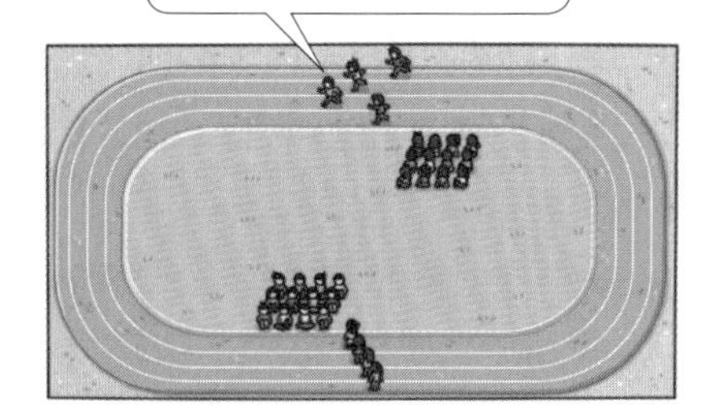

이어달리기를 하는 학생을 뺀 나머지를 모두 2모둠으로 똑같이 나누어 피구를 하고 있어.

( )

2 나눗셈

응용 5 필요한 타일 수 구하기

(1)오른쪽과 같은 직사각형 모양의 벽에 한 변이 5 cm인 정사각형 모양의 타일을 겹치지 않게 빈틈없이 모두 붙이려고 합니다. / (2)필요한 타일은 모두 몇 장입니까?

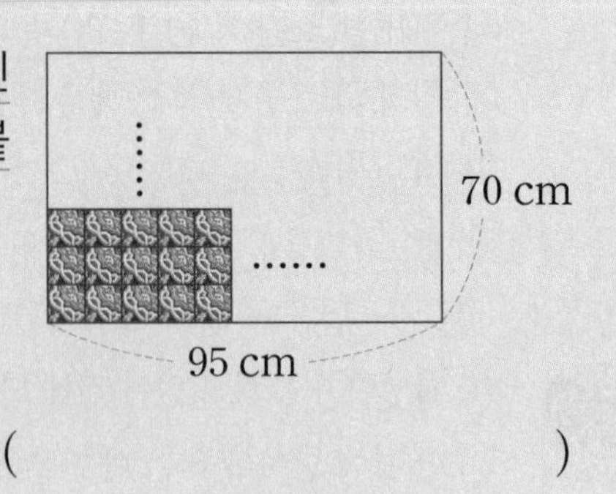

(   )

(1) 길이가 95 cm인 벽과 70 cm인 벽에 타일을 한 줄에 각각 몇 장씩 붙일 수 있는지 구해 봅니다.

(2) 필요한 타일은 모두 몇 장인지 구해 봅니다.

예제 5-1 한 변이 84 cm인 정사각형 모양의 바닥에 한 변이 7 cm인 정사각형 모양의 블록을 빈틈없이 모두 깔려고 합니다. 필요한 블록은 모두 몇 장입니까?

(   )

예제 5-2 오른쪽과 같은 큰 직사각형을 짧은 변이 4 cm, 긴 변이 6 cm인 작은 직사각형으로 남김없이 나누려고 합니다. 작은 직사각형은 모두 몇 개 만들어집니까?

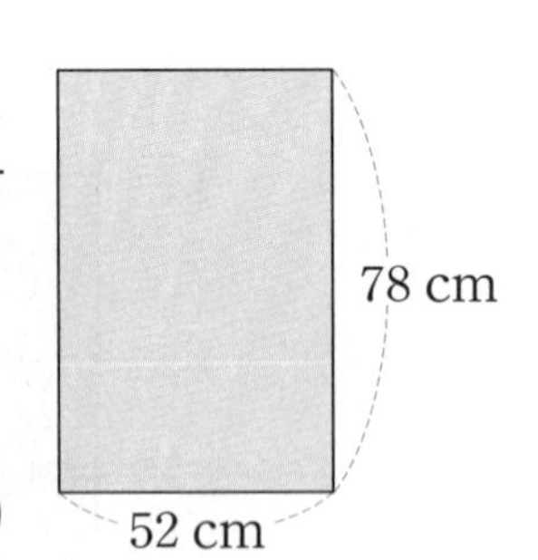

(   )

응용 6 바르게 계산한 값 구하기

(1)어떤 수에 6을 곱해야 할 것을 잘못하여 나누었더니 몫이 12이고 나머지가 2가 되었습니다. / (2)바르게 계산한 값을 구하시오.

( )

(1) 잘못 계산한 식을 세워 어떤 수를 먼저 구해 봅니다.

(2) 바른 계산식을 세우고 계산해 봅니다.

예제 6 - 1 대화를 읽고 바르게 계산했을 때의 몫과 나머지를 구하시오.

어떤 수를 4로 나누어야 할 것을 잘못하여 곱했더니 92가 되었어.
괜찮아. 어떤 수를 구한 다음 다시 계산하면 돼.
4를 곱해서 92가 되었으니까 어떤 수는 92를 4로 나누어야 겠네?
그렇지.

몫 ( )

나머지 ( )

예제 6 - 2 어떤 수를 5로 나누어야 할 것을 잘못하여 7로 나누었더니 몫이 126이고 나머지가 4가 되었습니다. 바르게 계산했을 때의 몫과 나머지를 구하시오.

바르게 계산한 값을 어떻게 구하지?

먼저 잘못 계산한 식을 이용해서 어떤 수를 구해 봐.

몫 ( )

나머지 ( )

응용 7 조건을 만족하는 수 구하기

(2) 조건을 만족하는 수는 모두 몇 개입니까?

(1)
- 50보다 크고 70보다 작은 두 자리 수입니다.
- 4로 나누어떨어집니다.

( )

해결의 법칙

(1) 50보다 크고 70보다 작은 두 자리 수 중에서 4로 나누어떨어지는 수를 구해 봅니다.

(2) (1)에서 구한 수는 모두 몇 개인지 세어 봅니다.

예제 7-1 조건을 만족하는 수는 모두 몇 개입니까?

- 60보다 크고 90보다 작은 두 자리 수입니다.
- 7로 나누어떨어집니다.

( )

예제 7-2 조건을 만족하는 수는 모두 몇 개입니까?

- 70보다 크고 110보다 작은 두 자리 수와 세 자리 수입니다.
- 6으로 나누었을 때 나머지가 2입니다.

( )

응용 8 수 카드로 나눗셈식 만들기

(1), (2) 3장의 수 카드를 한 번씩 모두 사용하여 몫이 가장 큰 (몇십몇)÷(몇)의 나눗셈식을 만들려고 합니다. / (3) 이때의 몫과 나머지를 구하시오.

3 5 8

몫 (   )
나머지 (   )

(1) 한 자리 수가 가장 작은 수일 때 몫이 가장 큰 나눗셈식을 만들고 계산해 봅니다.
(2) 한 자리 수가 둘째로 작은 수일 때 몫이 가장 큰 나눗셈식을 만들고 계산해 봅니다.
(3) (1), (2)에서 몫이 가장 큰 (몇십몇)÷(몇)의 몫과 나머지를 구해 봅니다.

예제 8-1 3장의 수 카드를 한 번씩 모두 사용하여 몫이 가장 큰 (몇십몇)÷(몇)의 나눗셈식을 만들려고 합니다. 이때의 몫과 나머지를 구하시오.

2 7 9

몫 (   )
나머지 (   )

예제 8-2 3장의 수 카드를 한 번씩 모두 사용하여 몫이 가장 작은 (몇십몇)÷(몇)의 나눗셈식을 만들려고 합니다. 이때의 몫과 나머지의 합을 구하시오.

몫이 가장 작은 나눗셈식은 어떻게 만들 수 있을까?

나누는 수가 크고 나누어지는 수가 작을수록 몫이 작아져.

(   )

2 나눗셈

STEP 3 응용 유형 뛰어넘기

나누어떨어지는 수 찾기

01 9로 나누어떨어지는 수에 모두 ○표 하시오.

유사

21 45 99 127 144

서술형 (몇십)÷(몇)

02 □ 안에 들어갈 수 있는 두 자리 수는 모두 몇 개인지 풀이 과정을 쓰고 답을 구하시오.

유사

$$40 \div 4 < \square < 80 \div 5$$

( )

풀이

나눗셈의 활용 창의·융합

03 장수풍뎅이, 사마귀, 잠자리의 공통점을 정리한 것입니다. 장수풍뎅이 성충의 다리가 모두 39쌍 있습니다. 장수풍뎅이는 몇 마리입니까?

유사

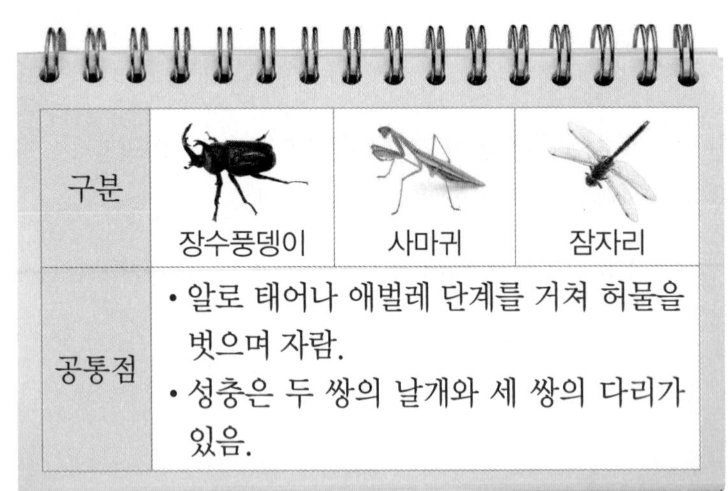

구분	장수풍뎅이	사마귀	잠자리
공통점	• 알로 태어나 애벌레 단계를 거쳐 허물을 벗으며 자람. • 성충은 두 쌍의 날개와 세 쌍의 다리가 있음.		

( )

유사 표시된 문제의 유사 문제가 제공됩니다.
동영상 표시된 문제의 동영상 특강을 볼 수 있어요.
QR 코드를 찍어 보세요.

서술형 □ 안에 들어갈 수 있는 수 구하기

04 (유사) □ 안에 들어갈 수 있는 수 중에서 가장 큰 수는 얼마인지 풀이 과정을 쓰고 답을 구하시오.

$$\square \div 7 = 12 \cdots ★$$

(　　　　　　　　　　)

풀이

나눗셈의 활용

05 (유사) 4월 한 달 동안 준성이와 도연이가 도서관에 간 날수의 차는 며칠입니까?

나는 2일, 4일, 6일 ……과 같이 2일에 한 번씩 갔어.

준성

4월

일	월	화	수	목	금	토
		1	2	3	4	5
6	7	8	9	10	11	12
13	14	15	16	17	18	19
20	21	22	23	24	25	26
27	28	29	30			

난 3일, 6일, 9일 ……과 같이 3일에 한 번씩 갔지.

도연

(　　　　　　　　　　)

나눗셈의 활용

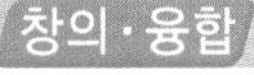

06 (유사) 오른쪽은 네 변의 길이의 합이 96 cm인 정사각형 모양의 체스판입니다. 각 변이 크기가 같은 정사각형 8칸으로 나누어져 있을 때 □ 안에 알맞은 수를 써넣으시오.

□ cm

STEP 3 응용 유형 뛰어넘기

곱셈과 나눗셈의 활용

07 유사 동영상

꽃병 한 개에 장미 4송이와 백합 5송이씩 꽂았더니 남는 꽃이 없었습니다. 꽂은 장미가 64송이라면 백합은 몇 송이입니까?

( )

서술형 나눗셈의 활용

08 유사 동영상

과일 가게에서 수박을 한 줄에 8개씩 놓았더니 11줄이 되고 3개가 남았습니다. 이 수박을 남김없이 다시 똑같이 놓았더니 7줄이 되었습니다. 수박을 한 줄에 몇 개씩 놓은 것인지 풀이 과정을 쓰고 답을 구하시오.

풀이

( )

나눗셈식 만들기

09 유사 동영상

3장의 수 카드를 한 번씩 모두 사용하여 (몇십몇)÷(몇)의 나눗셈식을 만들려고 합니다. 나올 수 있는 가장 큰 나머지를 구하시오.

8 4 5

( )

유사 표시된 문제의 유사 문제가 제공됩니다.
동영상 표시된 문제의 동영상 특강을 볼 수 있어요.
QR 코드를 찍어 보세요.

곱셈과 나눗셈의 활용 창의·융합

10 유사 동영상

가야금과 거문고는 줄을 사용하여 만든 현악기입니다. 강당에 있는 가야금과 거문고의 줄 수를 세어 보니 모두 90줄이었습니다. 가야금이 2대일 때 거문고는 몇 대입니까?

악기	[가야금]	[거문고]
줄 수(줄)	12	6

( )

나눗셈식 완성하기

11 유사 동영상

□ 안에 알맞은 수를 써넣으시오.

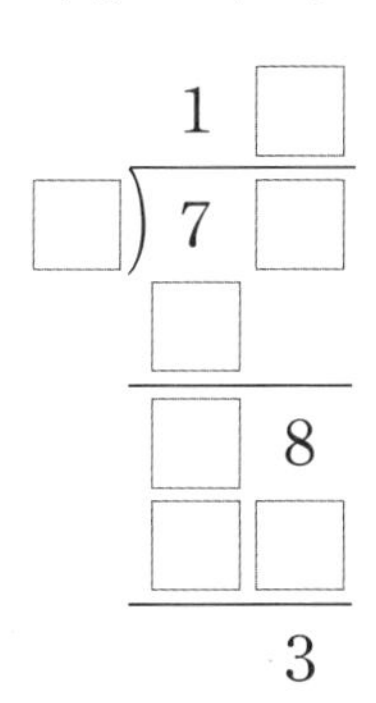

조건을 만족하는 수 구하기

12 유사 동영상

조건을 만족하는 수를 모두 구하시오.

• 50보다 크고 70보다 작습니다.
• 2로 나누어떨어집니다.
• 4로 나누면 나머지가 2입니다.

( )

2 나눗셈

• 정답은 16쪽에

창의사고력

13 보기 는 18과 60을 연속된 자연수의 합으로 나타낸 것입니다. 같은 방법으로 945를 연속된 7개의 자연수의 합으로 나타내려고 합니다. □ 안에 알맞은 수를 써넣으시오.

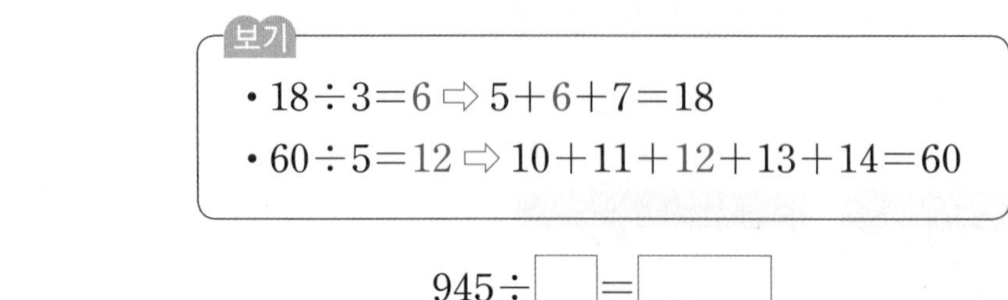

보기

• $18\div3=6$ ⇨ $5+6+7=18$

• $60\div5=12$ ⇨ $10+11+12+13+14=60$

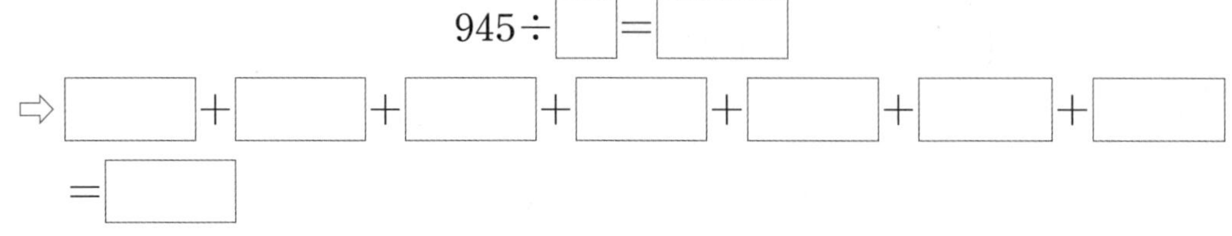

$945\div\square=\square$

⇨ $\square+\square+\square+\square+\square+\square+\square$
$=\square$

창의사고력

14 다음과 같은 규칙으로 세 변의 길이가 모두 같은 작은 삼각형을 겹치지 않게 이어 붙였습니다. 이어 붙여 만든 가장 큰 삼각형의 둘레가 72 cm라면 몇 번째 삼각형입니까?

└아래 각 도형에서 빨간색 선

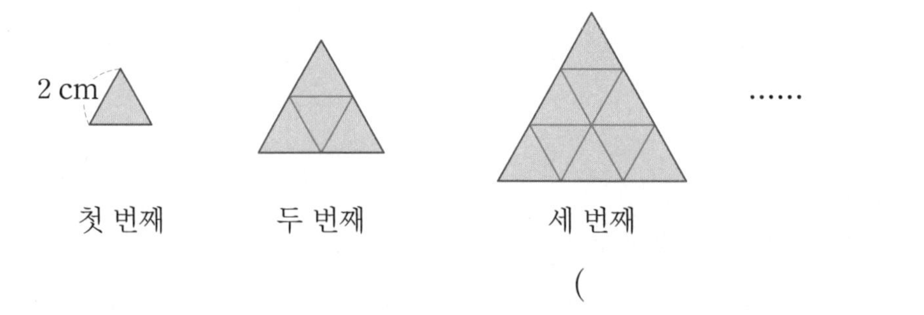

(　　　　　　　　　　　)

2. 나눗셈

점수

• 정답은 17~18쪽에

01 계산을 하시오.

(1) $4\overline{)4\ 0}$ (2) $2\overline{)7\ 0}$

02 큰 수를 작은 수로 나눈 몫을 구하시오.

3 126

( )

03 □ 안에 몫을, ○ 안에 나머지를 써넣으시오.

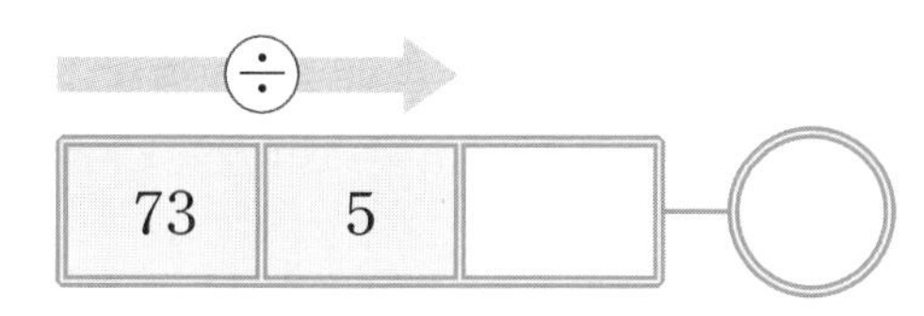

04 빈칸에 몫을 써넣으시오.

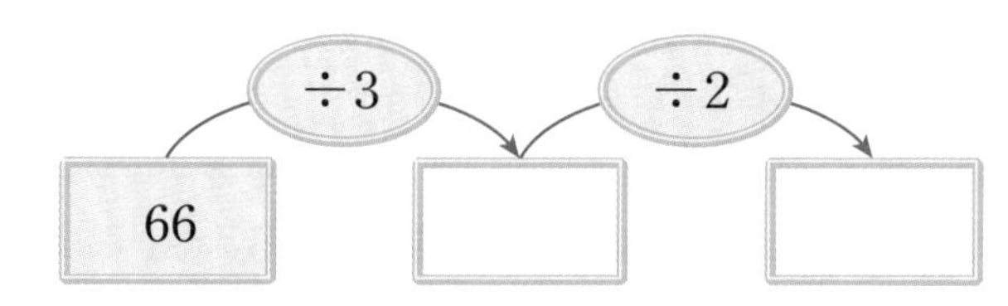

서술형

05 계산에서 잘못된 곳을 찾아 이유를 쓰고 바르게 계산을 하시오.

$$\begin{array}{r} 8 \\ 5\overline{)4\ 7} \\ 4\ 0 \\ \hline 7 \end{array} \Rightarrow 5\overline{)4\ 7}$$

이유 ____________________

06 몫을 찾아 선으로 이으시오.

$57 \div 3$ •	• 12
$84 \div 7$ •	• 17
$68 \div 4$ •	• 19

07 몫의 크기를 비교하여 ○ 안에 >, =, <를 알맞게 써넣으시오.

$77 \div 7$ ○ $68 \div 2$

2 나눗셈

창의·융합

08 쌍봉낙타의 혹을 세어 보니 모두 38개였습니다. 쌍봉낙타는 몇 마리입니까?

낙타는 등에 혹을 가지고 있는 동물로 혹이 1개 있는 단봉낙타와 혹이 2개 있는 쌍봉낙타의 두 종류가 있습니다.

(　　　　　　　　　　)

09 □ 안에 알맞은 수를 써넣으시오.

$\square \div 9 = 14 \cdots 6$

10 나누어떨어지는 나눗셈을 모두 찾아 기호를 쓰시오.

㉠ $87 \div 2$	㉡ $60 \div 4$
㉢ $54 \div 5$	㉣ $93 \div 3$

(　　　　　　　　　　)

11 몫이 큰 것부터 차례로 기호를 쓰시오.

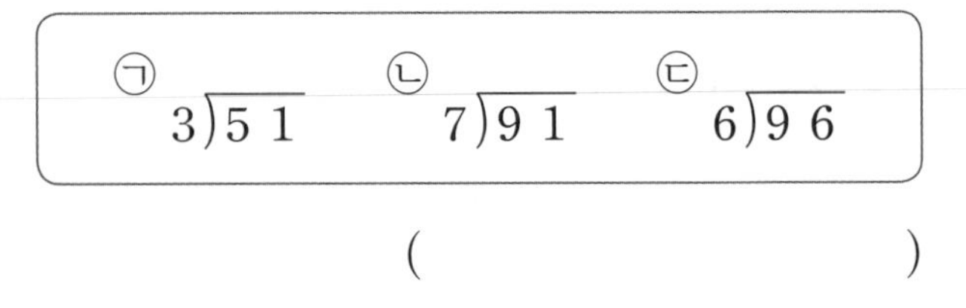
㉠ $3\overline{)51}$　　㉡ $7\overline{)91}$　　㉢ $6\overline{)96}$

(　　　　　　　　　　)

서술형

12 길이가 65 cm인 색 테이프를 5 cm씩 자르면 몇 도막이 되는지 식을 쓰고 답을 구하시오.

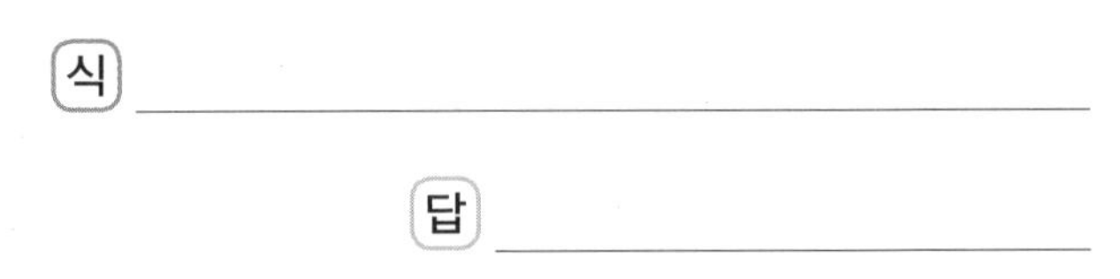
식 ____________________

답 ______________

13 복숭아 89개를 한 봉지에 7개씩 담으려고 합니다. 몇 봉지까지 담을 수 있고 몇 개가 남습니까?

(　　　　　　　　), (　　　　　　　　)

14 ▲의 값을 구하시오. (단, 같은 모양은 같은 수를 나타냅니다.)

600÷2=●, ●÷5=▲

(　　　　　　　　　　)

15 달걀 한 판은 30개입니다. 달걀 2판을 한 명에게 6개씩 남김없이 나누어 주려고 합니다. 몇 명에게 나누어 줄 수 있습니까?

(　　　　　　　　　　)

창의·융합

16 대화를 읽고 만들 수 있는 가장 큰 정사각형의 한 변의 길이는 몇 cm인지 구하시오.

(　　　　　　　　　　)

17 3장의 수 카드 중 2장을 골라 만들 수 있는 두 자리 수 중에서 5로 나누어떨어지는 수는 모두 몇 개입니까?

0　2　4

(　　　　　　　　　　)

서술형

18 한철이와 수빈이는 80 m를 달리려고 합니다. 일정한 빠르기로 한철이는 1초에 4 m씩, 수빈이는 1초에 5 m씩 달립니다. 누가 몇 초 더 빨리 달리는지 풀이 과정을 쓰고 답을 구하시오.

풀이 ＿＿＿＿＿＿＿＿＿＿＿＿＿＿＿＿

답 ＿＿＿＿＿＿＿, ＿＿＿＿＿＿＿

19 오른쪽 나눗셈식에서 ㉮에 들어갈 수 있는 수를 모두 구하시오.

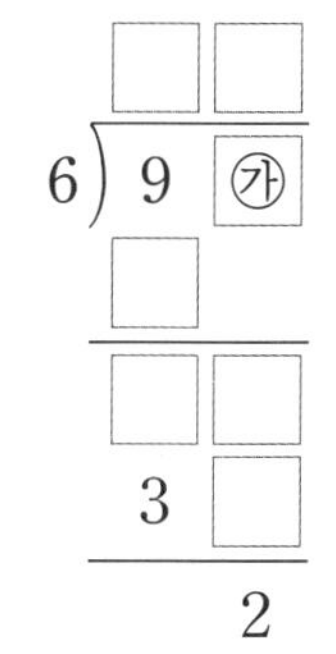

(　　　　　　　　　　)

20 공원에 있는 세발자전거와 두발자전거의 바퀴 수를 세어 보았더니 모두 74개였습니다. 세발자전거가 14대일 때 두발자전거는 몇 대입니까?

(　　　　　　　　　　)

2 나눗셈

3 원

재미있는 원 이야기

잔잔한 물 위에 물방울을 떨어뜨리면 물방울로 인해 물 위에 둥근 물결이 차례대로 여러 개 만들어지면서 점점 커지죠? 물 위에 생긴 동그란 물결은 원 모양이에요.

원은 나무의 나이테나 암모나이트의 모양과 같이 자연에서 쉽게 찾을 수 있어요.

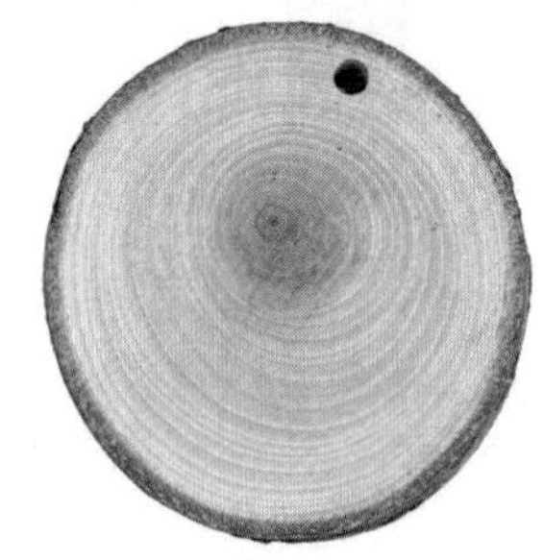

나이테

암모나이드

우리 주변에서도 쉽게 찾아볼 수 있는 바퀴나 동전, CD, 피자 등은 모두 원 모양이지요. 그런데 바퀴나 동전, CD, 피자 등을 원 모양으로 만든 이유가 있다고 합니다. 왜 원 모양으로 만들었는지 한번 알아볼까요?

바퀴가 원 모양인 이유는?

자동차나 자전거 바퀴가 원 모양인 이유는 바퀴가 굴러갈 때 원 모양이어야 튕기지 않고 부드럽게 굴러갈 수 있기 때문이에요. 만약 바퀴가 삼각형이나 사각형 모양이라면 덜컹거려서 굴러가기 힘들겠죠?

이미 배운 내용	이번에 배울 내용	앞으로 배울 내용
[2-1 여러 가지 도형] • 원 알아보기 • 원의 특징 알아보기 • 물체를 본떠서 원 그리기	• 원의 중심, 반지름, 지름 알아보기 • 원의 성질 알아보기 • 컴퍼스를 이용하여 원 그리기 • 원을 이용하여 여러 가지 모양 그리기	[6-1 원의 넓이] • 원주와 원주율 알아보기 • 원주율을 이용하여 지름, 원주 구하기 • 원의 넓이 구하기

CD가 원 모양인 이유는?

CD에는 데이터를 저장하기 위해 '트랙'이라는 것이 있어요. 원 모양으로 된 트랙을 따라가며 데이터를 저장하고 읽는 거죠. 그래서 원 모양으로 만들어야 데이터를 더 많이 저장할 수 있다고 하네요.

동전이 원 모양인 이유는?

동전이 닳아 없어지는 것을 막기 위한 방법 중 하나로 동전을 원 모양으로 만들었다고 해요. 원은 충격을 흡수하는 형태죠. 동전을 떨어뜨릴 경우나 어디에 긁힐 경우에 동전이 원 모양이면 부딪힐 당시의 충격을 동전 골고루 퍼트릴 수 있기 때문이에요.

피자가 원 모양인 이유는?

피자 반죽을 피자 도우라고 하는데요. 피자를 만들 때 이 피자 도우를 넓게 펴 주는 과정에서 보통 손가락에 도우를 올리고 빙글빙글 돌립니다. 그러다 보니 돌리는 힘에 의해 원 모양이 되는 거죠. 또 피자가 원 모양이면 피자를 굽는 오븐 안에서 골고루 익게 된답니다.

메타인지 개념학습

원의 중심, 반지름, 지름

정답 | 생각의 방향

ㄱ ㅇ ㄴ

❶ 원을 그릴 때 누름 못이 꽂혔던 점 ㅇ을 원의 중심이라고 합니다. (○ , ×)

정답: ○

띠 종이와 누름 못을 이용하여 원 그리기

누름 못이 꽂혔던 점

❷ 원의 중심 ㅇ과 원 위의 한 점을 이은 선분을 원의 (반지름 , 지름)이라고 합니다.

정답: 반지름

❸ 선분 ㄱㄴ은 원의 ☐입니다.

정답: 지름

원의 성질

2 cm ㅇ 4 cm

❶ 원의 지름은 원을 똑같이 둘로 나누지 않습니다. (○ , ×)

정답: ×

❷ 원 안에 그을 수 있는 가장 긴 선분은 원의 (반지름 , 지름)입니다.

정답: 지름

원의 중심을 지나는 선분의 길이가 가장 깁니다.

❸ 원의 반지름은 (2 , 4) cm, 지름은 (2 , 4) cm입니다.

정답: 2, 4

❹ 한 원에서 지름의 길이는 반지름의 길이의 ☐배입니다.

정답: 2

원의 반지름 / 원의 지름

한 원에서 지름의 길이는 반지름의 길이의 2배입니다.

컴퍼스를 이용하여 원 그리기

1 cm
ㅇ

정답 / **생각의 방향**

❶ 컴퍼스를 이용하여 원을 그릴 때에는 가장 먼저 원의 중심이 되는 점 ㅇ을 정합니다. (○ , ×)

정답: ○

❷ 반지름이 1 cm인 원을 그릴 때에는 컴퍼스의 침과 연필심 사이를 (1 , 2) cm만큼 벌립니다.

정답: 1

0 1 2 3

컴퍼스를 이용하여 원을 그릴 때에는 컴퍼스의 침과 연필심 사이를 원의 반지름만큼 벌립니다.

❸ 컴퍼스의 침을 점 ☐에 꽂고 한쪽 방향으로 돌려 원을 그립니다.

정답: ㅇ

원을 이용하여 여러 가지 모양 그리기

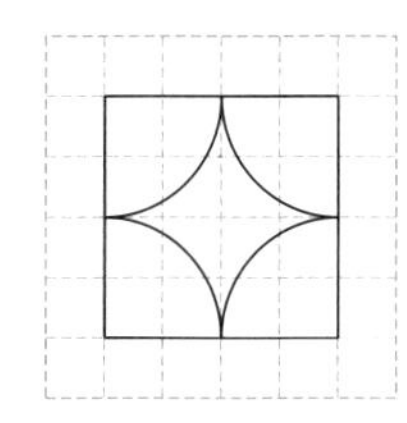

❶ 한 변이 모눈 2칸인 정사각형을 먼저 그립니다. (○ , ×)

정답: ×

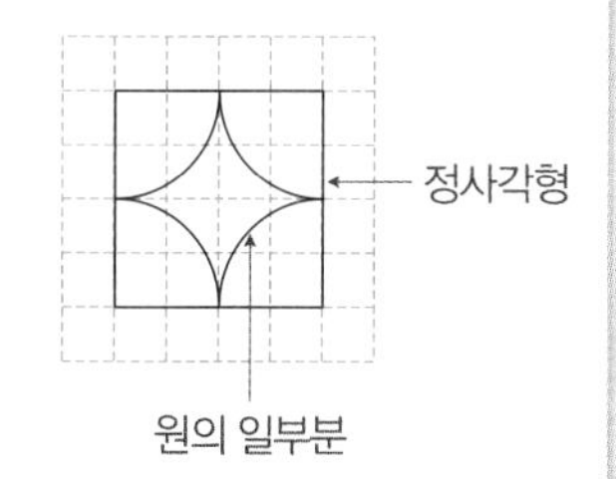

❷ 정사각형의 꼭짓점을 원의 중심으로 하는 원의 일부분을 (4 , 6)개 그립니다.
이때 원의 (반지름 , 지름)은 정사각형의 한 변과 같습니다.

정답: 4, 지름

❸ 주어진 모양을 그리기 위하여 컴퍼스의 침을 꽂아야 할 곳은 모두 ☐군데입니다.

정답: 4

원을 이용하여 여러 가지 모양을 그릴 때 컴퍼스의 침을 꽂아야 할 곳은 원의 중심입니다.

3
원

비법 ① 여러 가지 방법으로 원 그리기

방법 1
본을 떠 원 그리기

방법 2
자를 이용하여 점을 찍어 원 그리기

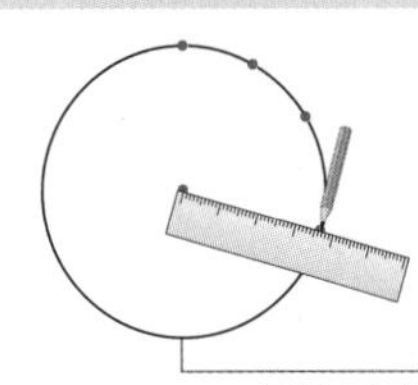

방법 3
누름 못과 띠 종이를 이용하여 원 그리기

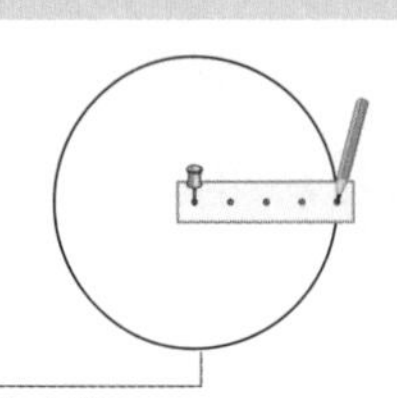

본을 뜨지 않고 원 그리는 방법

비법 ② 원의 중심, 반지름, 지름

그림			
이름	원의 중심	원의 반지름	원의 지름
개수	1개	무수히 많음.	무수히 많음.
성질		한 원에서 원의 반지름의 길이는 모두 같음.	한 원에서 원의 지름의 길이는 모두 같음.

비법 ③ 원의 지름과 반지름 사이의 관계

① 한 원에서 지름의 길이는 반지름의 길이의 2배입니다.
⇨ (원의 지름)=(원의 반지름)×2

② 한 원에서 반지름의 길이는 지름의 길이의 반입니다.
⇨ (원의 반지름)=(원의 지름)÷2

교·과·서 개 념

• 이 외에도 원을 그리는 방법은 여러 가지가 있습니다.

• **원의 중심, 반지름, 지름**

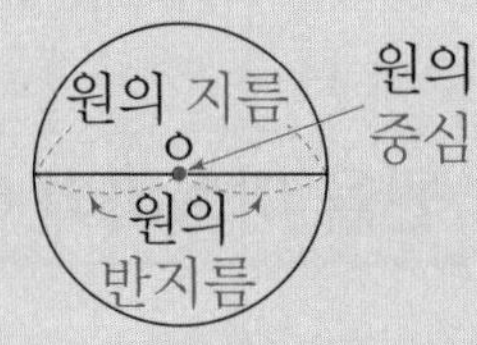

원의 중심: 원의 한가운데에 있는 점
원의 반지름: 원의 중심과 원 위의 한 점을 이은 선분
원의 지름: 원 위의 두 점을 이은 선분 중 원의 중심을 지나는 선분

• **원의 성질**
① 원의 지름은 원을 똑같이 둘로 나눕니다.
② 원의 지름은 원 안에 그을 수 있는 가장 긴 선분입니다.
③ 한 원에서 지름의 길이는 반지름의 길이의 2배입니다.

비법 4 크기가 다른 두 원이 맞닿아 있을 때 선분의 길이 구하기

예

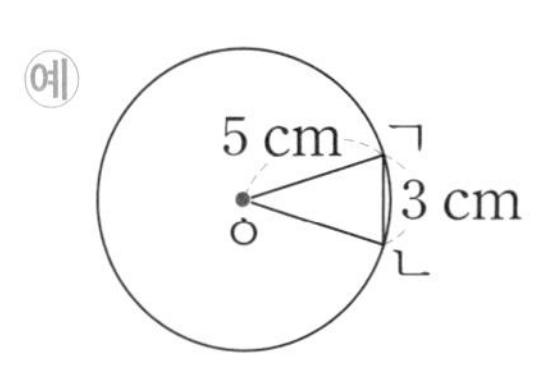

(선분 ㄱㄴ)
=(큰 원의 지름)+(작은 원의 지름)
=4+2=6 (cm)

비법 5 원 안에 그린 삼각형의 세 변의 길이의 합 구하기

예

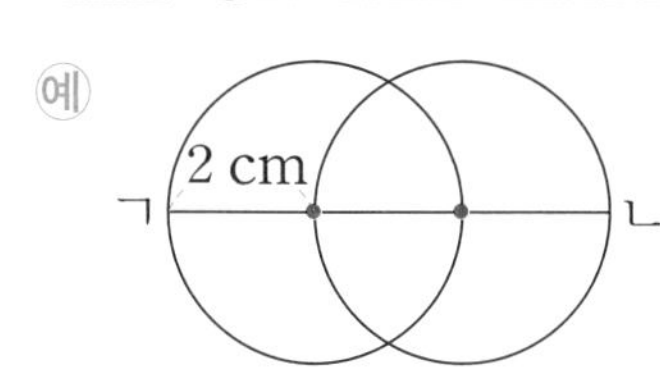

(삼각형 ㅇㄱㄴ의 세 변의 길이의 합)
=(선분 ㅇㄱ)+(선분 ㄱㄴ)+(선분 ㄴㅇ)
원의 반지름으로 길이가 같습니다.
=5+3+5=13 (cm)

비법 6 크기가 같은 두 원이 겹쳐 있을 때 선분의 길이 구하기

예

(선분 ㄱㄴ)
=(원의 반지름)×3
=2×3=6(cm)

비법 7 규칙에 따라 원 그리기

• 원의 중심은 같고 원의 반지름의 길이를 다르게 하여 그리기

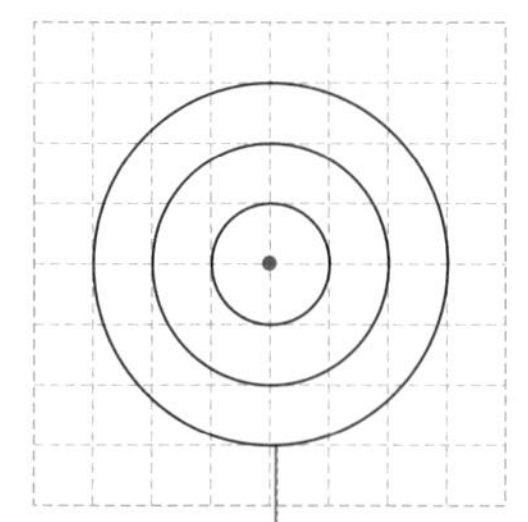

원의 반지름의 길이는 모눈 1칸씩 늘려서 그립니다.

• 원의 중심은 이동하고 원의 반지름의 길이는 같게 하여 그리기

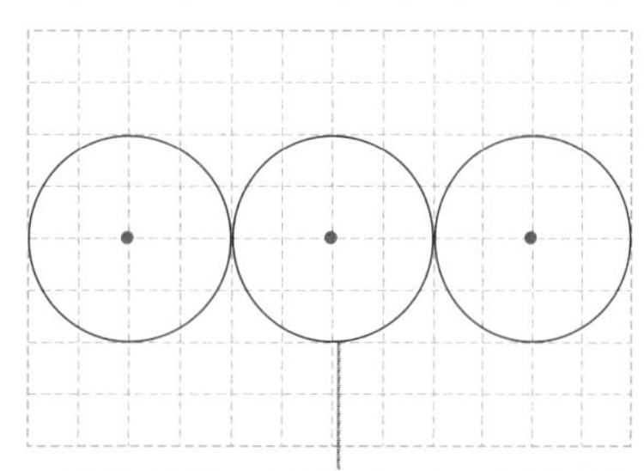

• 원의 중심은 오른쪽으로 모눈 4칸씩 이동하였습니다.
• 원의 반지름의 길이는 모눈 2칸으로 같습니다.

교·과·서 개 념

• 컴퍼스를 이용하여 원 그리기

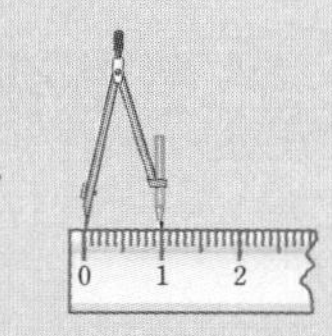

원의 중심이 되는 점 ㅇ을 정합니다.

컴퍼스를 원의 반지름만큼 벌립니다.

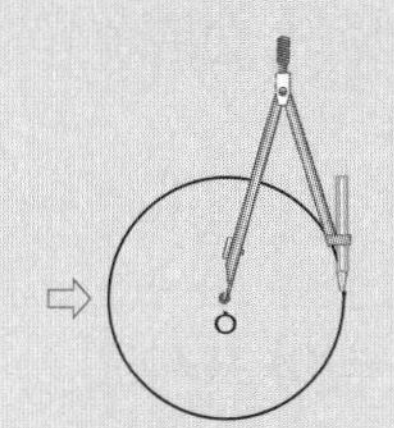

컴퍼스를 점 ㅇ에 꽂고 원을 그립니다.

• 원의 중심과 원의 반지름의 길이를 모두 다르게 하여 그리기

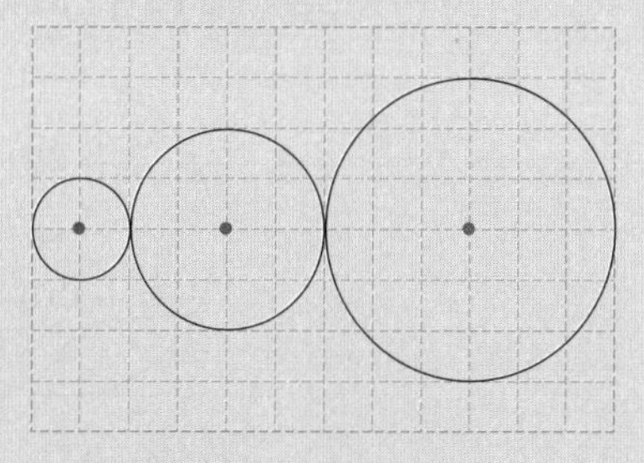

① 원의 중심은 오른쪽으로 3칸, 5칸 이동하여 그립니다.
② 원의 반지름의 길이는 1칸, 2칸, 3칸으로 늘려서 그립니다.

STEP 1 기본 유형 익히기

1 원의 중심, 반지름, 지름

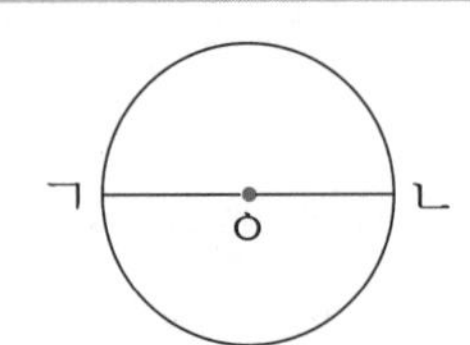

원의 중심: 점 ㅇ
원의 반지름: 선분 ㅇㄱ, 선분 ㅇㄴ
원의 지름: 선분 ㄱㄴ

1-1 원의 중심을 찾아 쓰시오.

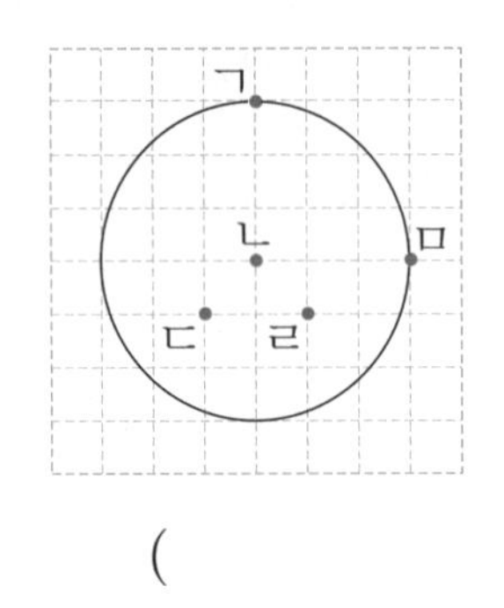

(　　　　　　　　)

1-2 한 원에서 중심이 몇 개 있습니까?

(　　　　　　　　)

1-3 원의 반지름은 몇 cm입니까?

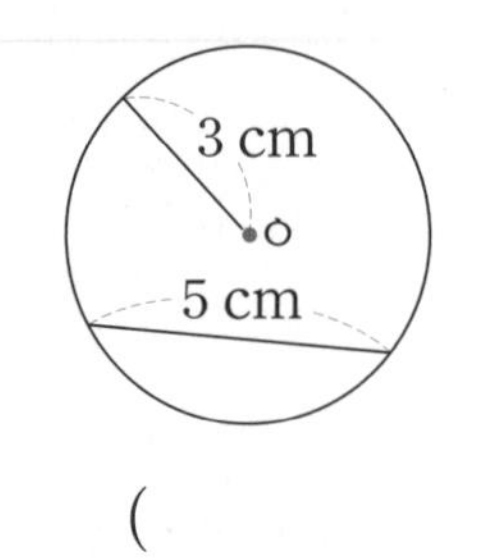

(　　　　　　　　)

서술형

1-4 원의 반지름을 4개 그어 각각의 길이를 재어 보고 알 수 있는 점을 써 보시오.

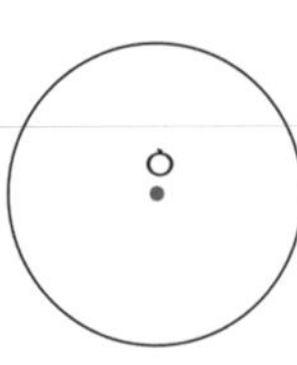

2 원의 성질

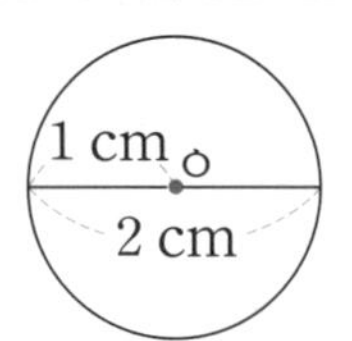

(원의 지름)=(원의 반지름)$\times$2
$=1\times2=2$(cm)

2-1 원의 지름은 어느 선분입니까?

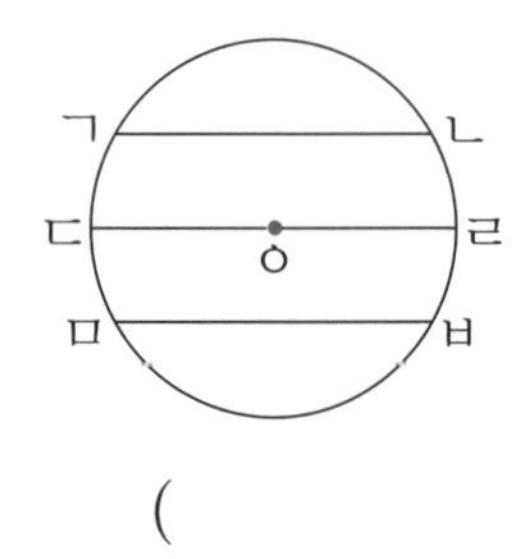

(　　　　　　　　)

2-2 원의 지름을 2개 그어 보시오.

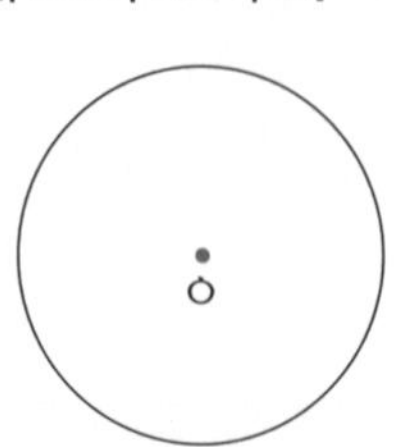

• 정답은 20쪽에

2-3 선분의 길이를 재어 □ 안에 알맞은 수를 써넣으시오.

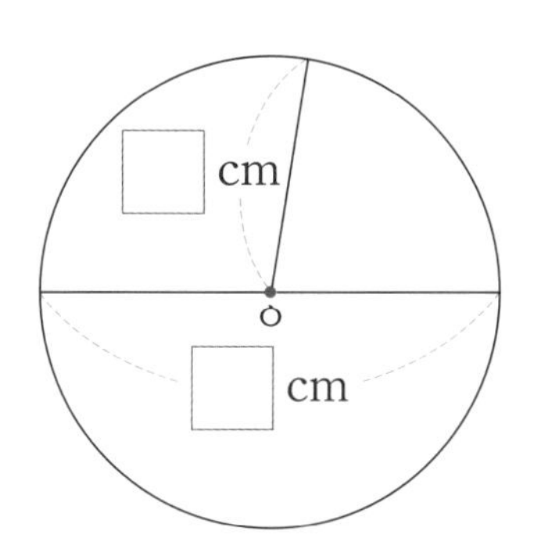

서술형

2-4 위 **2-3**을 보고 원의 지름과 반지름 사이의 관계를 써 보시오.

____

____

창의·융합

2-5 풍물놀이를 할 때 쓰이는 악기 중 하나인 징입니다. 징의 반지름이 15 cm일 때 지름은 몇 cm입니까?

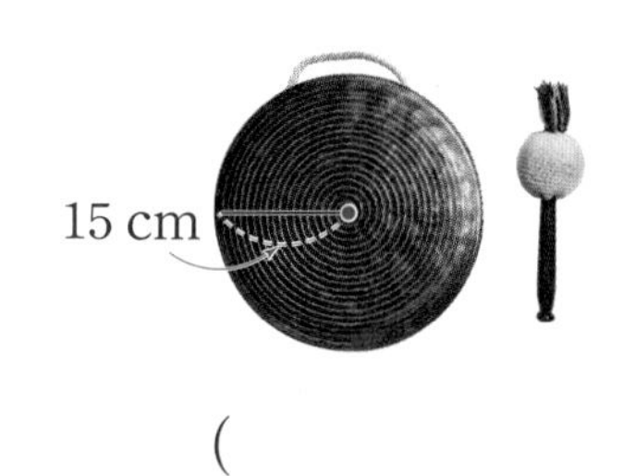

( )

2-6 원의 반지름은 몇 cm입니까?

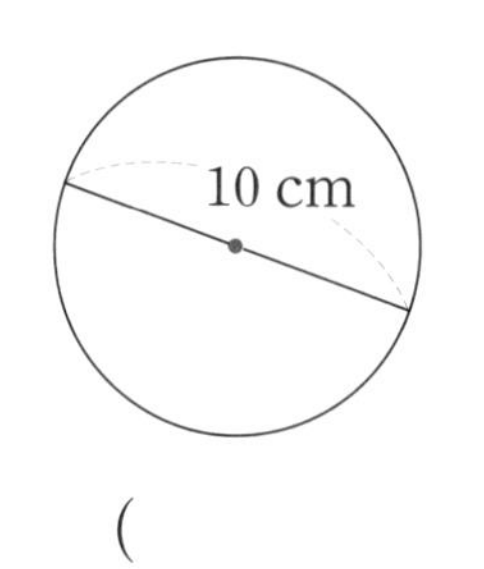

( )

2-7 대화를 보고 원에 대해 바르게 말한 사람을 찾아 이름을 쓰시오.

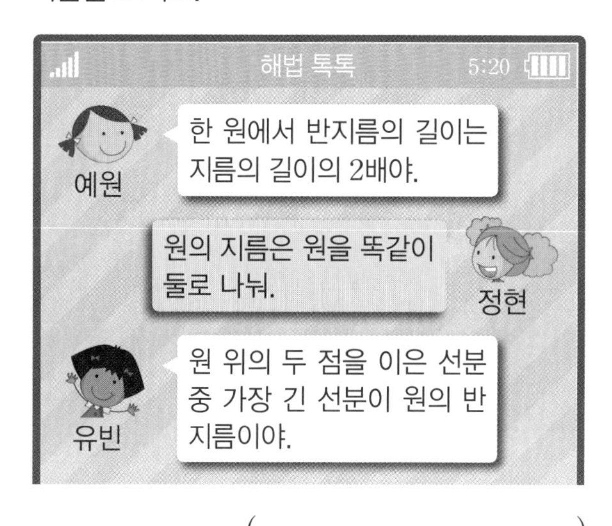

( )

2-8 점 ㄱ, 점 ㄴ은 원의 중심입니다. 선분 ㄱㄴ의 길이는 몇 cm입니까?

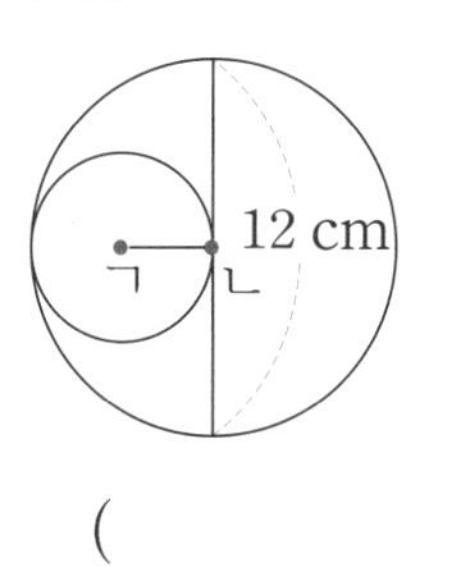

( )

해결의 창

- 한 원에서 원의 반지름은 무수히 많이 그을 수 있고 그 길이는 모두 같습니다.
- 한 원에서 원의 지름은 무수히 많이 그을 수 있고 그 길이는 모두 같습니다.
- 한 원에서 지름의 길이는 반지름의 길이의 2배입니다.

3 원

STEP 1 기본 유형 익히기

3 컴퍼스를 이용하여 원 그리기

• 컴퍼스를 이용하여 반지름이 1 cm인 원을 그리는 방법

① 원의 중심이 되는 점 ㅇ을 정합니다.

② 컴퍼스를 원의 반지름인 1 cm만큼 벌립니다.

③ 컴퍼스의 침을 점 ㅇ에 꽂고 원을 그립니다.

3-1 주어진 원과 크기가 같은 원을 그리기 위하여 컴퍼스를 바르게 벌린 것을 찾아 기호를 쓰시오.

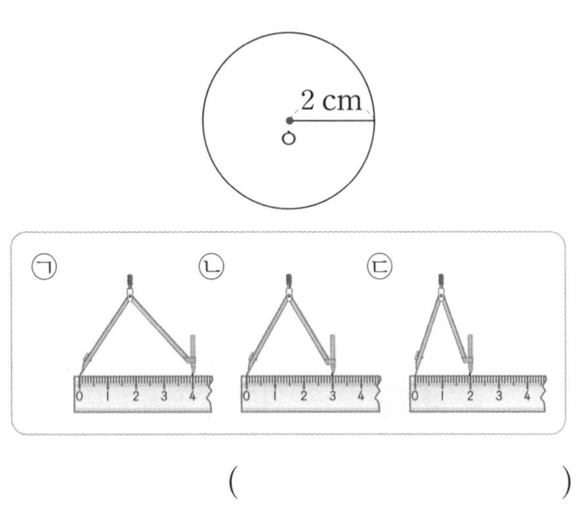

(　　　　　　　　　　)

3-2 컴퍼스를 이용하여 점 ㅇ을 원의 중심으로 반지름이 1 cm 3 mm인 원을 그려 보시오.

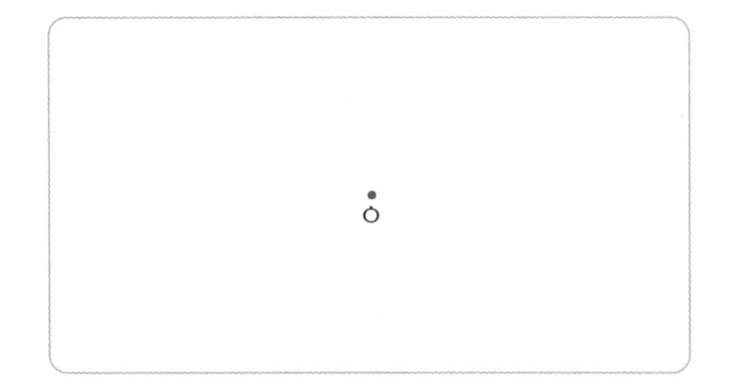

3-3 그림과 같이 컴퍼스를 벌려 그린 원의 지름은 몇 cm입니까?

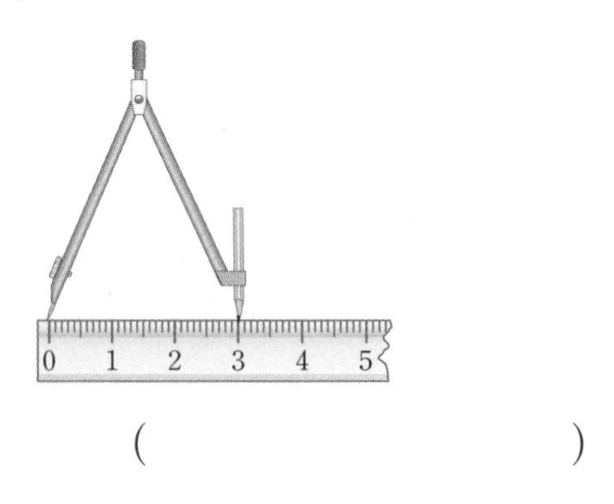

(　　　　　　　　　　)

창의·융합

3-4 올림픽 경기에서 주는 금메달은 은에 금을 입혀 만든 것입니다. 컴퍼스를 이용하여 금메달과 크기가 같은 원을 그려 보시오.

3-5 크기가 같은 원을 2개 그려 보시오.

4 원을 이용하여 여러 가지 모양 그리기

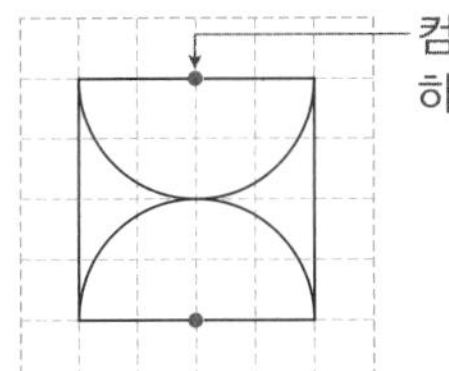

① 정사각형을 그립니다.
② 정사각형의 한 변을 지름으로 하는 원의 일부분을 2개 그립니다.

4-1 주어진 모양을 그리기 위하여 컴퍼스의 침을 꽂아야 할 곳을 모눈종이에 모두 표시하시오.

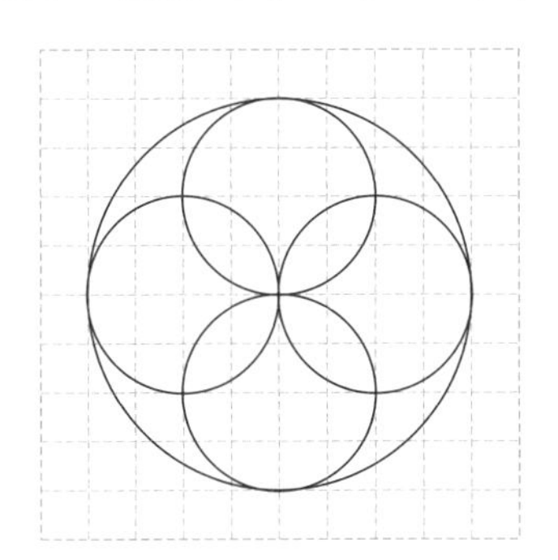

4-2 주어진 모양과 똑같이 그려 보시오.

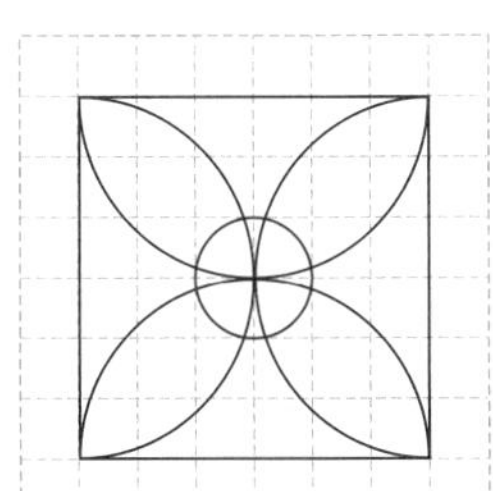

4-3 원의 중심은 같고 원의 반지름의 길이를 다르게 하여 그린 것은 어느 것입니까? ······· (　　　)

①
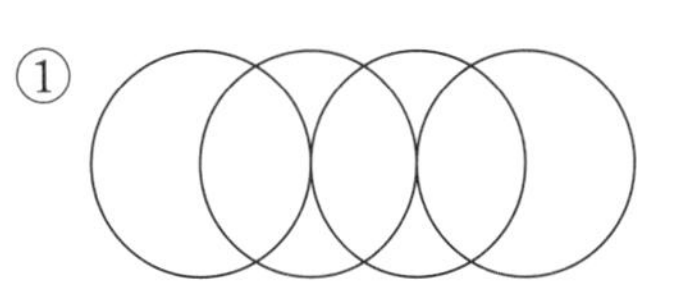
②
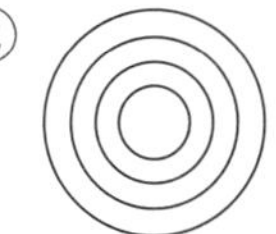
③
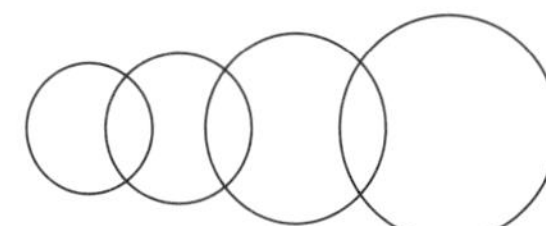
④

[4-4~4-5] 그림을 보고 물음에 답하시오.

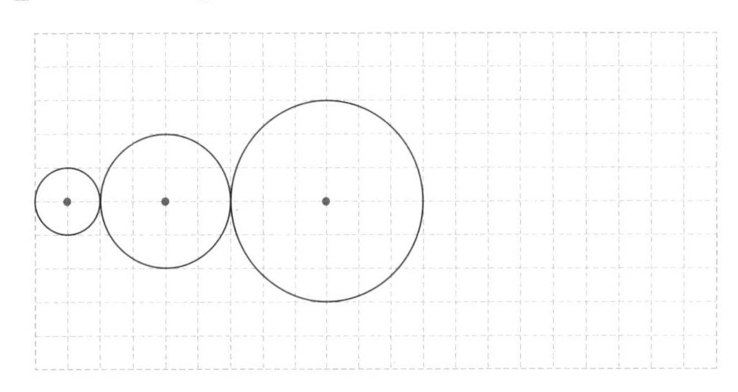

서술형

4-4 어떤 규칙이 있는지 설명해 보시오.

규칙 ______________________________

____

4-5 규칙에 따라 원을 1개 더 그려 보시오.

컴퍼스를 이용하여 원을 그릴 때에는 컴퍼스를 원의 반지름만큼 벌려야 합니다.

예 반지름이 1 cm인 원 그리기

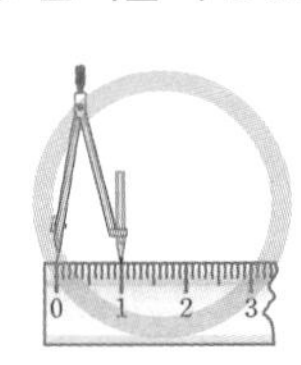

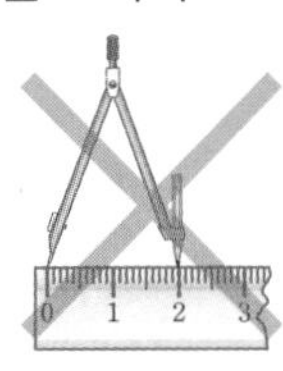

3 원

STEP 2 응용 유형 익히기

응용 1 크기가 다른 원이 맞닿아 있을 때 선분의 길이 구하기

점 ㄴ, 점 ㄷ은 원의 중심입니다. (2) 선분 ㄱㄷ의 길이는 몇 cm입니까?

(1)

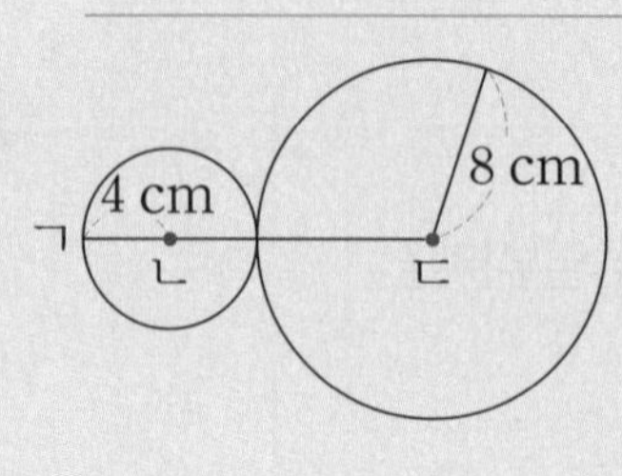

( )

해결의 법칙

(1) 작은 원의 지름과 큰 원의 반지름의 길이를 각각 구해 봅니다.

(2) 선분 ㄱㄷ의 길이를 구해 봅니다.

예제 1 - 1 점 ㄱ, 점 ㄴ은 원의 중심입니다. 선분 ㄱㄷ의 길이는 몇 cm입니까?

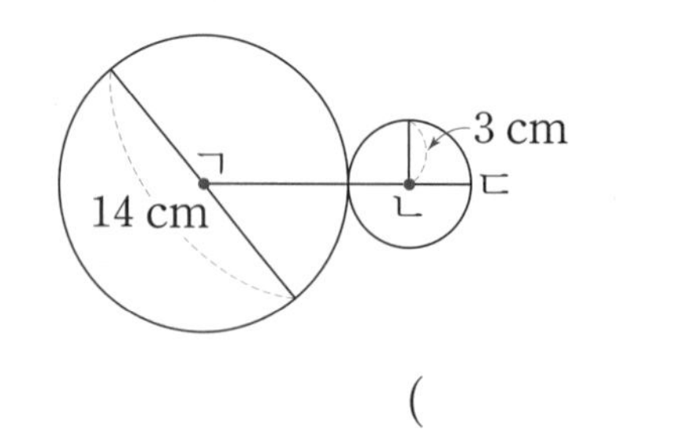

( )

예제 1 - 2 점 ㄱ, 점 ㄴ, 점 ㄷ은 원의 중심입니다. 선분 ㄱㄷ의 길이가 20 cm일 때 가장 작은 원의 반지름은 몇 cm입니까?

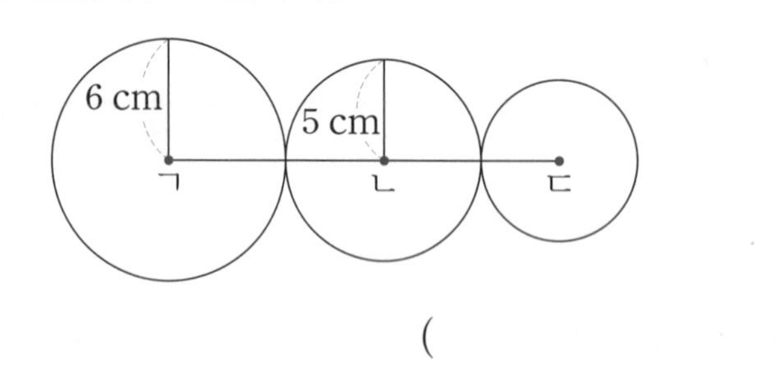

( )

응용 2 포함된 원에서 원의 반지름의 길이나 지름의 길이 구하기

점 ㅇ은 원의 중심입니다. (2)큰 원의 지름은 몇 cm입니까?

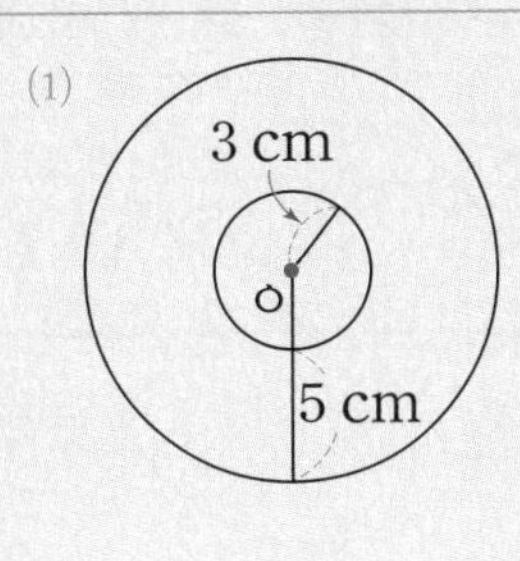

( )

해결의 법칙

(1) 큰 원의 반지름의 길이를 구해 봅니다.

(2) 큰 원의 지름의 길이를 구해 봅니다.

예제 2-1 점 ㄱ, 점 ㄴ은 원의 중심입니다. 작은 원의 반지름은 몇 cm입니까?

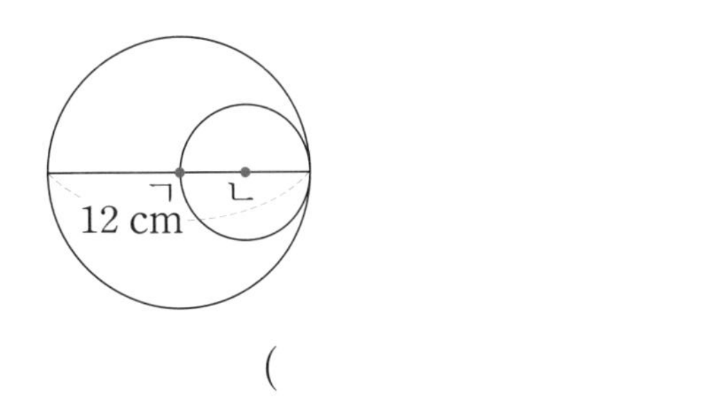

( )

예제 2-2 점 ㄱ, 점 ㄴ, 점 ㄷ은 원의 중심입니다. 가장 큰 원의 지름이 24 cm일 때 가장 작은 원의 반지름은 몇 cm입니까?

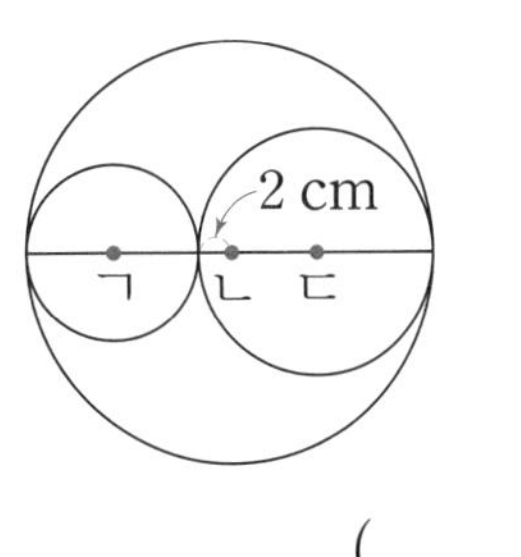

( )

3 원

STEP 2 응용 유형 익히기

응용 3 삼각형의 세 변의 길이의 합 구하기

점 ㄴ, 점 ㄷ은 원의 중심입니다. (2)삼각형 ㄱㄴㄷ의 세 변의 길이의 합은 몇 cm입니까?

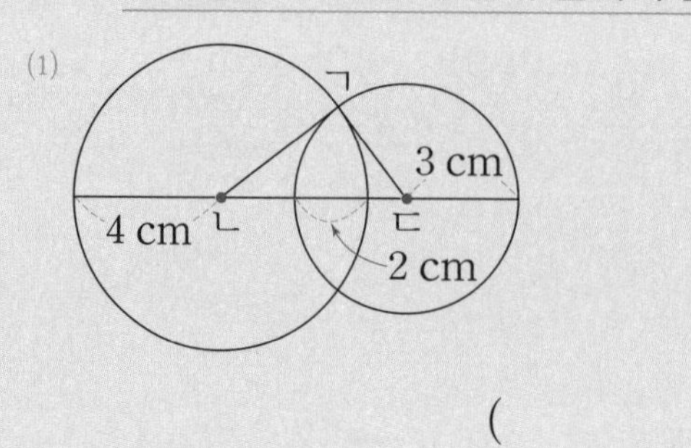

( )

(1) 선분 ㄱㄴ, 선분 ㄴㄷ, 선분 ㄷㄱ의 길이를 각각 구해 봅니다.

(2) 삼각형 ㄱㄴㄷ의 세 변의 길이의 합을 구해 봅니다.

예제 3-1 점 ㄱ, 점 ㄴ, 점 ㄷ은 원의 중심입니다. 삼각형 ㄱㄴㄷ의 세 변의 길이의 합은 몇 cm입니까?

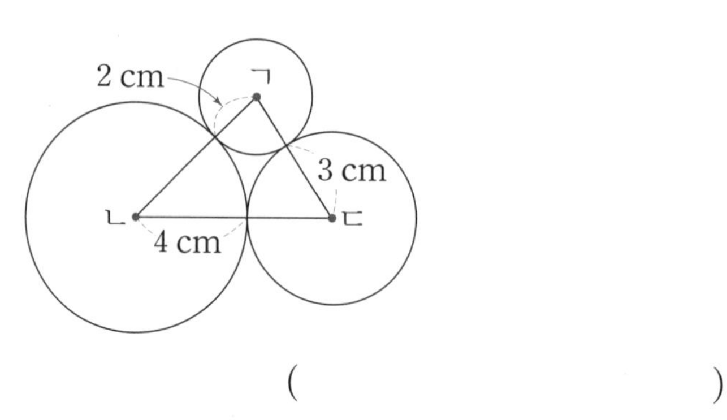

( )

예제 3-2 점 ㄴ, 점 ㄹ은 원의 중심입니다. 사각형 ㄱㄴㄷㄹ의 네 변의 길이의 합은 몇 cm입니까?

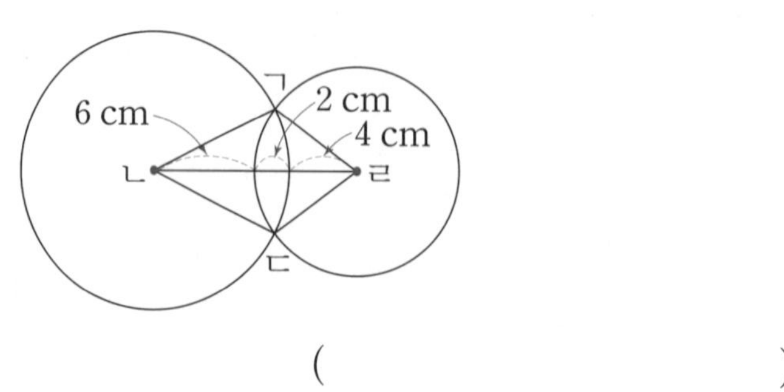

( )

응용 4 컴퍼스의 침을 꽂아야 하는 곳의 개수 비교하기

(1)가와 나 모양을 그릴 때 컴퍼스의 침을 꽂아야 하는 곳은 / (2)어느 것이 몇 군데 더 많습니까?

가 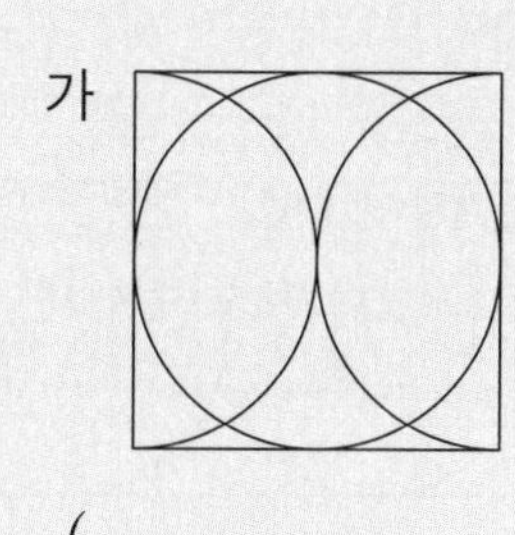 나 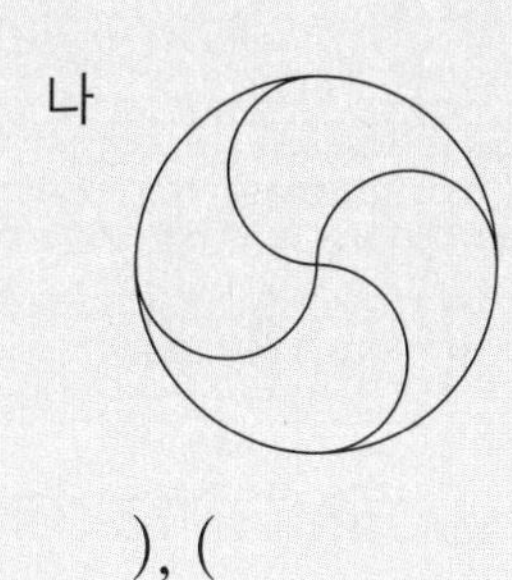

( ), ( )

(1) 가와 나 모양에서 컴퍼스의 침을 꽂아야 하는 곳의 개수를 각각 구해 봅니다.

(2) 컴퍼스의 침을 꽂아야 하는 곳은 어느 것이 몇 군데 더 많은지 구해 봅니다.

예제 4 - 1 가와 나 모양을 그릴 때 컴퍼스의 침을 꽂아야 하는 곳은 어느 것이 몇 군데 더 많습니까?

가 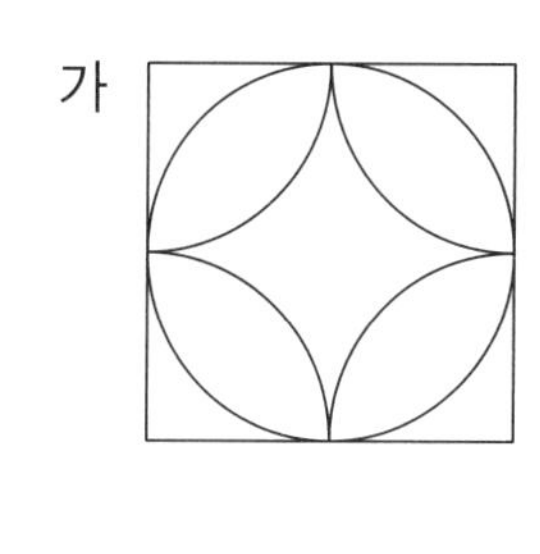 나 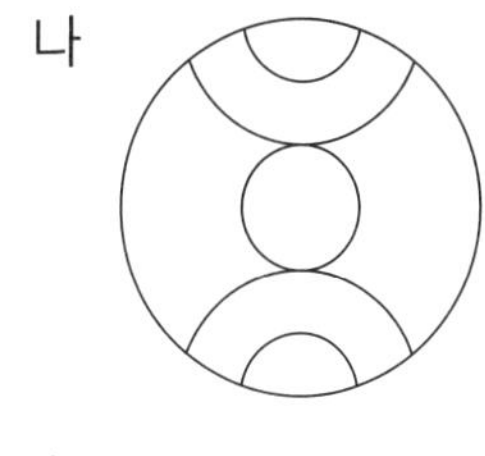

( ), ( )

예제 4 - 2 다음과 같은 모양을 그릴 때 컴퍼스의 침을 꽂아야 하는 곳의 개수가 다른 하나를 찾아 기호를 쓰시오.

가 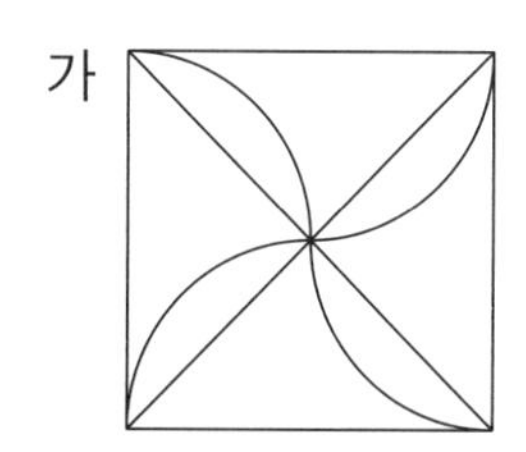 나 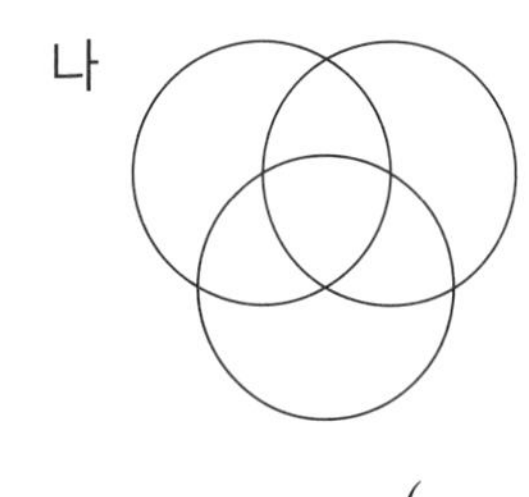 다 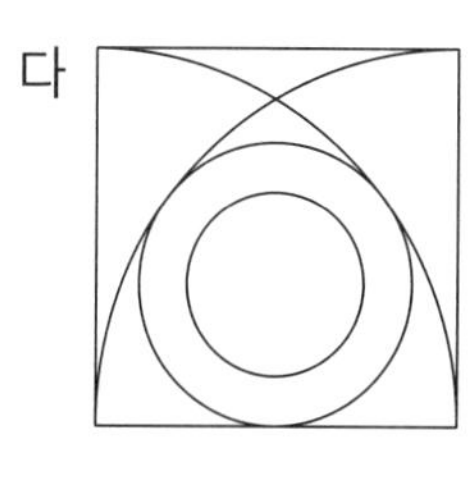

( )

3
원

STEP 2 응용 유형 익히기

응용 5 원을 둘러싼 선분의 길이 구하기

크기가 같은 원 4개를 이어 붙였습니다. (2)직사각형 ㄱㄴㄷㄹ의 네 변의 길이의 합은 몇 cm입니까?

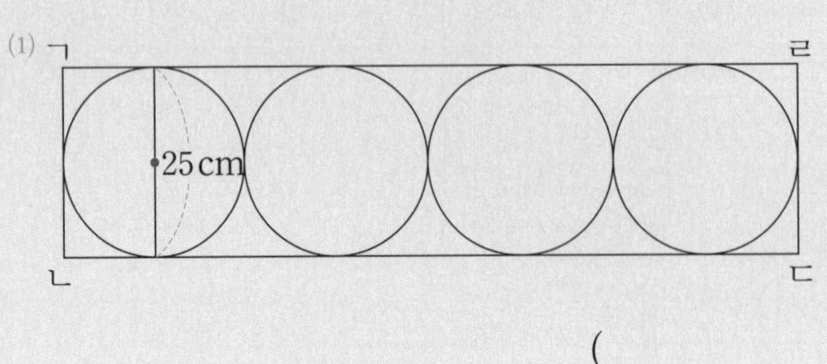

( )

(1) 변 ㄱㄴ과 변 ㄴㄷ의 길이를 각각 구해 봅니다.

(2) 직사각형 ㄱㄴㄷㄹ의 네 변의 길이의 합을 구해 봅니다.

예제 5-1 직사각형 안에 크기가 같은 원 모양의 피자를 서로 맞닿게 놓았습니다. 직사각형 ㄱㄴㄷㄹ의 네 변의 길이의 합은 몇 cm입니까?

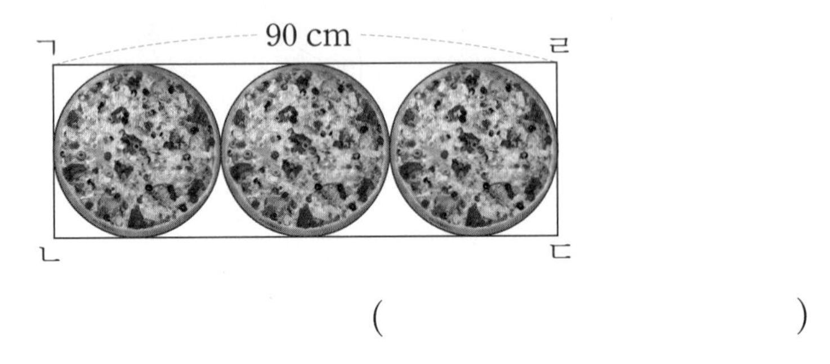

( )

예제 5-2 직사각형 안에 크기가 같은 원 6개를 이어 붙였습니다. 직사각형 ㄱㄴㄷㄹ의 네 변의 길이의 합은 몇 cm입니까?

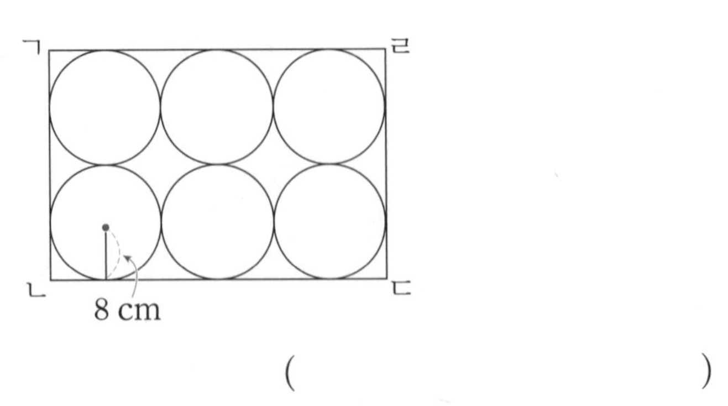

( )

응용 6 겹쳐진 원에서 선분의 길이 구하기

(1), (2) 반지름이 3 cm인 원 6개를 다음과 같이 원의 중심을 지나도록 겹쳐서 그렸습니다. / (3) 선분 ㄱㄴ의 길이는 몇 cm입니까?

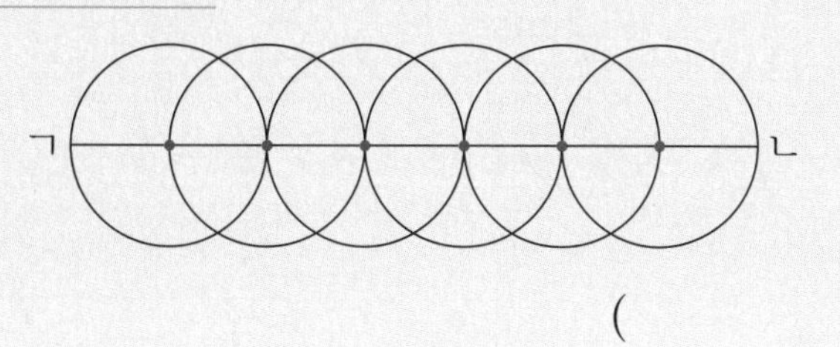

(　　　　　　　　)

(1) 처음에 그린 원 1개의 지름은 몇 cm인지 구해 봅니다.

(2) 원을 하나씩 더 그릴 때마다 원의 중심을 지나는 선분의 길이는 몇 cm씩 늘어나는지 구해 봅니다.

(3) 선분 ㄱㄴ의 길이를 구해 봅니다.

예제 6-1 반지름이 6 cm인 원 9개를 다음과 같이 원의 중심을 지나도록 겹쳐서 그렸습니다. 선분 ㄱㄴ의 길이는 몇 cm입니까?

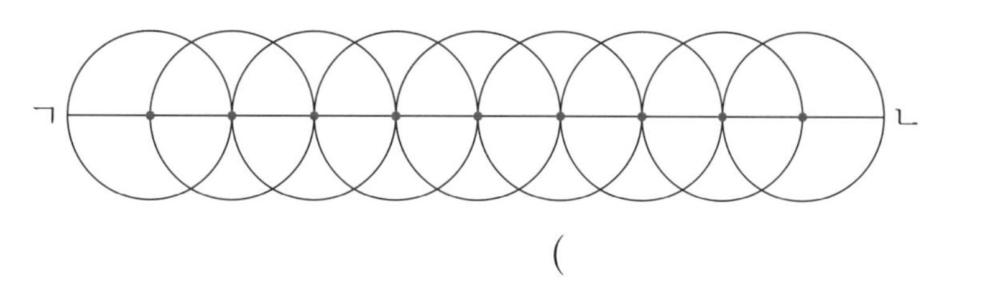

(　　　　　　　　)

예제 6-2 지름이 8 cm인 원을 다음과 같이 원의 중심을 지나도록 겹쳐서 그렸습니다. 원을 몇 개 그린 것입니까?

원을 하나씩 더 그릴 때마다 선분의 길이가 몇 cm씩 늘어나는지 구해 봐.

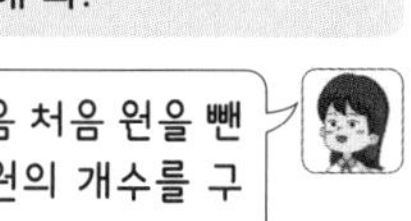

그런 다음 처음 원을 뺀 나머지 원의 개수를 구해.

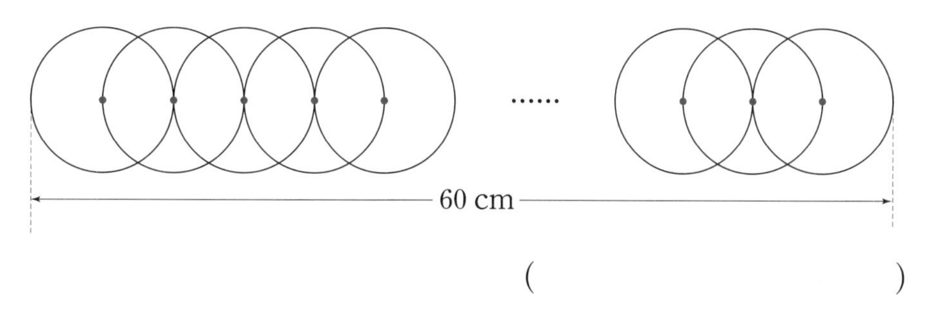

(　　　　　　　　)

3 원

STEP 3 응용 유형 뛰어넘기

원의 지름

01 유사 두 원의 지름의 길이의 합은 몇 cm입니까?

4 cm
2 cm

( )

원을 이용하여 여러 가지 모양 그리기 창의·융합

02 유사 민지는 원을 이용하여 만든 여러 가지 모양을 보고 오른쪽과 같이 그렸습니다. 민지가 오른쪽 모양을 그리기 위하여 컴퍼스의 침을 꽂은 곳은 모두 몇 군데입니까?

( )

원의 반지름

03 유사 크기가 같은 원 5개를 원의 중심을 지나도록 겹치게 이어 붙였습니다. 선분 ㄱㄴ의 길이가 42 cm일 때 원의 반지름은 몇 cm입니까?

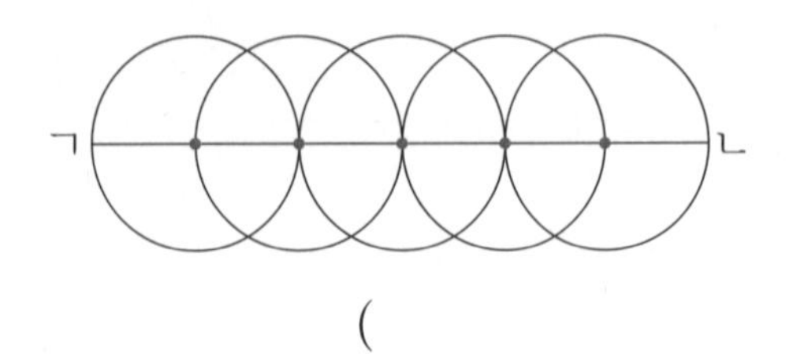

( )

유사 표시된 문제의 유사 문제가 제공됩니다.
동영상 표시된 문제의 동영상 특강을 볼 수 있어요.
QR 코드를 찍어 보세요.

서술형 원의 반지름과 지름

04 큰 원부터 차례로 기호를 쓰려고 합니다. 풀이 과정을 쓰고 답을 구하시오.
유사

㉠ 반지름이 5 cm인 원　㉡ 지름이 12 cm인 원
㉢ 반지름이 8 cm인 원　㉣ 지름이 8 cm인 원

(　　　　　　　　　　)

풀이

원의 지름

05 똑같은 통조림 4개를 상자에 넣었더니 오른쪽과 같이 꼭 맞았습니다. 상자의 네 변의 길이의 합이 64 cm일 때 통조림의 지름은 몇 cm입니까? (단, 상자의 두께는 생각하지 않습니다.)
유사

(　　　　　　　　　　)

원을 이용하여 여러 가지 모양 그리기　창의·융합

06 영채는 물이 떨어지는 모습을 관찰한 후 원을 이용하여 물이 퍼지는 모습을 그렸습니다. 규칙에 따라 원 1개를 더 그렸을 때 그린 원의 지름은 몇 cm입니까?
유사

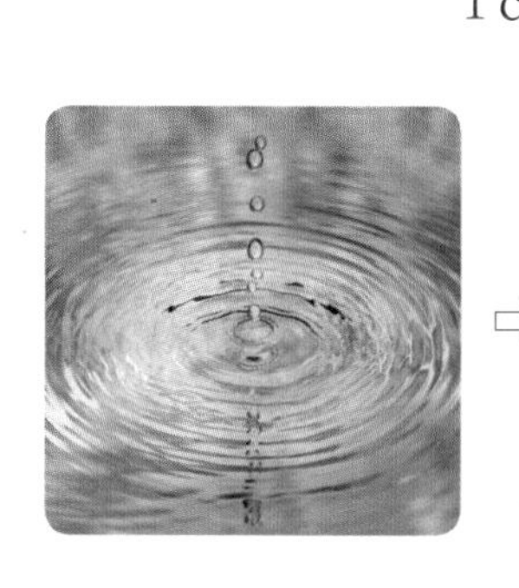

⇨

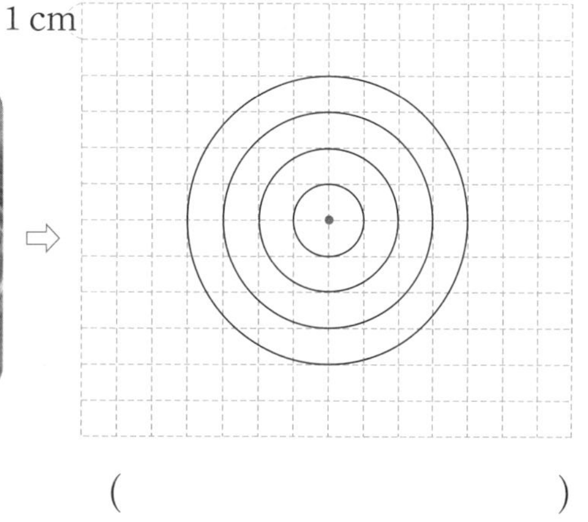

(　　　　　　　　　　)

3 원

서술형 원의 지름

07 유사 동영상 점 ㅇ은 원의 중심이고 삼각형 ㄱㅇㄴ의 세 변의 길이의 합은 36 cm입니다. 원의 지름은 몇 cm인지 풀이 과정을 쓰고 답을 구하시오.

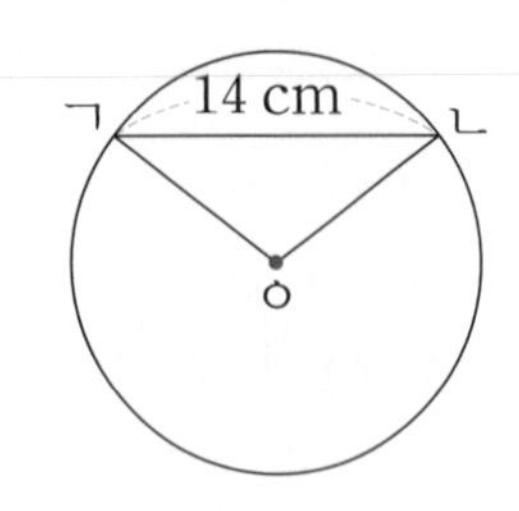

풀이

( )

원의 반지름

08 유사 동영상 점 ㄴ, 점 ㄹ은 원의 중심입니다. 사각형 ㄱㄴㄷㄹ의 네 변의 길이의 합이 40 cm일 때 작은 원의 반지름은 몇 cm입니까?

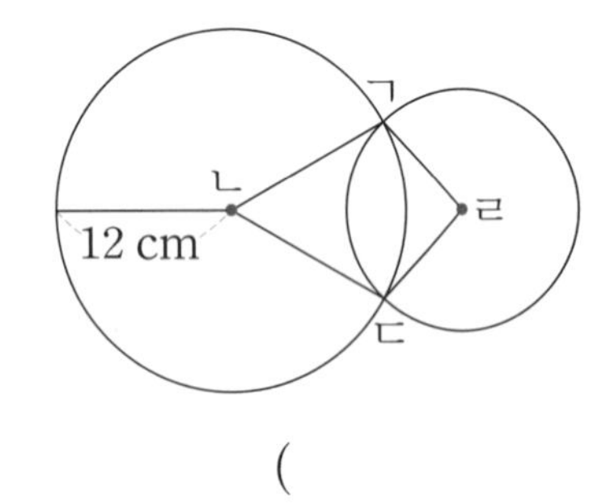

( )

원을 이용하여 여러 가지 모양 그리기

09 유사 동영상 소연이는 규칙을 정하여 다음과 같이 원을 그리고 있습니다. 10번째 원의 지름은 몇 cm입니까?

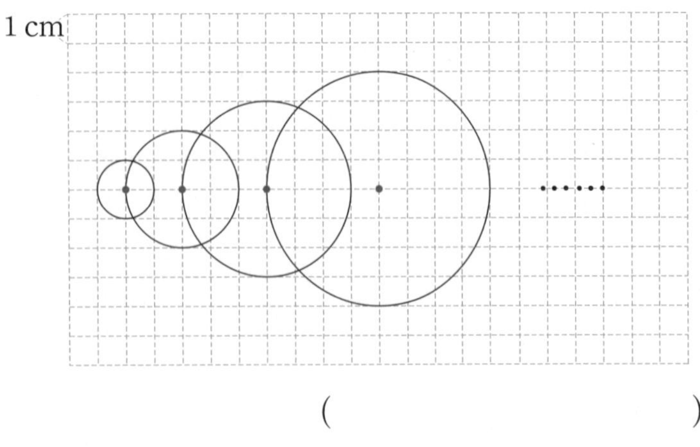

( )

• 정답은 24쪽에

유사 표시된 문제의 유사 문제가 제공됩니다.
동영상 표시된 문제의 동영상 특강을 볼 수 있어요.
QR 코드를 찍어 보세요.

원의 반지름과 지름

10 유사 동영상

오른쪽 그림과 같이 반지름이 1 cm인 바둑돌을 서로 맞닿게 이어 붙인 후 둘레를 선분으로 그어 알파벳 E를 만들었습니다. 만든 알파벳의 둘레는 몇 cm입니까?

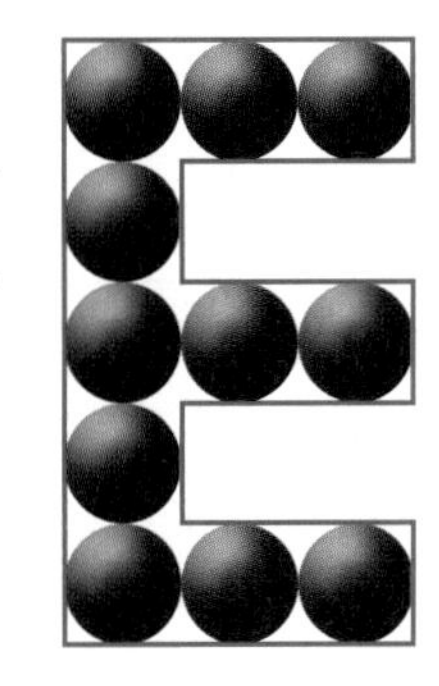

(　　　　　　　　　　)

서술형 원의 반지름

11 유사 동영상

직사각형 ㄱㄴㄷㄹ 안에 점 ㄱ, 점 ㄴ, 점 ㄷ을 원의 중심으로 하는 원의 일부분을 3개 그렸습니다. 선분 ㄱㅁ의 길이는 몇 cm인지 풀이 과정을 쓰고 답을 구하시오.

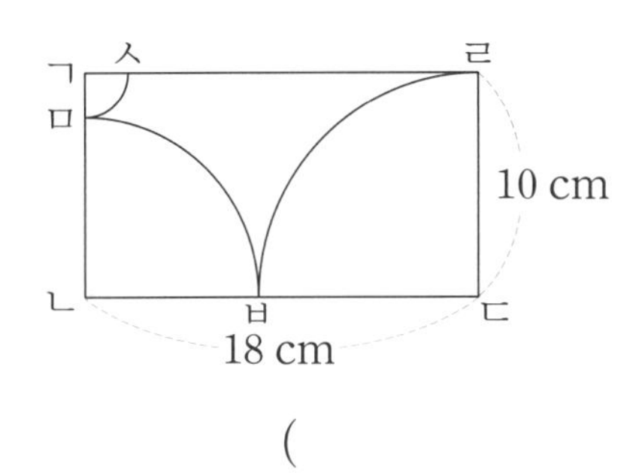

(　　　　　　　　　　)

풀이

원을 이용하여 여러 가지 모양 그리기

12 유사 동영상

직사각형 안에 다음과 같이 원의 중심을 지나도록 크기가 같은 원을 꼭 맞게 그리려고 합니다. 원을 몇 개까지 그릴 수 있습니까?

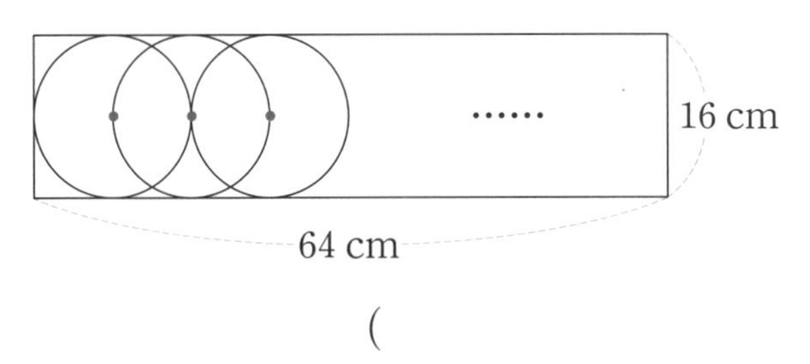

(　　　　　　　　　　)

3
원

• 정답은 24쪽에

창의사고력

13 50원짜리 동전을 다음 그림과 같은 규칙으로 늘어놓고 동전의 중심을 이어 삼각형을 만들려고 합니다. 다섯 번째에 만들어지는 삼각형의 세 변의 길이의 합은 몇 cm입니까? (단, 동전의 지름은 2 cm로 계산합니다.)

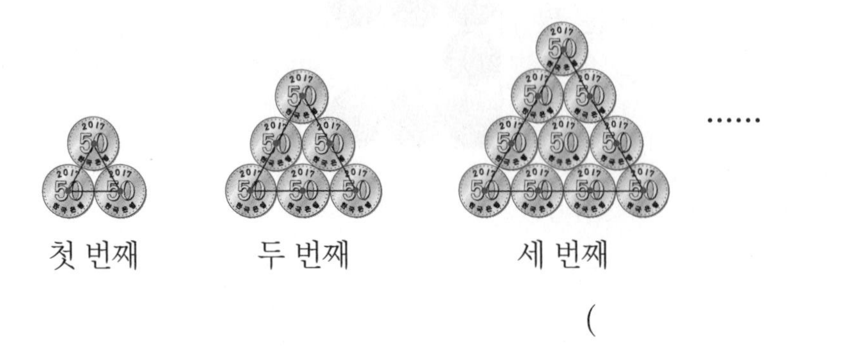

(   )

창의사고력

14 크기가 다른 두 가지 원을 이어 붙여 그린 것입니다. 직사각형의 네 변의 길이의 합은 48 cm이고 큰 원의 지름의 길이가 작은 원의 지름의 길이의 2배일 때 작은 원의 지름은 몇 cm입니까?

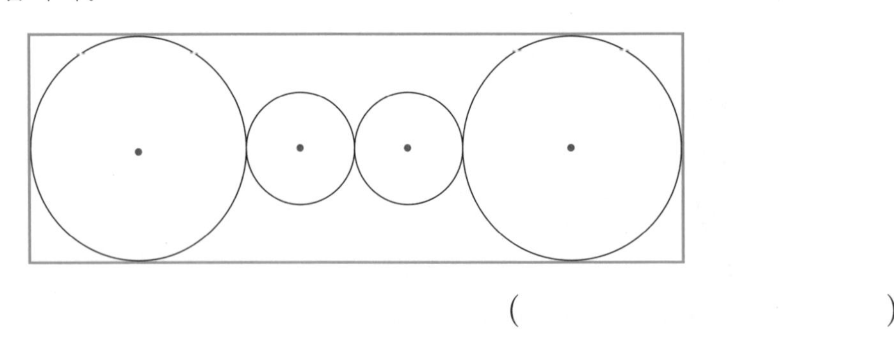

(   )

점수

• 정답은 26쪽에

01 □ 안에 알맞은 말을 써넣으시오.

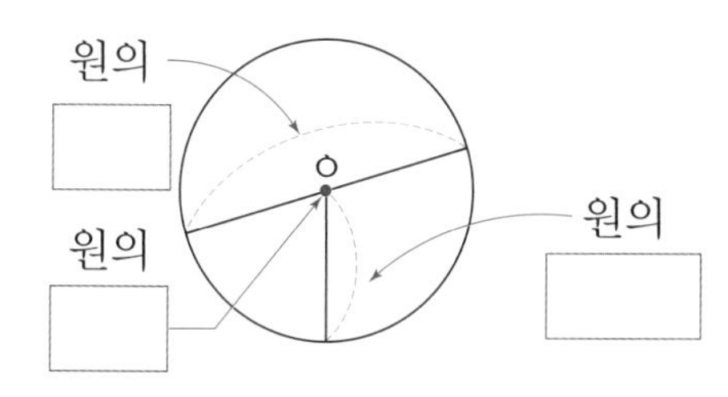

02 원의 지름은 몇 cm입니까?

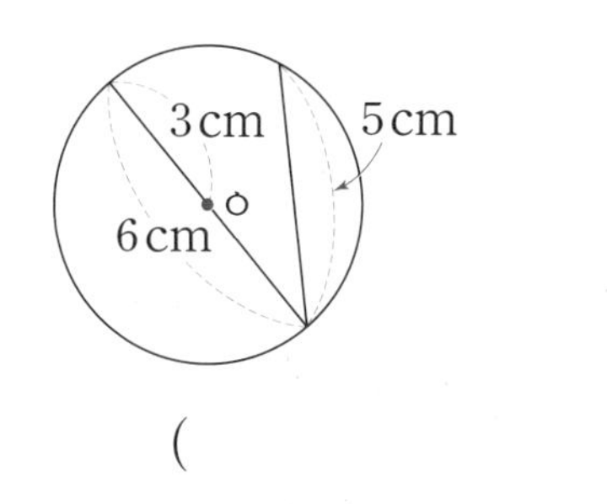

(　　　　　　　　)

03 반지름이 4 cm인 원을 그리고 있습니다. □ 안에 알맞은 수를 써넣으시오.

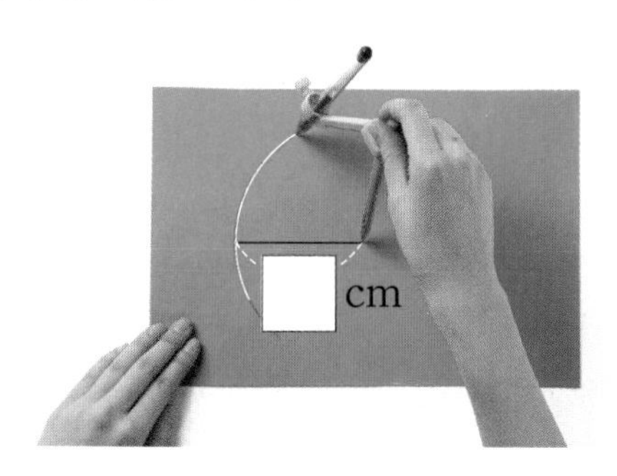

04 □ 안에 알맞은 수를 써넣으시오.

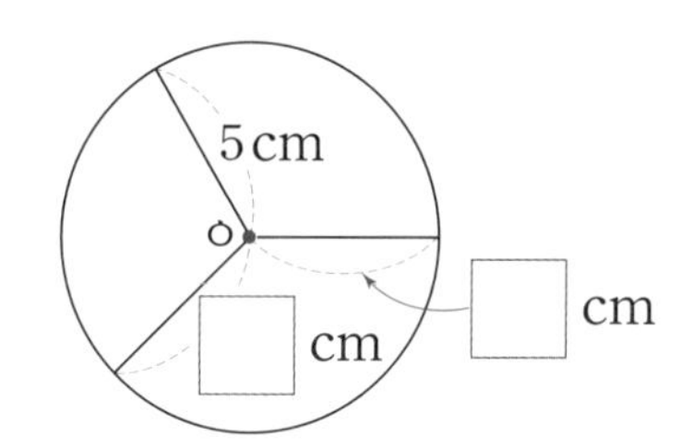

서술형

05 컴퍼스를 이용하여 지름이 12 cm인 원을 그리려고 합니다. 컴퍼스를 몇 cm만큼 벌려야 하는지 풀이 과정을 쓰고 답을 구하시오.

풀이 ______________________________

____

답 ______________

06 컴퍼스를 이용하여 다음 태극기의 태극 무늬를 그리려고 합니다. 컴퍼스의 침을 꽂아야 할 곳은 모두 몇 군데입니까?

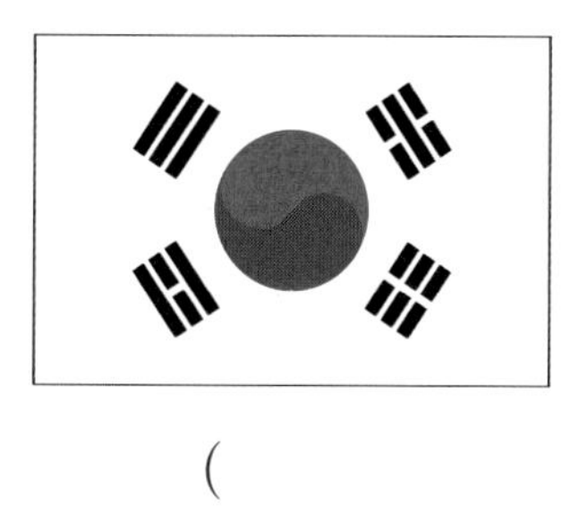

(　　　　　　　　)

07 원에 대한 설명으로 틀린 것은 어느 것입니까?
.... (　　　)

① 한 원에서 원의 중심은 1개입니다.
② 한 원에서 반지름은 1개 그을 수 있습니다.
③ 원의 지름은 원의 중심을 지납니다.
④ 한 원에서 지름은 무수히 많이 그을 수 있습니다.
⑤ 한 원에서 반지름은 모두 같습니다.

3
원

서술형

08 두 원의 반지름의 차는 몇 cm인지 풀이 과정을 쓰고 답을 구하시오.

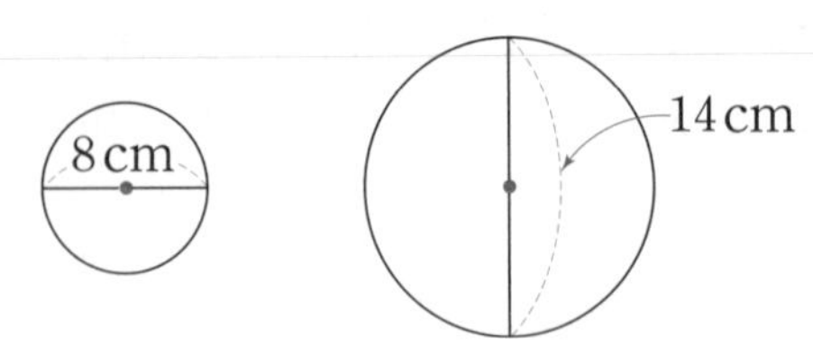

풀이

답

09 원의 중심은 이동하고 원의 반지름의 길이를 다르게 하여 그린 모양에 ○표 하시오.

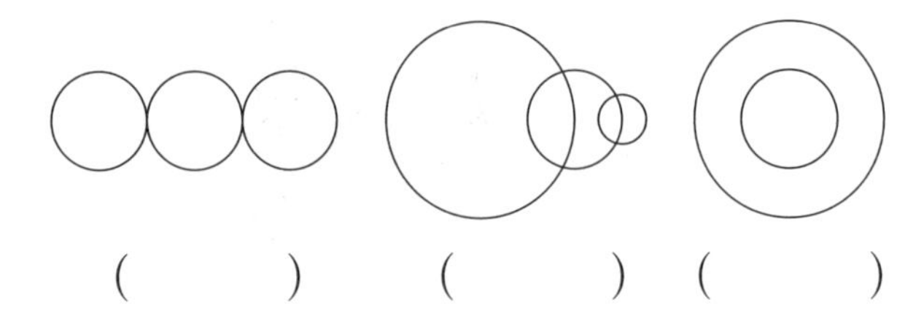

( ) ( ) ( )

10 주어진 모양과 똑같이 그려 보시오.

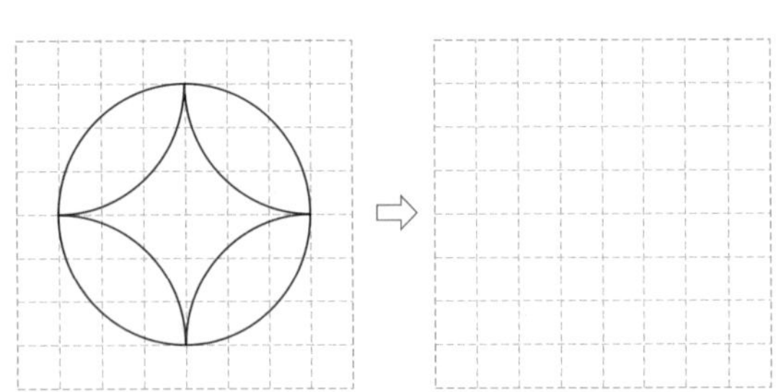

11 오른쪽 원의 반지름은 5 cm입니다. 삼각형의 세 변의 길이의 합은 몇 cm입니까?

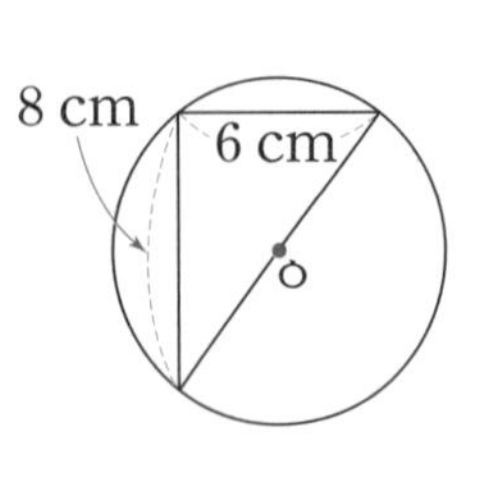

( )

12 규칙에 따라 원을 2개 더 그려 보시오.

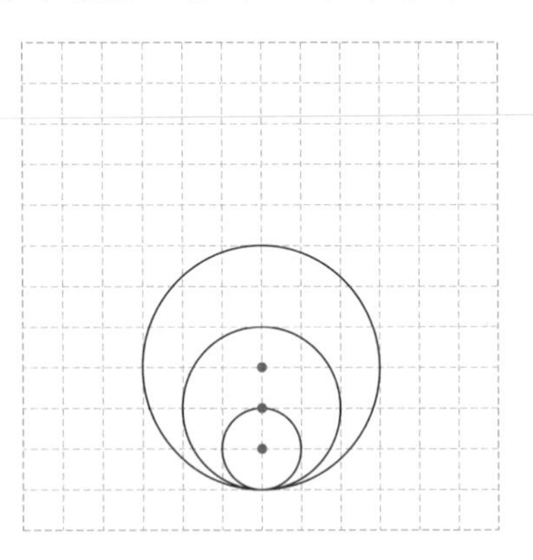

창의·융합

13 준현이의 관찰 일기를 읽고 가장 작은 돋보기를 가져 온 사람의 이름을 쓰시오.

설탕을 관찰하기 위해 세 사람이 가져온 돋보기의 크기가 모두 달랐다. 내 돋보기는 지름이 8 cm, 현성이의 돋보기는 반지름이 5 cm, 민우의 돋보기는 지름이 6 cm였다. 돋보기로 관찰해 보니 설탕은 일정한 모양이 있음을 알 수 있었다.

( )

14 지름이 4 cm인 동전 자석 3개의 중심을 이어 삼각형을 만들었습니다. 삼각형의 세 변의 길이의 합은 몇 cm입니까?

( )

15 오른쪽 정사각형의 네 변의 길이의 합은 32 cm입니다. 선분 ㄱㅇ의 길이는 몇 cm입니까?

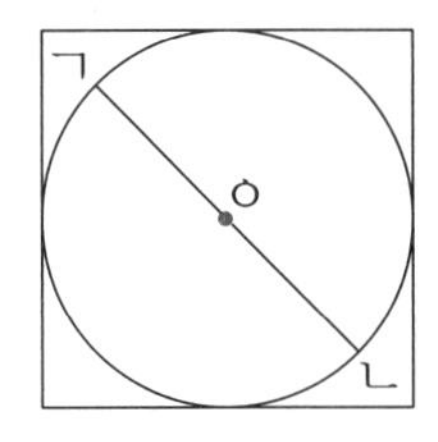

( )

16 선분 ㄱㄴ의 길이는 몇 cm입니까?

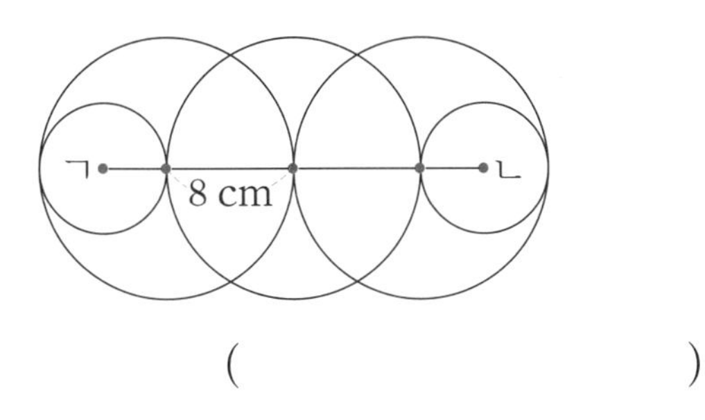

( )

창의·융합

17 신문 기사에 나오는 맨홀에 빠지지 않는 물건을 찾아 기호를 쓰시오.

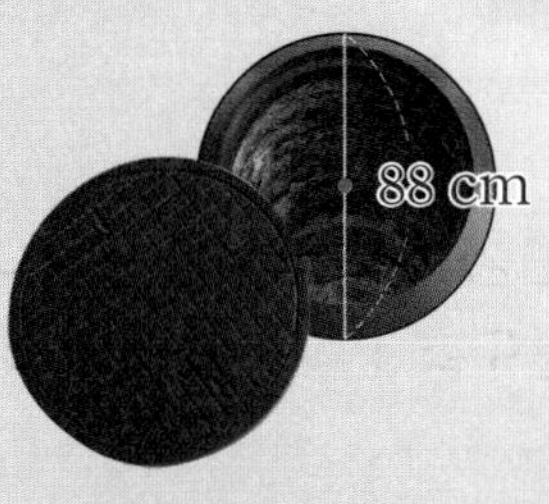

맨홀 뚜껑은 왜 원 모양일까요?

맨홀 뚜껑이 원 모양이면 가장 긴 선분이 원의 지름이므로 구멍 속으로 빠지지 않습니다. 또 원은 방향이 없기 때문에 어느 곳으로나 덮을 수 있어서 편리합니다.

㉠ 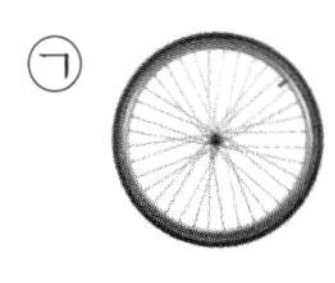 반지름 38 cm

㉡  지름 50 cm

㉢ 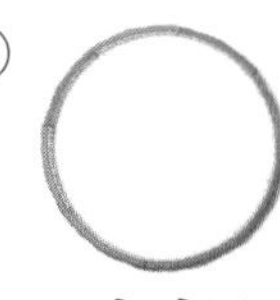 반지름 45 cm

( )

서술형

18 반지름이 10 cm인 원 3개를 그림과 같이 이어 붙였습니다. 직사각형 ㄱㄴㄷㄹ의 네 변의 길이의 합은 몇 cm인지 풀이 과정을 쓰고 답을 구하시오.

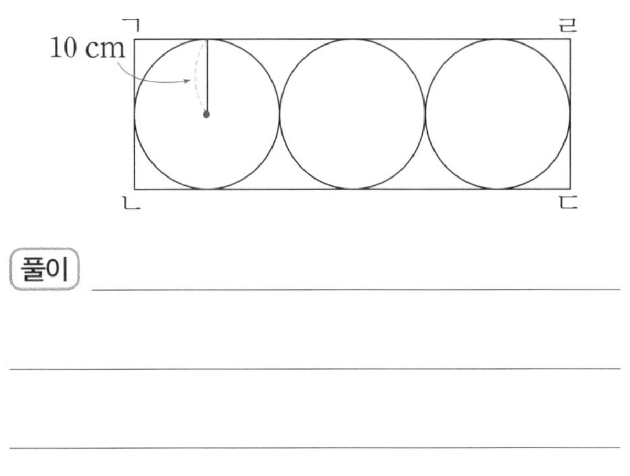

풀이 ______________________

답 ______________________

19 크기가 같은 원 10개를 다음과 같이 원의 중심을 지나도록 겹쳐서 그렸습니다. 선분 ㄱㄴ의 길이는 몇 cm입니까?

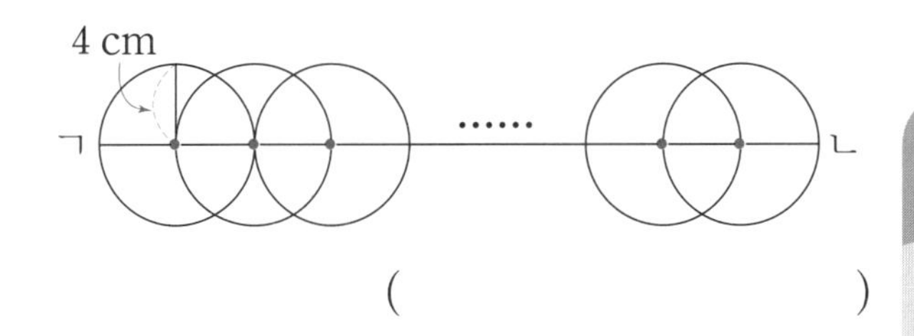

( )

20 지름을 4 cm씩 늘려 가며 원을 그렸습니다. 선분 ㄱㄴ의 길이는 몇 cm입니까?

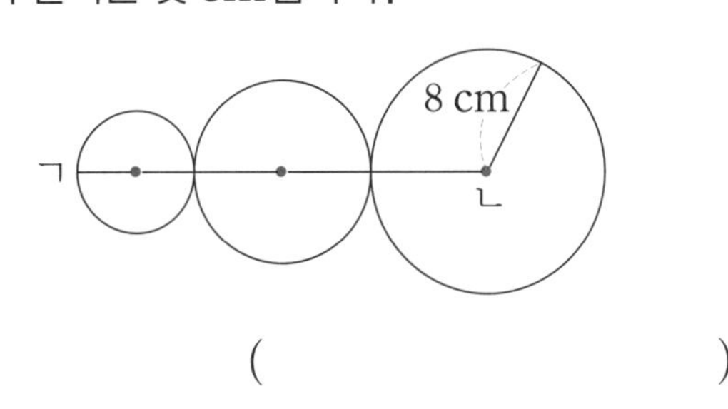

( )

4 분수

옛날 이집트 사람들의 분수

옛날 이집트에서는 피라미드를 오랜 기간 동안 건축했고 나일강이 자주 범람하여 땅을 다시 나누는 일이 많이 일어났다고 합니다. 그 과정에서 자연스럽게 수학이 발전했고, 특히 분수의 개념이 발달했습니다.

이집트에서는 $\frac{1}{2}$, $\frac{1}{3}$, $\frac{1}{4}$, $\frac{1}{5}$……과 같은 단위분수는 ⬭ 모양 아래에 분모의 수만큼 직선을 그어 나타냈습니다. 또, 분모가 몇십인 단위분수는 ∩의 수에 따라 몇십을 나타낼 수 있도록 하였습니다.

이미 배운 내용

[3-1 분수와 소수]
- 전체와 부분의 관계를 분수로 나타내기
- 분모가 같은 분수의 크기 비교하기
- 단위분수의 크기 비교하기

이번에 배울 내용

- 분수로 나타내기
- 분수만큼은 얼마인지 알아보기
- 여러 가지 분수 알아보기
- 분모가 같은 분수의 크기 비교하기

앞으로 배울 내용

[4-2 분수의 덧셈과 뺄셈]
- 분모가 같은 분수끼리의 덧셈 계산하기
- 분모가 같은 분수끼리의 뺄셈 계산하기

한 명이 가져갈 빵의 양 구하기

그렇다면 이번에는 이집트인들의 방법으로 빵 5개를 똑같이 넷으로 나누어 볼까요? 이집트인들은 다음과 같은 2가지 방법으로 빵 5개를 똑같이 넷으로 나누었다고 합니다.

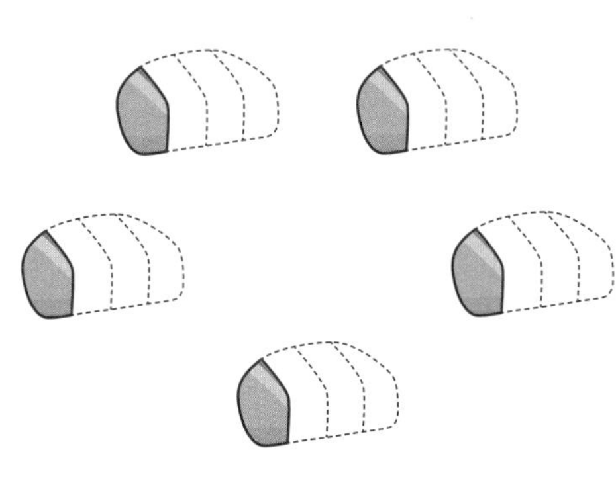

한 명이 가져갈 빵

⇨ $\frac{1}{4}$개씩 5조각

⇨ $\frac{5}{4}$개

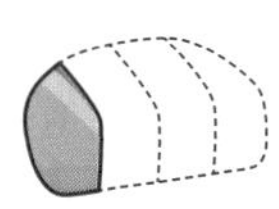

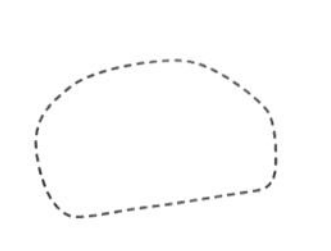

한 명이 가져갈 빵

⇨ 1개와 $\frac{1}{4}$개

⇨ $1\frac{1}{4}$개

$\frac{1}{4}$이 5개인 수는 $\frac{5}{4}$이고, 1과 $\frac{1}{4}$은 $1\frac{1}{4}$입니다. 둘 다 5를 똑같이 넷으로 나눈 것이니 두 분수는 크기가 같은 분수라는 것을 알 수가 있네요!

$\frac{5}{4}$와 $1\frac{1}{4}$에 대한 자세한 내용은 이제 곧 배우게 될 거예요.

자, 지금부터 분수를 자세히 알아봅시다!

메타인지 개념학습

분수로 나타내기

	정답	생각의 방향
❶ 부분 ●은 전체 ● ● ● ● ●를 똑같이 5부분으로 나눈 것 중의 1입니다. (○ , ×)	○	
❷ 8을 2씩 묶으면 (2 , 4)묶음이 됩니다. 6은 8의 ($\frac{3}{4}$, $\frac{6}{8}$)입니다.	4, $\frac{3}{4}$	분수로 나타낼 때에는 $\frac{(부분 묶음 수)}{(전체 묶음 수)}$로 표현합니다.

분수만큼은 얼마인지 알아보기(1)

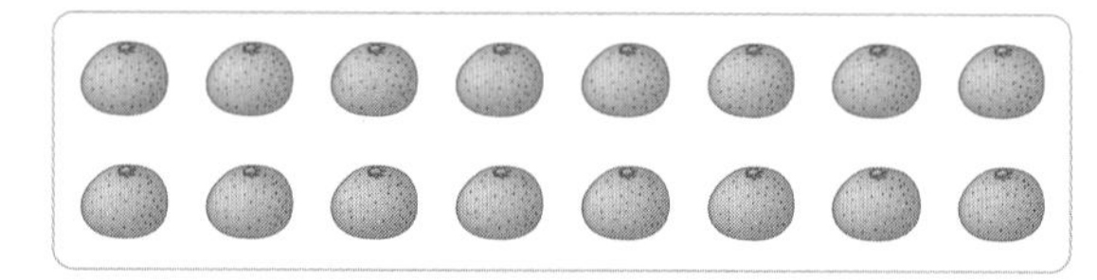

	정답	생각의 방향
❶ 16의 $\frac{1}{2}$은 4입니다. (○ , ×)	×	$\frac{▲}{■}$는 똑같이 ■묶음으로 나눈 것 중의 ▲묶음입니다.
❷ 16의 $\frac{1}{4}$은 (4 , 8 , 12)이고, 16의 $\frac{3}{4}$은 (4 , 8 , 12)입니다.	4, 12	$\frac{▲}{■}$는 $\frac{1}{■}$이 ▲개이므로 ●의 $\frac{▲}{■}$는 ●의 $\frac{1}{■}$의 ▲배입니다.

분수만큼은 얼마인지 알아보기(2)

❶ 0 1 2 3 4 5 6 7 8 9 10(m)

	정답	생각의 방향
10 m의 $\frac{2}{5}$는 2 m입니다. (○ , ×) 10 m의 $\frac{4}{5}$는 8 m입니다. (○ , ×)	×, ○	

❷ 0 1(m)
0 10 20 30 40 50 60 70 80 90 100(cm)

	정답	생각의 방향
$\frac{1}{10}$ m는 (1 , 10) cm입니다. $\frac{3}{10}$ m는 (3 , 30) cm입니다.	10, 30	1 m=100 cm임을 생각합니다. $\frac{1}{10}$ m는 100 cm를 똑같이 10부분으로 나눈 것 중의 1부분입니다.

	정답	생각의 방향
여러 가지 분수 알아보기(1)		
❶ 분자가 분모보다 작은 분수를 진분수라 하고, 분자가 분모와 같거나 분모보다 큰 분수를 가분수라고 합니다. (○ , ×)	○	$\frac{▲}{■}$에서 ▲<■이면 진분수이고, ▲=■ 또는 ▲>■이면 가분수입니다.
❷ 1, 2, 3과 같은 수를 자연수라고 합니다. (○ , ×)	○	
❸ $\frac{6}{7}$은 (진분수 , 가분수)이고, $\frac{7}{7}$은 (진분수 , 가분수)입니다.	진분수, 가분수	
여러 가지 분수 알아보기(2)		
❶ 자연수와 진분수로 이루어진 분수를 대분수라고 합니다. (○ , ×)	○	대분수: $1\frac{2}{3}$, $2\frac{1}{3}$과 같은 수
❷ $1\frac{2}{5}$를 가분수로 나타내면 $\frac{\square}{\square}$입니다.	$\frac{7}{5}$	대분수를 가분수로 나타낼 때 먼저 자연수 부분을 가분수로 나타냅니다.
❸ $\frac{3}{2}$을 대분수로 나타내면 $\square\frac{\square}{\square}$입니다.	$1\frac{1}{2}$	가분수를 대분수로 나타낼 때 자연수로 표현되는 가분수는 자연수로 나타내고 나머지는 진분수로 나타냅니다.
분모가 같은 분수의 크기 비교		
❶ $\frac{10}{9}$과 $\frac{11}{9}$은 분자의 크기를 비교하면 ($\frac{10}{9}$, $\frac{11}{9}$)이 더 큽니다.	$\frac{11}{9}$	분모가 같은 가분수의 크기를 비교할 때는 분자가 클수록 더 큽니다.
❷ $1\frac{3}{4}$과 $2\frac{1}{4}$은 자연수 부분의 크기를 비교하면 ($1\frac{3}{4}$, $2\frac{1}{4}$)이 더 큽니다.	$2\frac{1}{4}$	분모가 같은 대분수끼리 비교할 때는 자연수 부분이 다르면 자연수가 클수록, 자연수 부분이 같으면 분자가 클수록 더 큽니다.
❸ $2\frac{5}{7}$와 $2\frac{2}{7}$는 자연수 부분이 같으므로 분자의 크기를 비교하면 ($2\frac{5}{7}$, $2\frac{2}{7}$)가 더 큽니다.	$2\frac{5}{7}$	

비법 ① 분수로 나타내기

• 분수로 나타내는 방법

① ■씩 묶었을 때 전체 묶음 수 구하기

② 부분 묶음 수 구하기

[분수로 나타내기]

$\dfrac{(\text{부분 묶음 수})}{(\text{전체 묶음 수})}$

• 빵 6개는 빵 12개의 얼마인지 분수로 나타내기

   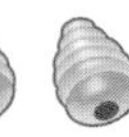 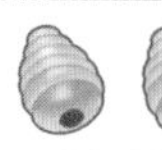 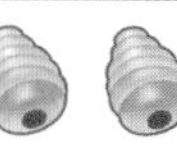 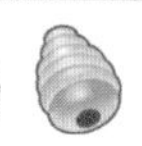 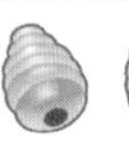  

① 12개를 2개씩 묶으면 6묶음이 됩니다.

전체 묶음 수: 6
부분 묶음 수: 3 ⇨ $\frac{3}{6}$ (○), $\frac{6}{3}$ (×)

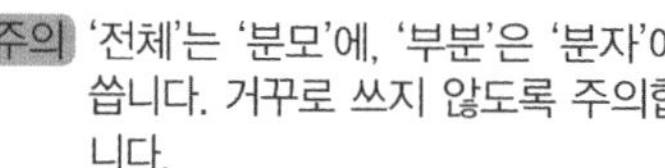
주의 '전체'는 '분모'에, '부분'은 '분자'에 씁니다. 거꾸로 쓰지 않도록 주의합니다.

② 12개를 3개씩 묶으면 4묶음이 됩니다.

전체 묶음 수: 4
부분 묶음 수: 2 ⇨ $\frac{2}{4}$ (○), $\frac{4}{2}$ (×)

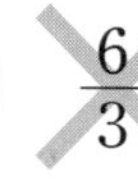 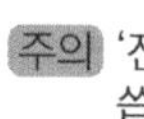

비법 ② 대분수를 가분수로, 가분수를 대분수로 나타내기

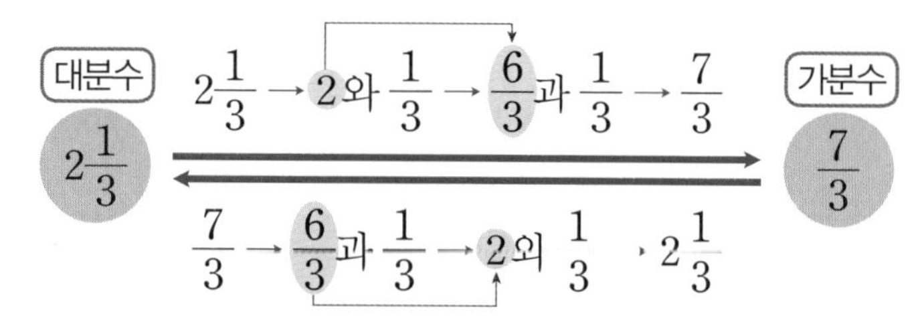

대분수 $2\frac{1}{3}$ → 가분수 $\frac{7}{3}$: $2\frac{1}{3}$ → 2와 $\frac{1}{3}$ → $\frac{6}{3}$과 $\frac{1}{3}$ → $\frac{7}{3}$

가분수 $\frac{7}{3}$ → 대분수 $2\frac{1}{3}$: $\frac{7}{3}$ → $\frac{6}{3}$과 $\frac{1}{3}$ → 2와 $\frac{1}{3}$ → $2\frac{1}{3}$

참고 • $2\frac{1}{3}=\frac{2\times3+1}{3}=\frac{7}{3}$　　• $\frac{7}{3}$ ⇨ $7\div3=2\cdots1$ ⇨ $2\frac{1}{3}$

비법 ③ 수 카드로 분수 만들기

• 수 카드 [2], [3], [7] 중 2장을 사용하여 진분수 만들기

분모에 놓을 수 있는 수 알아보기	만들 수 있는 분수 알아보기
진분수는 분자가 분모보다 작으므로 가장 작은 수는 분모가 될 수 없습니다. 분모가 될 수 있는 수: 3, 7	• 분모가 3일 때: $\frac{2}{3}$ • 분모가 7일 때: $\frac{2}{7}$, $\frac{3}{7}$

교·과·서 개념

• **분수로 나타내기**
전체는 분모에, 부분은 분자에 씁니다.
⇨ $\dfrac{(\text{부분 묶음 수})}{(\text{전체 묶음 수})}$

• 전체를 묶는 방법에 따라 부분이 여러 가지 분수로 표현될 수 있습니다.

• **진분수**: 분자가 분모보다 작은 분수
예 $\frac{1}{3}$, $\frac{2}{3}$

• **가분수**: 분자가 분모와 같거나 분모보다 큰 분수
예 $\frac{3}{3}$, $\frac{4}{3}$

• **자연수**: 1, 2, 3과 같은 수

• **대분수**: 자연수와 진분수로 이루어진 분수
예 1과 $\frac{2}{5}$
⇨ 쓰기 $1\frac{2}{5}$
읽기 1과 5분의 2

비법 ④ 분모가 같은 가분수끼리 또는 대분수끼리 크기 비교하기

(1) 분모가 같은 가분수는 분자가 클수록 더 큰 수입니다.

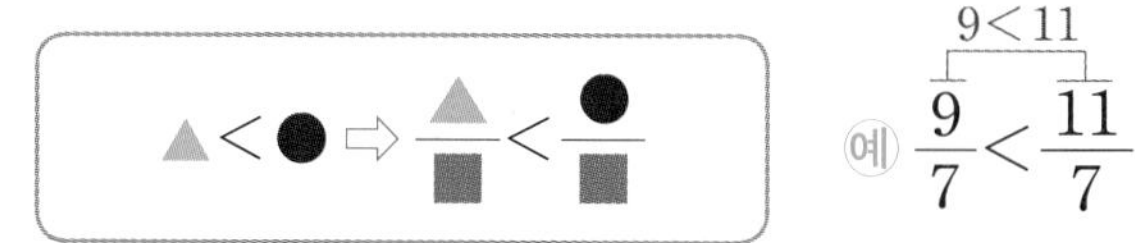

▲<● ⇨ $\frac{▲}{■}<\frac{●}{■}$

예) $9<11$, $\frac{9}{7}<\frac{11}{7}$

(2) 분모가 같은 대분수는 자연수 부분을 먼저 비교합니다.

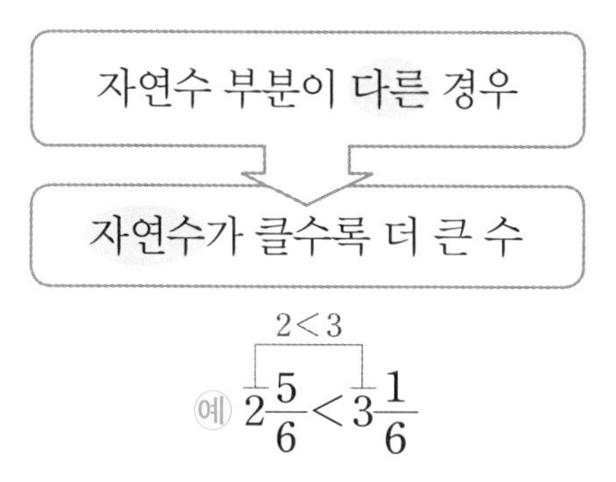

예) $2<3$, $2\frac{5}{6}<3\frac{1}{6}$

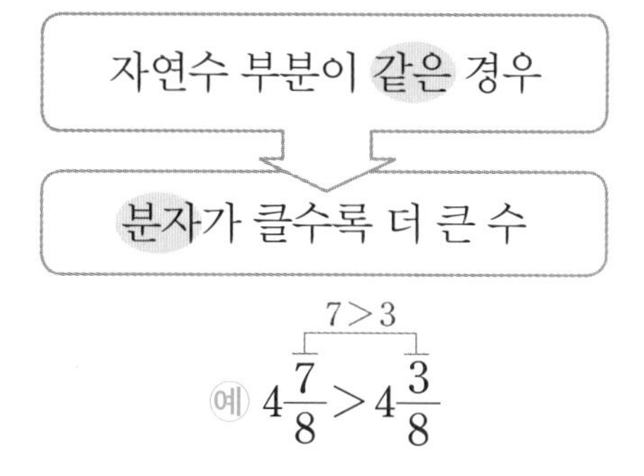

예) $7>3$, $4\frac{7}{8}>4\frac{3}{8}$

비법 ⑤ 분모가 같은 대분수와 가분수의 크기 비교하기

• $2\frac{3}{4}$과 $\frac{13}{4}$의 크기 비교하기

방법 1 $2\frac{3}{4}$을 가분수로 나타내어 크기 비교하기

$2\frac{3}{4}$ → 2와 $\frac{3}{4}$ → $\frac{8}{4}$과 $\frac{3}{4}$ → $\frac{11}{4}$

⇨ $\frac{11}{4}<\frac{13}{4}$이므로 $2\frac{3}{4}<\frac{13}{4}$입니다.

방법 2 $\frac{13}{4}$을 대분수로 나타내어 크기 비교하기

$\frac{13}{4}$ → $\frac{12}{4}$와 $\frac{1}{4}$ → 3과 $\frac{1}{4}$ → $3\frac{1}{4}$

⇨ $2\frac{3}{4}<3\frac{1}{4}$이므로 $2\frac{3}{4}<\frac{13}{4}$입니다.

비법 ⑥ 조건을 만족하는 수 구하기

• $\frac{12}{7}<1\frac{□}{7}$를 만족하는 □ 구하기

분수의 형태 통일하기 ⇨ □ 안에 알맞은 수 구하기

$\frac{12}{7}$ → $\frac{7}{7}$과 $\frac{5}{7}$ → 1과 $\frac{5}{7}$ → $1\frac{5}{7}$

$1\frac{5}{7}<1\frac{□}{7}$ → □$=6$

교·과·서 개념

• 분모가 같은 분수의 크기 비교

(1) 분모가 같은 가분수는 분자가 클수록 더 큰 수입니다.

(2) 분모가 같은 대분수는 자연수 부분이 다르면 자연수가 클수록, 자연수 부분이 같으면 분자가 클수록 더 큰 수입니다.

• 여러 개의 대분수와 가분수의 크기를 비교할 때는 개수가 많은 쪽으로 바꾸어 비교하면 편리합니다.

예) $1\frac{2}{7}$, $\frac{8}{7}$, $\frac{12}{7}$의 크기 비교

대분수를 가분수로 바꾸어 비교합니다.

$1\frac{2}{7}=\frac{9}{7}$이므로

$\frac{8}{7}<\frac{9}{7}<\frac{12}{7}$입니다.

⇨ $\frac{8}{7}<1\frac{2}{7}<\frac{12}{7}$

• 분수의 형태를 통일할 때에는 □가 있는 분수의 형태와 같게 합니다.

STEP 1 기본 유형 익히기

1 분수로 나타내기

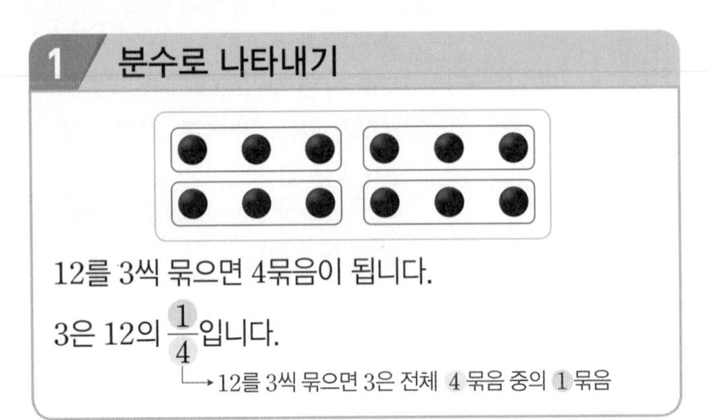

12를 3씩 묶으면 4묶음이 됩니다.

3은 12의 $\frac{1}{4}$입니다.

└→ 12를 3씩 묶으면 3은 전체 4 묶음 중의 1 묶음

1-1 그림을 보고 □ 안에 알맞은 수를 써넣으시오.

부분 은

전체 를 똑같이

7부분으로 나눈 것 중의 □ 입니다.

1-2 그림을 보고 □ 안에 알맞은 수를 써넣으시오.

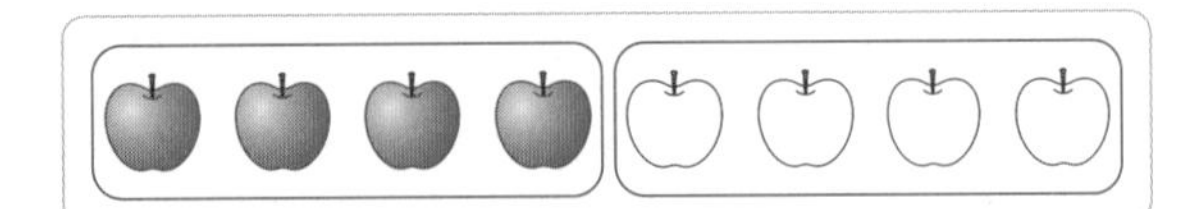

색칠한 부분은 2묶음 중에서 1묶음이므로

전체의 $\frac{\square}{\square}$입니다.

1-3 구슬을 4개씩 묶고, □ 안에 알맞은 수를 써넣으시오.

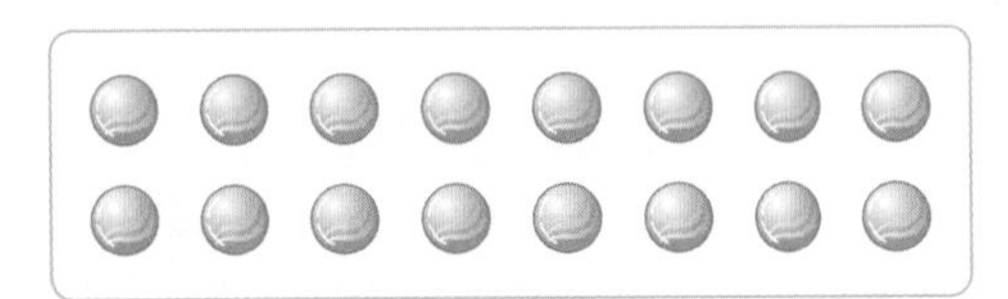

16을 4씩 묶으면 □ 묶음이 됩니다.

8은 16의 $\frac{\square}{\square}$입니다.

1-4 □ 안에 알맞은 수를 써넣으시오.

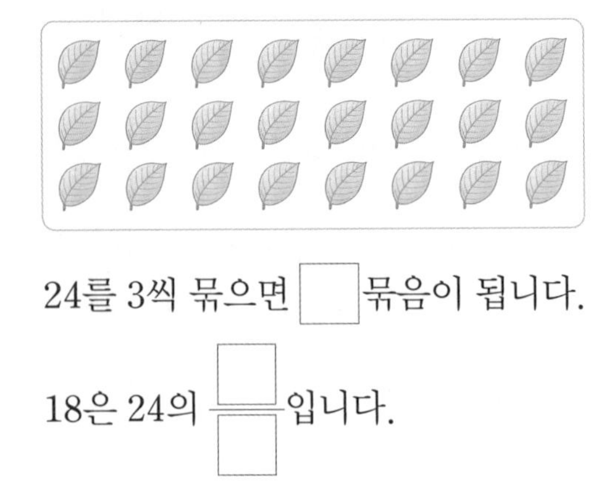

24를 3씩 묶으면 □ 묶음이 됩니다.

18은 24의 $\frac{\square}{\square}$입니다.

1-5 □ 안에 알맞은 수를 써넣으시오.

25를 5씩 묶으면 20은 25의 $\frac{\square}{\square}$입니다.

서술형

1-6 예림이는 사탕 18개를 가지고 있습니다. 그중에서 9개는 오빠에게 주고 6개는 동생에게 주었습니다. 다음을 보고 틀리게 말한 사람을 찾고 바르게 고쳐 보시오.

사탕 18개를 9개씩 묶으면 오빠에게 준 사탕 9개는 18개의 $\frac{1}{2}$이야.

사탕 18개를 6개씩 묶으면 동생에게 준 사탕 6개는 18개의 $\frac{2}{3}$야.

도연

준성

틀리게 말한 사람 (   )

• 정답은 **29**쪽에

2 분수만큼은 얼마인지 알아보기

• 12의 $\frac{2}{3}$ 알아보기

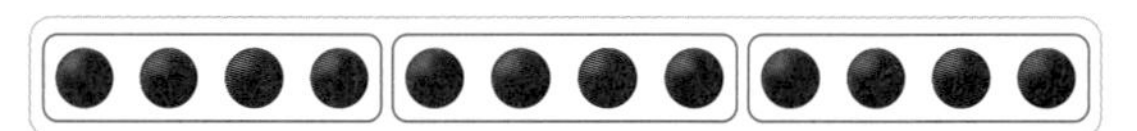

12를 똑같이 3묶음으로 나눈 것 중의 2묶음 ⇨ 8

2-1 그림을 보고 □ 안에 알맞은 수를 써넣으시오.

(1) 8의 $\frac{1}{2}$은 □입니다.

(2) 8의 $\frac{3}{4}$은 □입니다.

2-2 그림을 보고 □ 안에 알맞은 수를 써넣으시오.

0 1(m)

0 10 20 30 40 50 60 70 80 90 100(cm)

(1) $\frac{2}{10}$ m는 □ cm입니다.

(2) $\frac{3}{5}$ m는 □ cm입니다.

2-3 딸기 15개 중에서 $\frac{1}{3}$을 먹었습니다. 먹은 딸기는 몇 개입니까?

(　　　　　　)

2-4 다음은 학교 안내도의 일부입니다. 하늘색으로 색칠한 곳은 교실입니다. 전체 교실의 $\frac{1}{6}$은 3학년 교실일 때 3학년 교실은 몇 개입니까?

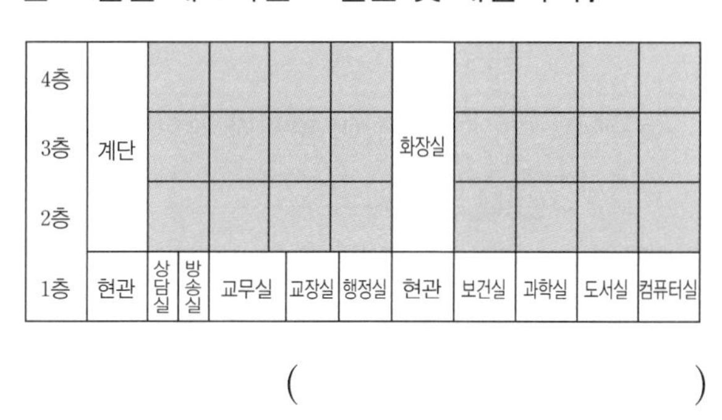

(　　　　　　)

창의·융합

2-5 조건에 맞게 색칠하여 무늬를 꾸며 보시오.

• 빨간색: 14의 $\frac{3}{7}$　• 초록색: 14의 $\frac{4}{7}$

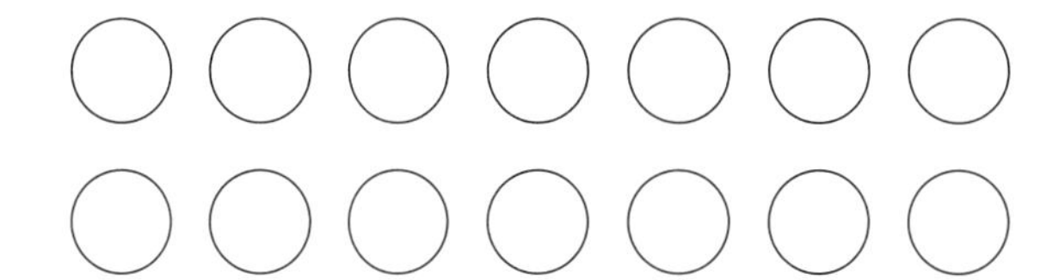

2-6 영민이는 하루 24시간 중에서 $\frac{3}{8}$만큼 잠을 잡니다. 영민이가 하루 중 자는 시간은 몇 시간입니까?

(　　　　　　)

• 4는 8의 얼마인지 분수로 나타내기

8을 2씩 묶으면 4묶음이 됩니다. ⇨ 4는 8의 $\frac{2}{4}$입니다.

8을 4씩 묶으면 2묶음이 됩니다. ⇨ 4는 8의 $\frac{1}{2}$입니다.

전체(8)와 부분(4)의 수는 같지만 묶음 수에 따라 나타내는 분수가 달라집니다.

STEP 1 기본 유형 익히기

3 여러 가지 분수 알아보기

- **진분수**: $\frac{1}{4}$, $\frac{2}{4}$, $\frac{3}{4}$과 같이 분자가 분모보다 작은 분수
- **가분수**: $\frac{4}{4}$, $\frac{5}{4}$와 같이 분자가 분모와 같거나 분모보다 큰 분수
- **자연수**: 1, 2, 3과 같은 수
- **대분수**: $1\frac{1}{4}$과 같이 자연수와 진분수로 이루어진 분수

3-1 진분수에 ○표, 가분수에 △표 하시오.

$\frac{7}{5}$	$\frac{1}{3}$	2	$\frac{6}{9}$	$\frac{12}{12}$

3-2 보기 를 보고 형진이와 설희가 가지고 있는 파이의 양을 대분수로 나타내어 보시오.

보기

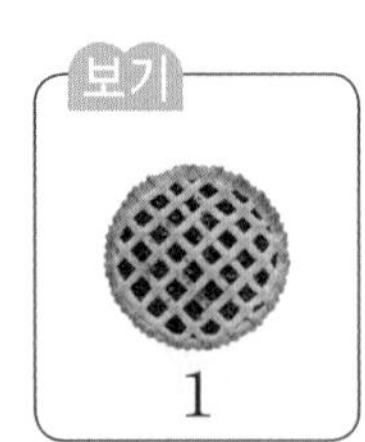

1

난 파이 2개를
가지고 있어.
형진

난 파이 $\frac{3}{4}$개를
가지고 있어.
설희

( )

3-3 가분수는 대분수로, 대분수는 가분수로 나타내어 보시오.

(1) $\frac{23}{9}=\square$ (2) $1\frac{6}{8}=\square$

3-4 분모가 8인 진분수를 모두 쓰시오.

( )

창의·융합

3-5 현성이는 경주에 있는 첨성대를 보고 다음과 같이 정리하였습니다. 첨성대의 높이는 약 몇 m인지 가분수로 나타내어 보시오.

- 국보 제 31호
- 종류: 천문대
- 높이: 약 $9\frac{1}{5}$ m
- 전체 돌의 개수: 401개
- 정사각형 모양의 문이 달려 있다.

약 ( )

서술형

3-6 가분수는 모두 몇 개인지 풀이 과정을 쓰고 답을 구하시오.

$\frac{5}{8}$	$\frac{11}{5}$	$\frac{3}{4}$	$\frac{9}{9}$	$\frac{2}{6}$

풀이

답

• 정답은 29쪽에

3-7 조건을 만족하는 분수는 모두 몇 개입니까?

• 분모가 7인 진분수입니다.
• 분자는 2보다 큽니다.

( )

4 분모가 같은 분수의 크기 비교

• 분모가 같은 가분수끼리의 크기 비교

예) $\frac{7}{5} < \frac{8}{5}$ (7<8)

• 분모가 같은 대분수끼리의 크기 비교

예) $2\frac{1}{7} > 1\frac{5}{7}$ (2>1), $3\frac{2}{9} < 3\frac{4}{9}$ (2<4)

4-1 그림을 보고 분수의 크기를 비교하여 ◯ 안에 >, <를 알맞게 써넣으시오.

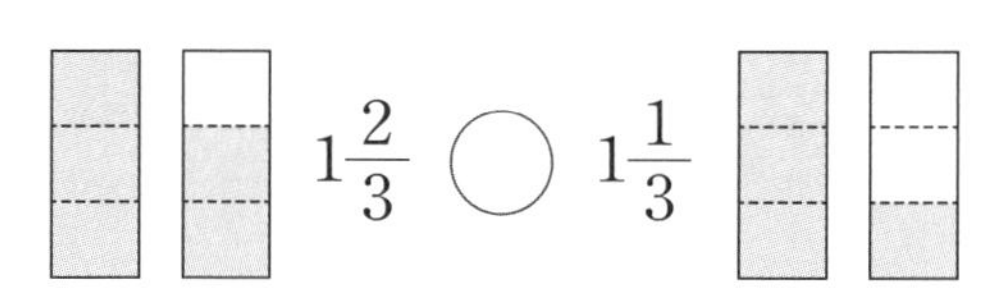

$1\frac{2}{3}$ ◯ $1\frac{1}{3}$

4-2 두 분수의 크기를 비교하여 ◯ 안에 >, =, <를 알맞게 써넣으시오.

(1) $\frac{8}{7}$ ◯ $\frac{10}{7}$　　(2) $2\frac{4}{5}$ ◯ $3\frac{1}{5}$

4-3 딸기체험농장에 가서 윤지는 딸기를 $\frac{11}{10}$ 바구니 땄고 종혁이는 $\frac{13}{10}$ 바구니 땄습니다. 딸기를 더 많이 딴 사람은 누구입니까?

( )

4-4 두 분수의 크기를 비교하여 더 큰 분수를 □ 안에 써넣으시오.

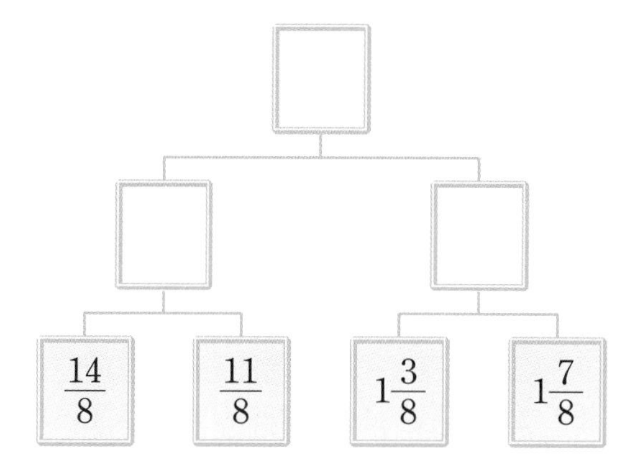

$\frac{14}{8}$　$\frac{11}{8}$　$1\frac{3}{8}$　$1\frac{7}{8}$

서술형

4-5 □ 안에 들어갈 수 있는 자연수는 모두 몇 개인지 풀이 과정을 쓰고 답을 구하시오.

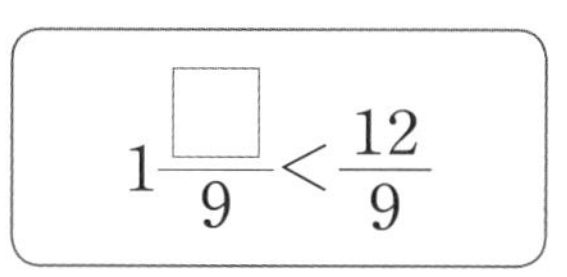

$1\frac{\square}{9} < \frac{12}{9}$

풀이

답

• 가분수를 대분수로 나타내기

$\frac{8}{5} \rightarrow \frac{5}{5}$와 $\frac{3}{5} \rightarrow 1$과 $\frac{3}{5} \rightarrow 1\frac{3}{5}$

• 대분수를 가분수로 나타내기

$2\frac{1}{4} \rightarrow 2$와 $\frac{1}{4} \rightarrow \frac{8}{4}$과 $\frac{1}{4} \rightarrow \frac{9}{4}$

응용 1 분수로 나타내기

(1)고구마가 24개 있습니다. 이 중에서 서영이가 6개, 은지가 9개를 먹었습니다. / (2)고구마 24개를 3개씩 묶으면 / (3)남은 고구마는 24개의 몇 분의 몇인지 구하시오.

( )

(1) 서영이와 은지가 먹고 남은 고구마 수를 구해 봅니다.

(2) 고구마 24개를 3개씩 묶으면 몇 묶음이 되는지 알아봅니다.

(3) 남은 고구마는 24개의 얼마인지 분수로 나타내어 봅니다.

예제 1-1 칭찬 붙임딱지 20장을 모으면 으뜸 어린이로 뽑힙니다. 지영이는 칭찬 붙임딱지를 15장 모았습니다. 칭찬 붙임딱지 20장을 5장씩 묶으면 지영이가 으뜸 어린이로 뽑히기 위해 앞으로 모아야 할 칭찬 붙임딱지 수는 20장의 몇 분의 몇입니까?

( )

예제 1-2 한별이네 고장의 지도에 나타낸 기호를 조사하여 표로 나타낸 것입니다. 전체 기호 40개를 2개씩 묶으면 우체국 기호의 수는 전체의 몇 분의 몇입니까?

한별이네 고장의 지도에 나타낸 기호

기호	학교	시청	소방서	병원	공장	우체국	산	경찰서	합계
수(개)	9	1	2	12	4		5	3	40

( )

응용 2 분수만큼은 얼마인지 알아보기

(1)색종이가 40장 있습니다. 지훈이는 전체의 $\frac{2}{8}$를 사용하고 / (2)선아는 남은 색종이의 $\frac{3}{10}$을 사용했습니다. 선아가 사용한 색종이는 몇 장인지 구하시오.

( )

(1) 지훈이가 사용한 색종이의 수를 구해 봅니다.

(2) 선아가 사용한 색종이의 수를 구해 봅니다.

예제 2-1 선화네 반 학생 32명이 독서 골든벨을 하고 있습니다. 두 번째 문제를 맞힌 학생은 몇 명입니까?

- 첫 번째 문제를 맞힌 학생은 전체 학생의 $\frac{3}{4}$입니다.
- 두 번째 문제를 맞힌 학생은 첫 번째 문제를 맞힌 학생의 $\frac{5}{8}$입니다.

( )

예제 2-2 사과, 귤, 감, 배가 모두 90개 있습니다. 다음을 보고 배는 몇 개인지 구하시오.

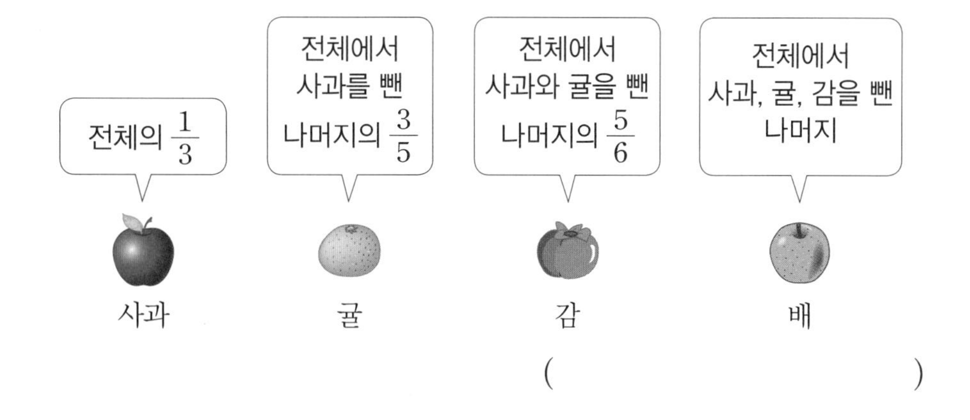

( )

응용 3 길이에서 분수만큼은 얼마인지 알아보기

(1) 떨어진 높이의 $\frac{2}{3}$만큼 튀어 오르는 공이 있습니다. 이 공을 81 cm 높이에서 떨어뜨렸습니다. / (2) 두 번째에 튀어 오른 공의 높이는 몇 cm입니까?

( )

(1) 첫 번째에 튀어 오른 공의 높이는 몇 cm인지 구해 봅니다.

(2) 두 번째에 튀어 오른 공의 높이는 몇 cm인지 구해 봅니다.

예제 3-1

떨어진 높이의 $\frac{3}{4}$만큼 튀어 오르는 공이 있습니다. 이 공을 96 cm 높이에서 떨어뜨렸습니다. 두 번째에 튀어 오른 공의 높이는 몇 cm입니까?

( )

두 번째에 튀어 오른 공의 높이를 어떻게 구해?

두 번째에 튀어 오른 공의 높이는 첫 번째에 튀어 오른 공의 높이의 $\frac{3}{4}$이야.

예제 3-2

배추흰나비의 머리부터 배까지의 전체 길이가 48 mm일 때 배의 길이는 몇 mm입니까?

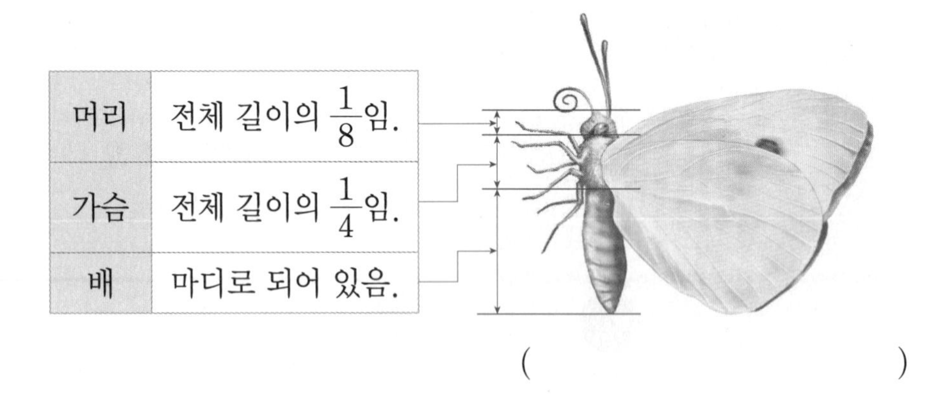

머리	전체 길이의 $\frac{1}{8}$임.
가슴	전체 길이의 $\frac{1}{4}$임.
배	마디로 되어 있음.

( )

응용 4 시간에서 분수만큼은 얼마인지 알아보기

(1)세진이는 매일 1시간의 $\frac{3}{5}$씩 공원에서 운동을 합니다. / (2)세진이가 일주일 동안 운동하는 시간은 몇 시간 몇 분입니까?

( )

(1) 세진이가 하루에 운동하는 시간은 몇 분인지 구해 봅니다.

(2) 세진이가 일주일 동안 운동하는 시간은 몇 시간 몇 분인지 구해 봅니다.

예제 4-1 경훈이가 10일 동안 노래 연습을 하는 시간은 몇 시간 몇 분입니까?

나는 매일 1시간의 $\frac{8}{15}$씩 노래 연습을 해.
경훈

( )

예제 4-2 다음은 정우의 하루 생활을 나타낸 것입니다. 하루 중 정우가 잠을 자는 시간, 학교에 있는 시간, 축구를 하는 시간을 뺀 나머지 시간은 몇 시간입니까?

시간이 주어지지 않았는데 어떻게 구하지?

하루는 24시간임을 이용해 봐.

- 잠을 자는 시간: 하루의 $\frac{1}{3}$
- 학교에 있는 시간: 하루의 $\frac{1}{4}$
- 축구를 하는 시간: 하루의 $\frac{1}{12}$

( )

응용 5 수 카드로 분수 만들기

(1)수 카드 4장이 있습니다. / (2)이 중에서 2장을 골라 한 번씩 사용하여 만들 수 있는 진분수를 모두 써 보시오.

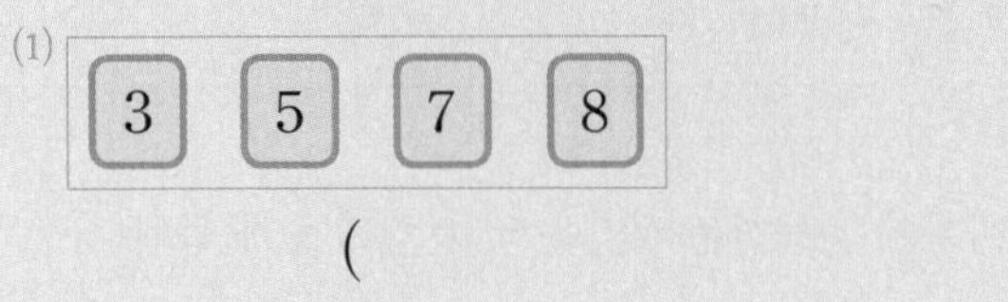

( )

(1) 진분수를 만들 때 분모에 놓을 수 있는 수를 알아봅니다.

(2) (1)의 모든 경우에 만들 수 있는 진분수를 알아봅니다.

예제 5 - 1 수 카드 4장이 있습니다. 이 중에서 2장을 골라 한 번씩 사용하여 만들 수 있는 가분수는 모두 몇 개입니까?

( )

예제 5 - 2 대화를 읽고 수지의 물음에 대한 답을 구하시오.

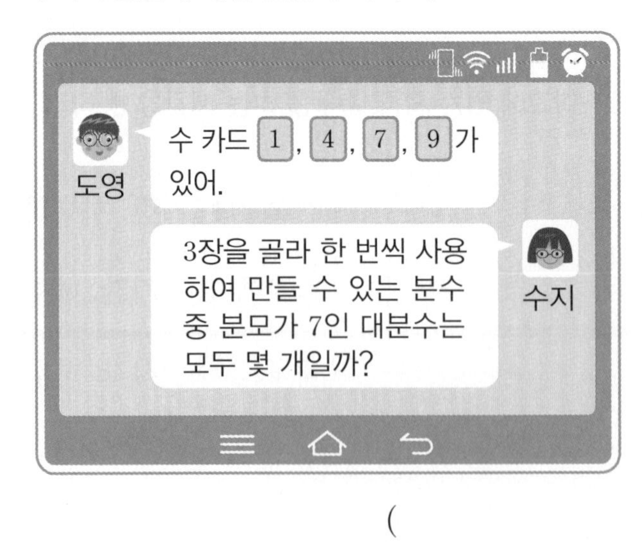

( )

응용 6 가분수를 대분수로, 대분수를 가분수로 나타내기

(1)분모가 7인 어떤 가분수의 분자를 8로 나누었더니 3이 되었습니다. / (2)이 가분수를 대분수로 나타내어 보시오.

( )

(1) 가분수의 분자를 구하여 가분수를 구해 봅니다.

(2) (1)에서 구한 가분수를 대분수로 나타내어 봅니다.

예제 6-1 다음에서 설명하는 가분수를 대분수로 나타내어 보시오.

- 분모가 10인 가분수입니다.
- 분자를 9로 나누면 4가 됩니다.

( )

예제 6-2 수 카드 4장이 있습니다. 이 중에서 3장을 사용하여 분자가 5인 대분수를 2개 만들었습니다. 이 대분수를 각각 가분수로 나타내어 보시오.

3 4 5 6

( )

응용 7 분수의 크기 비교

(2)학교에서 가장 가까운 곳은 어디입니까?

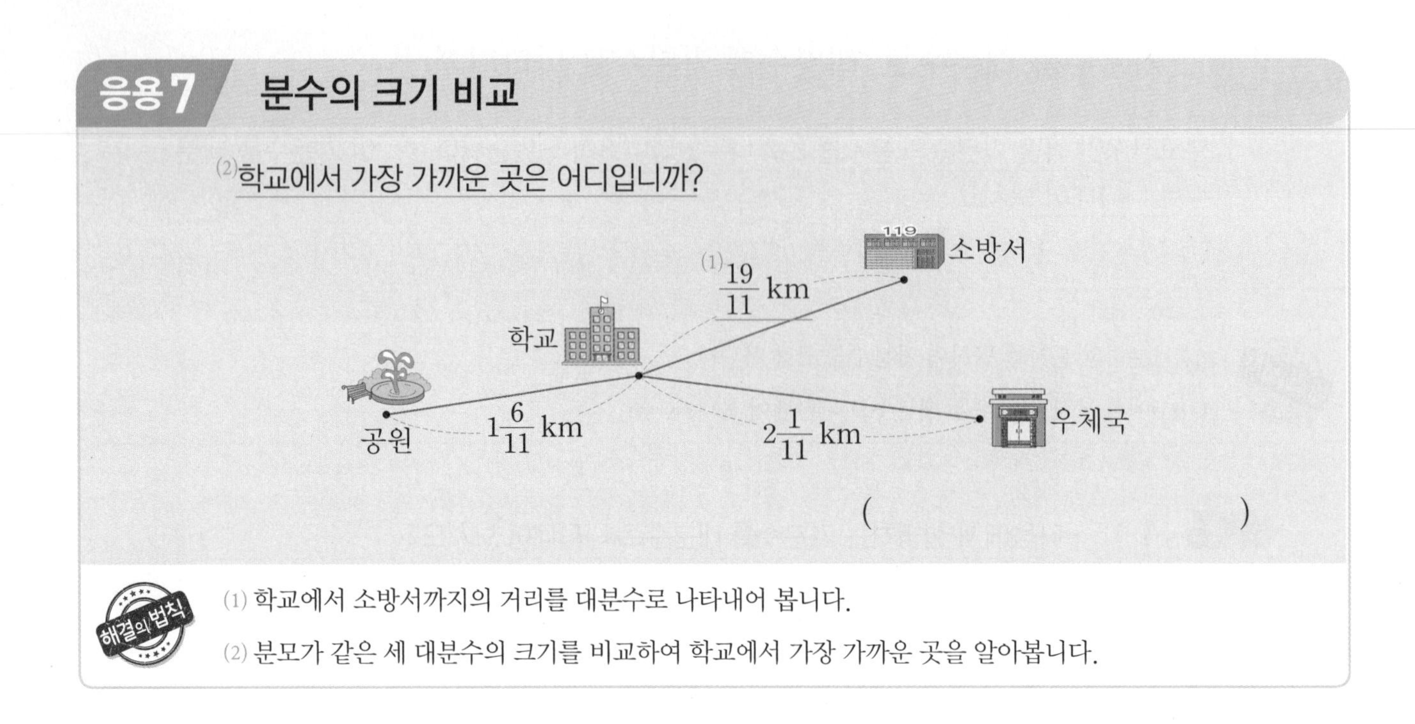

(　　　　　　　　)

해결의 법칙
(1) 학교에서 소방서까지의 거리를 대분수로 나타내어 봅니다.
(2) 분모가 같은 세 대분수의 크기를 비교하여 학교에서 가장 가까운 곳을 알아봅니다.

예제 7-1 현우, 지희, 연준이는 철사를 가지고 있습니다. 누구의 철사가 가장 깁니까?

(　　　　　　　　)

예제 7-2 키를 재었습니다. 키가 큰 사람부터 차례로 이름을 써 보시오.

이름	동준	유미	민호	정은
키	$1\frac{6}{9}$ m	$\frac{12}{9}$ m	$\frac{14}{9}$ m	$1\frac{4}{9}$ m

(　　　　　　　　)

응용 8 조건을 만족하는 수 구하기

(2) 1부터 4까지의 수 중 □ 안에 들어갈 수 있는 수를 모두 구하시오.

(1), (2)

$\frac{39}{5} > 7\frac{\square}{5}$

(　　　　　　　　　　　　　　)

(1) $\frac{39}{5}$를 대분수로 나타내어 봅니다.

(2) 두 대분수의 크기를 비교하여 □ 안에 들어갈 수 있는 수를 모두 구해 봅니다.

예제 8 - 1

□ 안에 들어갈 수 있는 분수 중 분모가 9인 대분수는 모두 몇 개입니까?

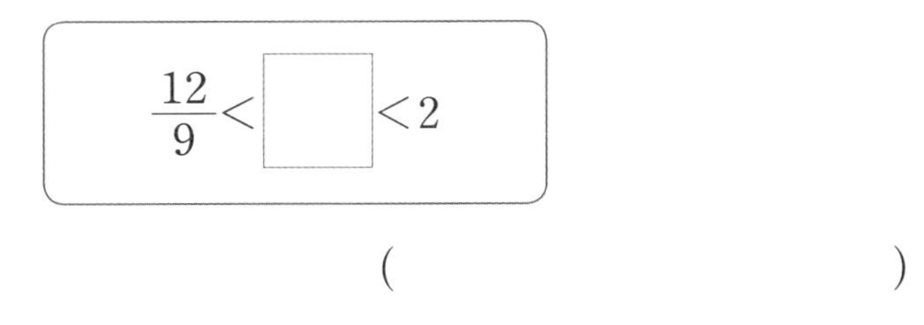

$\frac{12}{9} < \square < 2$

(　　　　　　　　　　　　　　)

예제 8 - 2

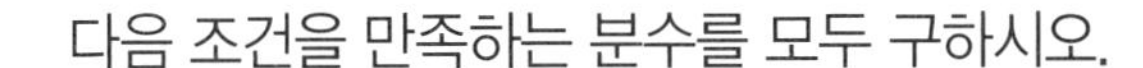

다음 조건을 만족하는 분수를 모두 구하시오.

조건을 만족하는 분수를 어떻게 구하지?

먼저 자연수 부분에 놓을 수 있는 수를 생각해 봐.

- 자연수와 진분수로 이루어져 있습니다.
- 3보다 작습니다.
- 분모는 4입니다.

(　　　　　　　　　　　　　　)

4 분수

STEP 3 응용 유형 뛰어넘기

여러 가지 분수 알아보기

01 ㉠이 나타내는 수를 대분수와 가분수로 나타내어 보시오.

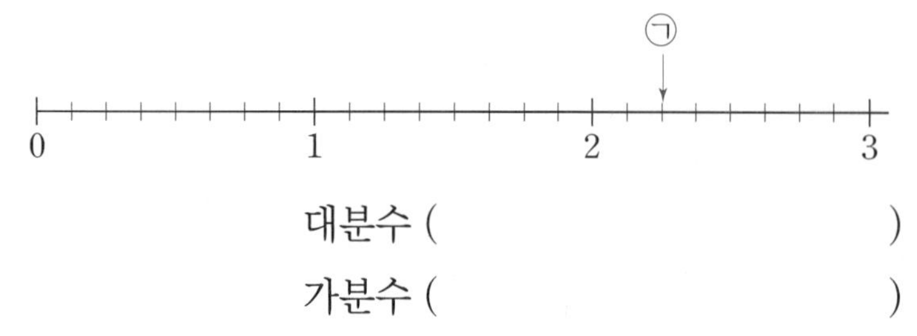

대분수 (　　　　　　　　)

가분수 (　　　　　　　　)

분모가 같은 분수의 크기 비교

02 왼쪽의 분수보다 큰 수를 모두 찾아 ○표 하시오.

유사

$1\frac{5}{9}$ ($\frac{16}{9}$, $1\frac{2}{9}$, $1\frac{6}{9}$, $\frac{5}{9}$)

분모가 같은 분수의 크기 비교

03 자석에 붙는 물체를 찾아 길이를 재었습니다. 집게, 누름 못, 나사못, 클립 중에서 가장 긴 것은 무엇입니까?

유사

 ▶집게: $\frac{17}{5}$ cm  ▶누름 못: $1\frac{1}{5}$ cm

 ▶나사못: $\frac{11}{5}$ cm ▶클립: $3\frac{3}{5}$ cm

(　　　　　　　　)

• 정답은 34쪽에

유사 표시된 문제의 유사 문제가 제공됩니다.
동영상 표시된 문제의 동영상 특강을 볼 수 있어요.
QR 코드를 찍어 보세요.

길이에서 분수만큼은 얼마인지 알아보기 창의·융합

04 유사
글을 읽고 물이 준비되어 있는 지점에 도착한 마라톤 선수가 앞으로 달려야 할 거리는 약 몇 km인지 구하시오.

마라톤은 약 42 km의 거리를 달리는 경기입니다. 출발점에서 마라톤 전체 거리의 $\frac{2}{7}$가 되는 지점에 선수들을 위해 물이 준비되어 있습니다.

약 (   )

분수만큼은 얼마인지 알아보기

05 유사 동영상
아버지께서 귤을 54개 사 오셨습니다. 창현이는 전체의 $\frac{1}{6}$을 먹고, 동생은 전체의 $\frac{2}{9}$를 먹었습니다. 창현이와 동생이 먹고 남은 귤은 몇 개입니까?

(   )

서술형 분모가 같은 분수의 크기 비교, 가분수를 대분수로 나타내기

06 유사 동영상
오른쪽 □ 안에 알맞은 수를 넣어 가장 큰 가분수를 만들었습니다. 이 가분수를 대분수로 나타내려고 합니다. 풀이 과정을 쓰고 답을 구하시오. (단, 분자는 12보다 작은 수입니다.)

(   )

풀이

STEP 3 응용 유형 뛰어넘기

시간에서 분수만큼은 얼마인지 알아보기

07 유사 동영상 현정이는 매일 1시간의 $\frac{1}{3}$씩 줄넘기를 합니다. 현정이가 2주일 동안 줄넘기를 하는 시간은 몇 시간 몇 분입니까?

( )

서술형 조건을 만족하는 분수 구하기

08 유사 조건을 만족하는 분수는 모두 몇 개인지 풀이 과정을 쓰고 답을 구하시오.

- $\frac{33}{7}$보다 작은 대분수입니다.
- 분모가 7입니다.
- $3\frac{4}{7}$보다 큽니다.

풀이

( )

분수로 나타내기, 분모가 같은 분수의 크기 비교

09 유사 다현이네 반 남녀 학생들이 좋아하는 색깔을 조사하여 나타낸 그래프입니다. ㉮와 ㉯ 중 더 큰 분수는 어느 것입니까? (단, 분수로 나타낼 때 전체 남학생과 여학생을 각각 1명씩 묶습니다.)

좋아하는 색깔별 남학생 수

남학생 수(명) / 색깔	빨강	파랑	노랑
6			○
5		○	○
4		○	○
3	○	○	○
2	○	○	○
1	○	○	○

좋아하는 색깔별 여학생 수

여학생 수(명) / 색깔	빨강	파랑	노랑
6	○		
5	○	○	
4	○	○	
3	○	○	○
2	○	○	○
1	○	○	○

㉮: 파란색을 좋아하는 남학생 수는 전체 남학생 수의 얼마인지 나타낸 분수
㉯: 노란색을 좋아하는 여학생 수는 전체 여학생 수의 얼마인지 나타낸 분수

( )

유사 표시된 문제의 유사 문제가 제공됩니다.
동영상 표시된 문제의 동영상 특강을 볼 수 있어요.
QR 코드를 찍어 보세요.

서술형 분수만큼은 얼마인지 알아보기

10 유사 동영상 어머니께서 호두과자 48개를 사 오셨습니다. 형이 전체의 $\frac{1}{6}$을 먹고, 남은 호두과자의 $\frac{2}{8}$를 지수가 먹었습니다. 형과 지수 중에서 누가 먹은 호두과자가 몇 개 더 많은지 풀이 과정을 쓰고 답을 차례로 구하시오.

( ), ( )

풀이

수 카드로 분수 만들기

11 유사 동영상 수 카드 4장이 있습니다. 이 중에서 2장을 골라 한 번씩 사용하여 만들 수 있는 분수 중 3보다 큰 가분수는 모두 몇 개입니까?

6 2 9 7

( )

분수만큼은 얼마인지 알아보기 창의·융합

12 유사 동영상 대화를 읽고 예은이가 처음에 책상에 놓은 색종이는 몇 장인지 구하시오.

색종이를 책상에 놓았는데 24장 밖에 안 남았네.
예은
내가 아침에 $\frac{1}{3}$만큼 썼어.
내가 오후에 남은 색종이의 $\frac{1}{2}$만큼 썼어.
오빠
동생

( )

• 정답은 34쪽에

창의사고력

13 자석의 양쪽 끝 부분에 클립이 가장 길게 이어 붙습니다. 용화는 자석의 양쪽 끝 부분에 클립을 최대한 길게 이어 붙였더니 $9\frac{3}{5}$ cm가 되었습니다. 이 자석의 ㉠ 부분에 붙는 클립의 길이가 될 수 있는 것을 모두 찾아 ○표 하시오.

끝 부분보다 안쪽입니다.

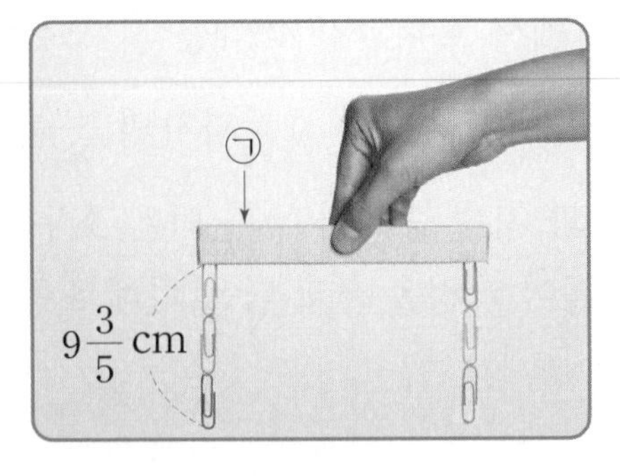

$\frac{32}{5}$ cm	$\frac{64}{5}$ cm	$\frac{80}{5}$ cm	$\frac{16}{5}$ cm	$\frac{51}{5}$ cm

창의사고력

14 옛날 그리스의 수학자 디오판토스는 84살까지 살았다고 합니다. 다음 디오판토스의 묘비를 보고 디오판토스는 몇 살이 지나서 얼굴에 수염이 자라기 시작했는지 구하시오.

> 그는 인생의 $\frac{1}{6}$을 소년으로 보냈고, 그 후 인생의 $\frac{1}{12}$이 지나서 얼굴에 수염이 자라기 시작했다. 다시 인생의 $\frac{1}{7}$이 지난 뒤 결혼했으며 결혼한 지 5년 만에 아들을 얻었으나 그 아들은 아버지의 반밖에 살지 못했다. 깊은 슬픔에 빠진 그는 아들이 죽은 지 4년 후에 죽었다.

(　　　　　　　　　　)

4. 분수

점수

• 정답은 36쪽에

01 밤을 3개씩 묶고 □ 안에 알맞은 수를 써넣으시오.

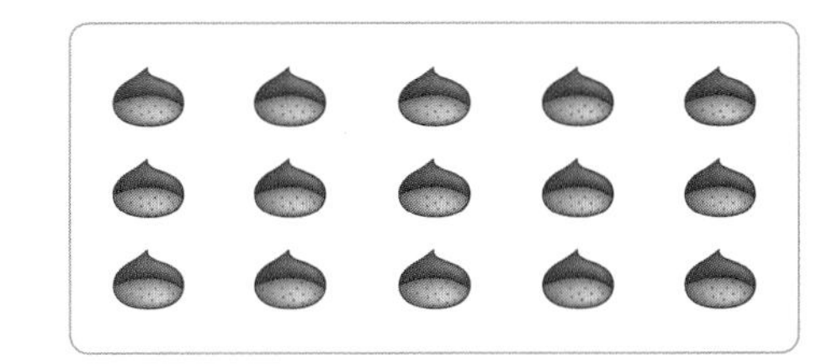

(1) 15를 3씩 묶으면 6은 15의 $\frac{\square}{\square}$입니다.

(2) 15를 3씩 묶으면 12는 15의 $\frac{\square}{\square}$입니다.

02 그림을 보고 □ 안에 알맞은 수를 써넣으시오.

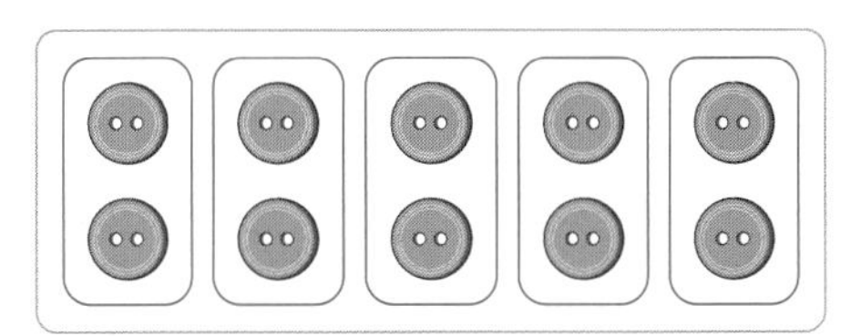

(1) 10의 $\frac{1}{5}$은 □입니다.

(2) 10의 $\frac{3}{5}$은 □입니다.

03 그림을 보고 □ 안에 알맞은 분수를 써넣으시오.

0, $\frac{1}{5}$, $\frac{2}{5}$, □, □, 1, $\frac{6}{5}$, □, $\frac{8}{5}$, □, 2

04 진분수에는 ○표, 가분수에는 △표 하시오.

$3\frac{1}{9}$ $\frac{15}{7}$ $\frac{1}{12}$ $\frac{7}{3}$ $\frac{10}{10}$ $\frac{4}{5}$

05 $3\frac{\square}{7}$는 대분수입니다. □ 안에 들어갈 수 없는 수는 어느 것입니까? .... (　　　)

① 3　　② 4　　③ 5
④ 6　　⑤ 7

06 대분수는 모두 몇 개입니까?

$5\frac{1}{12}$ $\frac{2}{9}$ $\frac{8}{11}$ $\frac{13}{13}$ $2\frac{2}{3}$

(　　　　　)

07 대분수는 가분수로, 가분수는 대분수로 나타내어 보시오.

(1) $2\frac{3}{8}$ (　　　　　)

(2) $\frac{25}{4}$ (　　　　　)

08 더 큰 분수를 들고 있는 사람은 누구입니까?

(　　　　　　　　)

창의·융합

09 철이 있는 물체는 자석에 붙습니다. 다음 중 낚싯줄에 매단 자석을 가까이 가져갔을 때 자석 쪽으로 끌려가지 않는 물고기에 쓰인 분수는 진분수, 가분수, 대분수 중에서 무엇입니까?

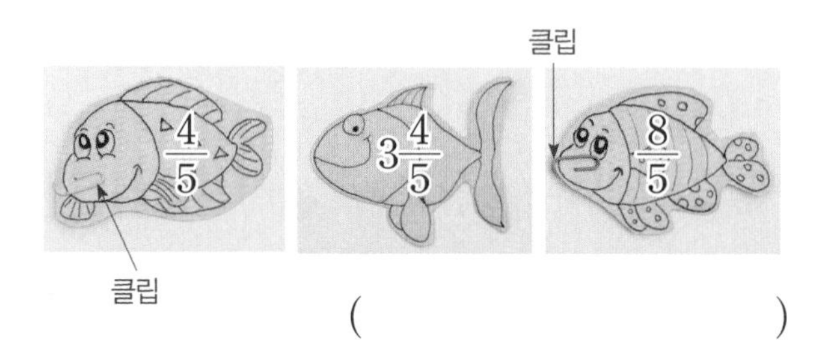

(　　　　　　　　)

서술형

10 우체국과 학교 중 영호네 집에서 더 가까운 곳은 어디인지 풀이 과정을 쓰고 답을 구하시오.

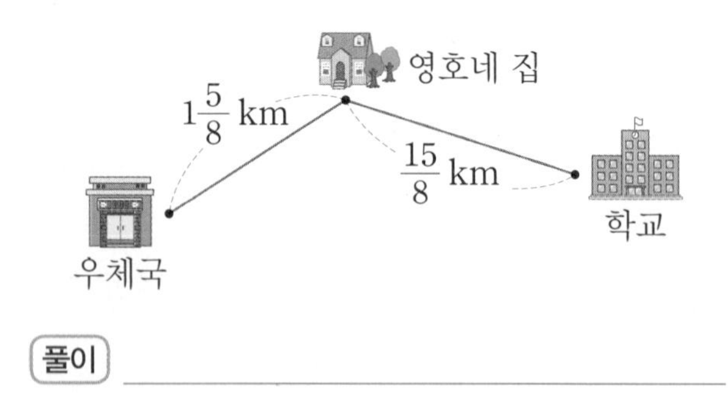

풀이 ______________________

답 ______________

11 분모가 5인 진분수는 모두 몇 개입니까?

(　　　　　　　　)

12 12의 $\frac{1}{3}$, $\frac{5}{6}$만큼 되는 곳에 들어갈 글자를 찾아 □ 안에 알맞게 써넣어 단어를 완성하시오.

12의 $\frac{1}{3}$ ⇨ 종　　　12의 $\frac{5}{6}$ ⇨ 왕

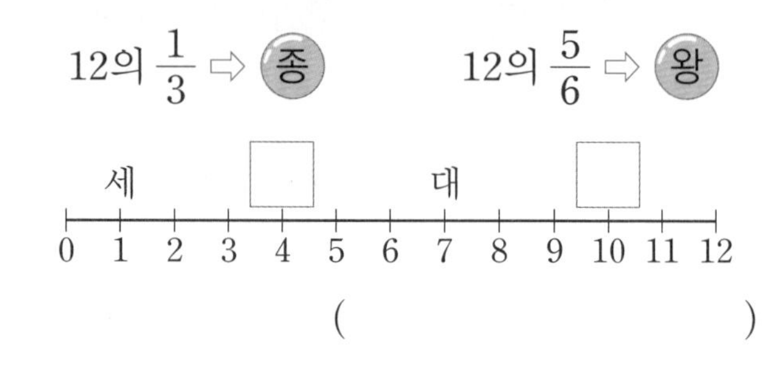

(　　　　　　　　)

창의·융합

13 다음 실험의 (다) 과정에서 물의 높이는 몇 cm인지 가분수로 나타내어 보시오.

(가) 투명한 그릇 한 개에 물을 넣은 후 표시한 물의 높이는 $7\frac{1}{4}$ cm였습니다.
(나) 물을 다른 모양의 그릇에 차례대로 옮겨 담습니다.
(다) 물을 처음에 사용한 그릇에 다시 옮겨 담으면 물의 높이가 어떻게 되는지 알아봅니다.

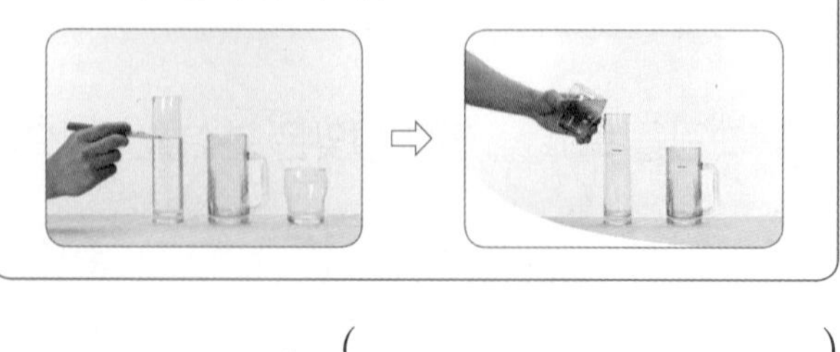

(　　　　　　　　)

14 연재의 방학 생활 계획표입니다. 하루를 3시간씩 묶으면 연재가 잠자는 시간은 하루 24시간의 얼마인지 분수로 나타내어 보시오.

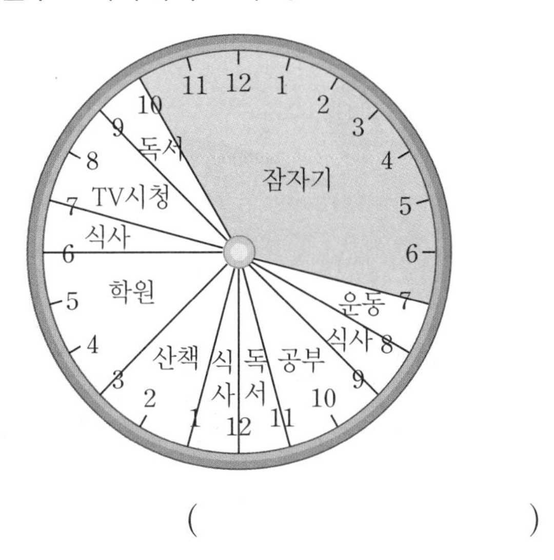

(　　　　　　　　)

15 $1\frac{3}{8}$보다 크고 $\frac{15}{8}$보다 작은 분수를 모두 찾아 ○표 하시오.

$\frac{12}{8}$　　$2\frac{1}{8}$　　$1\frac{5}{8}$　　$\frac{9}{8}$

서술형

16 1부터 12까지의 수 중에서 □ 안에 들어갈 수 있는 수는 모두 몇 개인지 풀이 과정을 쓰고 답을 구하시오.

$$\frac{20}{13} < 1\frac{\square}{13} < 1\frac{11}{13}$$

풀이

답

17 조건을 만족하는 수는 모두 몇 개입니까?

- 가분수입니다.
- 분모가 10입니다.
- $1\frac{7}{10}$보다 작습니다.

(　　　　　　　　)

서술형

18 선희의 책꽂이는 4칸짜리인데 한 칸에 책이 14권씩 꽂혀 있습니다. 전체 책 중 $\frac{3}{8}$이 과학책이라고 하면 과학책은 몇 권인지 풀이 과정을 쓰고 답을 구하시오.

풀이

답

19 다음 수 카드 중에서 3장을 사용하여 대분수를 만들었습니다. 그중에서 분모가 8인 가장 큰 대분수를 쓰시오.

(　　　　　　　　)

20 64권의 공책 중에서 $\frac{5}{8}$만큼을 7명에게 똑같이 나누어 주려고 합니다. 한 명에게 공책을 몇 권씩 줄 수 있고, 남는 공책은 몇 권인지 차례로 쓰시오.

(　　　　　　), (　　　　　　)

5 들이와 무게

무게를 재는 기준과 단위의 유래

당나귀가 소금가마를 등에 진 채 개울을
건너다가 발을 헛디뎌 소금이 녹아버렸습
니다.
당나귀는 짐이 가벼워짐을 느끼고 다음번에도
일부러 헛발질을 했습니다.
주인은 그걸 눈치채고 가마에 소금 대신 솜을
넣었습니다. 당나귀는 잔꾀를 부리다가 물먹은
솜이 너무 무거워서 목적지까지 내내 휘청거리며
걸어가야 했습니다.

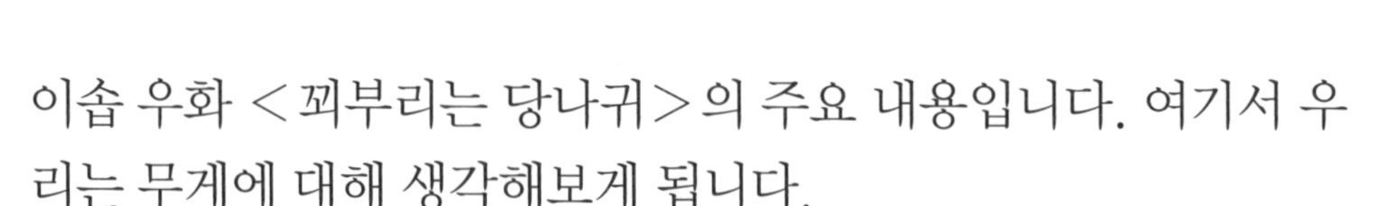

이솝 우화 < 꾀부리는 당나귀 >의 주요 내용입니다. 여기서 우리는 무게에 대해 생각해보게 됩니다.
'무게'란 무엇일까요? 그 뜻은 '물건의 무거운 정도'이며, 어원은 '무겁다'입니다.
무게를 재는 방법과 단위는 어떻게 변해 왔는지 알아볼까요?

이미 배운 내용

[2-2 길이 재기]
- 1 m＝100 cm
- 길이의 덧셈과 뺄셈하기

[3-1 길이와 시간]
- 1 mm, 1 km를 알아보기

이번에 배울 내용

- 들이와 무게 비교하기
- 들이와 무게의 단위 이해하기
- 들이와 무게를 어림하고 재어 보기
- 들이와 무게의 덧셈과 뺄셈하기

앞으로 배울 내용

[5-2 수의 범위와 어림하기]
- 이상, 이하 알아보기
- 초과, 미만 알아보기
- 올림, 버림, 반올림의 의미 알고 활용하기

인류는 어떻게 무게를 쟀을까요?

옛날에는 주로 곡식의 낟알을 이용해서 무게를 쟀습니다. 쌀, 보리 따위의 낟알을 영어로 그레인(grain)이라 하는데, 그 단위를 고대 이집트와 인도, 유럽 등지에서 무게 단위의 기초로 삼았습니다.

$$1\,\text{gr}=1\text{ 그레인}=\frac{648}{10000}\text{ 그램}$$

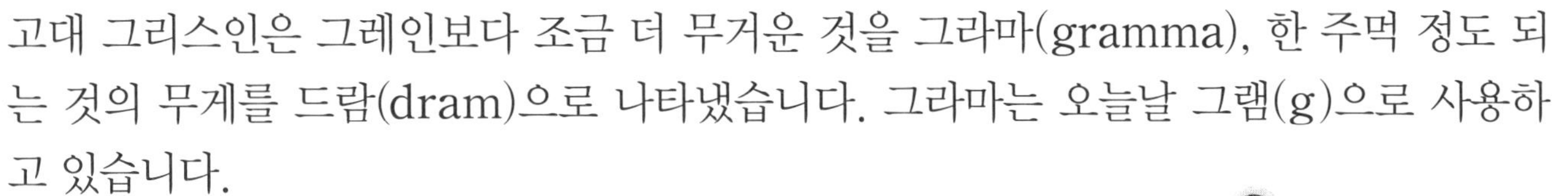

고대 그리스인은 그레인보다 조금 더 무거운 것을 그라마(gramma), 한 주먹 정도 되는 것의 무게를 드람(dram)으로 나타냈습니다. 그라마는 오늘날 그램(g)으로 사용하고 있습니다.

$$1\,\text{g}=1\text{ 그램}=\text{약 }\frac{4}{100}\text{ 온스}$$

오늘날 우리가 사용하는 무게의 단위에는 다음과 같이 킬로그램(kg), 그램(g) 등이 있습니다.

$$1\text{ 킬로그램}=1000\text{ 그램}$$
$$1\,\text{kg}=1000\,\text{g}$$

메타인지 개념학습

들이 비교하기

문제	정답	생각의 방향
❶ 주스병에 물을 가득 채운 뒤 물병에 옮겨 담았을 때 물이 다 들어가면 물병의 들이가 더 많은 것입니다. (○ , ×)	○	
❷ ㉮ ⇨ 컵 4개, ㉯ ⇨ 컵 3개 ㉮ 그릇이 ㉯ 그릇보다 컵 (1, 3, 4)개만큼 물이 더 들어갑니다.	1	같은 단위로 두 그릇의 들이를 비교할 때에는 단위가 많이 사용된 그릇의 들이가 더 큽니다.

들이의 단위 알아보기

문제	정답	생각의 방향
❶ 1 리터는 100 밀리리터와 같습니다. (○ , ×)	×	1 L=1000 mL
❷ 4 L 700 mL는 ☐ mL입니다.	4700	3 L 200 mL =3000 mL+200 mL =3200 mL

들이 어림하고 재어 보기

문제	정답	생각의 방향
❶ 음료수병의 들이는 약 500 (mL , L)입니다.	mL	들이를 어림하여 말할 때에는 약☐L 또는 약☐mL라고 합니다.
❷ 양동이의 들이는 약 3 (mL , L)입니다.	L	
❸ (종이컵 , 주전자)의 들이는 약 200 mL입니다.	종이컵	

들이의 합과 차

문제	정답	생각의 방향
❶ 5 L 400 mL+2 L 100 mL는 ☐ L ☐ mL입니다.	7, 500	들이의 합 또는 차를 구할 때는 L는 L끼리, mL는 mL끼리 계산합니다.
❷ 8 L 700 mL−3 L 500 mL는 ☐ L ☐ mL입니다.	5, 200	

	정답	생각의 방향
무게 비교하기		
❶ 양말과 신발 중에서 더 무거운 것은 신발입니다. (○ , ×)	○	
❷ 풀 / 바둑돌 8개, 지우개 / 바둑돌 5개 풀이 지우개보다 바둑돌 3개만큼 더 (무겁습니다 , 가볍습니다).	무겁습니다	무게를 비교할 때에는 바둑돌, 공깃돌, 동전과 같은 물체를 단위로 정해 저울로 물건의 무게를 재서 물체의 수가 몇 개인지 세어 비교합니다.
무게의 단위 알아보기		
❶ 1 킬로그램은 1000 그램과 같습니다. (○ , ×)	○	1 kg=1000 g
❷ 2700 g은 □ kg □ g입니다.	2, 700	4 kg 300 g =4000 g+300 g =4300 g
❸ 1 t은 □ kg입니다.	1000	
무게 어림하고 재어 보기		
❶ 귤의 무게는 약 100 g입니다. (○ , ×)	○	무게를 어림하여 말할 때에는 약 □ kg 또는 약 □ g이라고 합니다.
❷ 트럭의 무게는 약 5 (g , kg , t)입니다.	t	
무게의 합과 차		
❶ 2 kg 500 g+4 kg 300 g은 □ kg □ g 입니다.	6, 800	무게의 합 또는 차를 구할 때는 kg은 kg끼리, g은 g끼리 계산합니다.
❷ 7 kg 600 g−3 kg 100 g은 □ kg □ g 입니다.	4, 500	

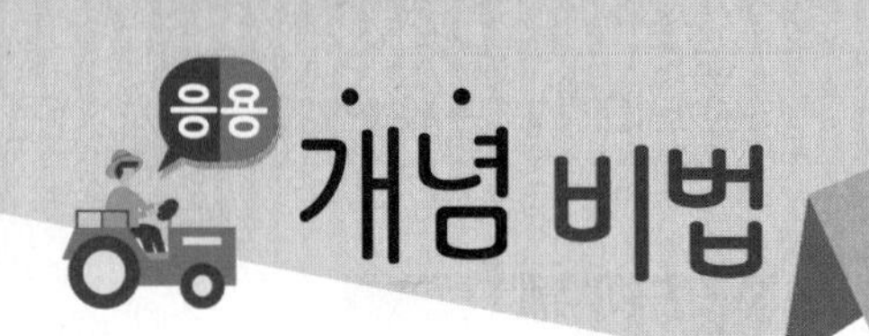

비법 ① 들이와 무게를 다른 방법으로 나타내기

• 들이를 L, mL로 나타내기

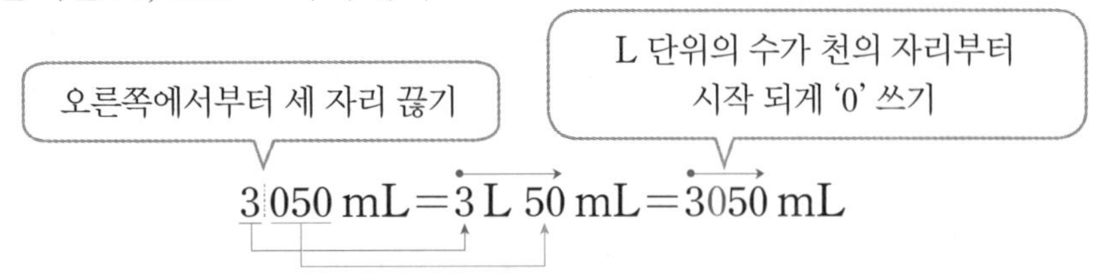

예 2 L 80 mL ⇨ 2080 mL, 280 mL

• 무게를 kg, g으로 나타내기

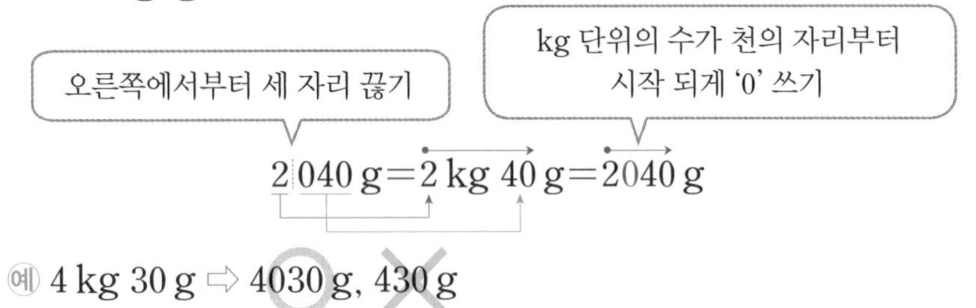

예 4 kg 30 g ⇨ 4030 g, 430 g

비법 ② 무게 단위 사이의 관계

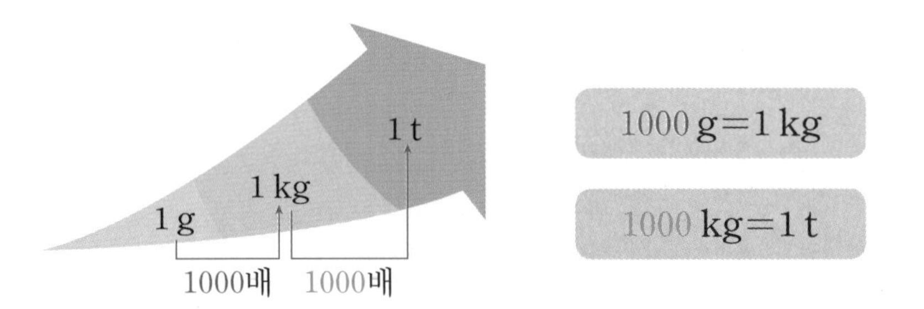

비법 ③ 단위가 있는 들이 비교

• 3 L 250 mL와 3500 mL의 들이 비교

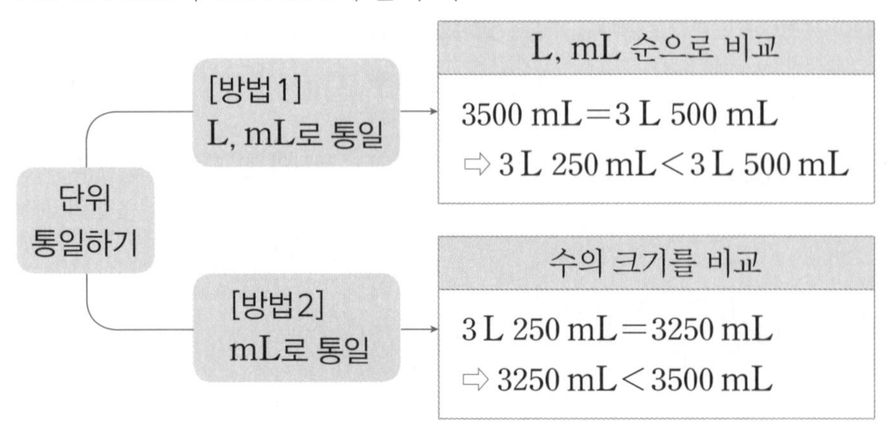

교·과·서 개 념

• 들이의 단위

1 리터 ⇨ 쓰기 1 L

1 밀리리터 ⇨ 쓰기 1 mL

1 L=1000 mL

• 2 L보다 100 mL 더 많은 들이

⇨ 쓰기 2 L 100 mL

읽기 2 리터 100 밀리리터

• 무게의 단위

1 킬로그램 ⇨ 쓰기 1 kg

1 그램 ⇨ 쓰기 1 g

1 kg=1000 g

• 3 kg보다 400 g 더 무거운 무게

⇨ 쓰기 3 kg 400 g

읽기 3 킬로그램 400 그램

• 1000 kg의 무게

⇨ 쓰기 1 t

읽기 1 톤

1 t=1000 kg

• 단위가 있는 들이 비교

① L 단위부터 비교합니다.

② L 단위가 같으면 mL 단위를 비교합니다.

예 1 L 800 mL<2 L 150 mL

4 L 100 mL>4 L 50 mL

비법 ④ 여러 그릇으로 물을 담는 방법 알아보기

• 들이가 2 L인 그릇과 3 L인 그릇을 사용하여 수조에 물 1 L를 담는 방법 알아보기

붓는 양과 덜어 내는 양의 합 또는 차 생각하기	⇨	물을 담는 방법 알아보기

① 2와 3을 사용하여 1이 되는 식을 만듭니다.
⇨ $3-2=1$

② $3\text{ L}-2\text{ L}=1\text{ L}$
⇨ 들이가 3 L인 그릇에 물을 가득 담아 들이가 2 L인 그릇에 붓고 남은 물을 수조에 붓습니다.

교·과·서 개 념

• 이외에도 여러 가지 방법으로 수조에 물 1 L를 담을 수 있습니다.
예 $2\text{ L}+2\text{ L}-3\text{ L}=1\text{ L}$
⇨ 들이가 2 L인 그릇에 물을 가득 담아 수조에 2번 부은 후 수조에서 들이가 3 L인 빈 그릇으로 물을 가득 담아 덜어 냅니다.

비법 ⑤ 저울을 사용하여 무게 비교하기

바둑돌, 공깃돌, 동전 등을 단위로 무게를 재어 비교합니다.

• 저울을 이용하여 빨간색, 노란색, 초록색 구슬의 무게 비교하기

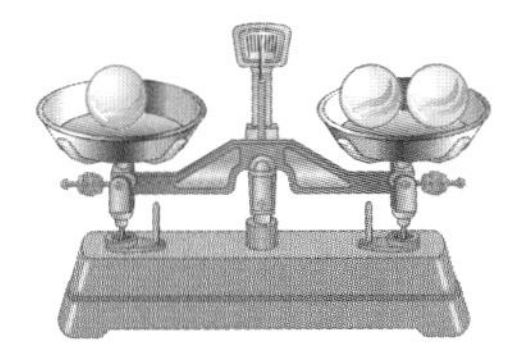

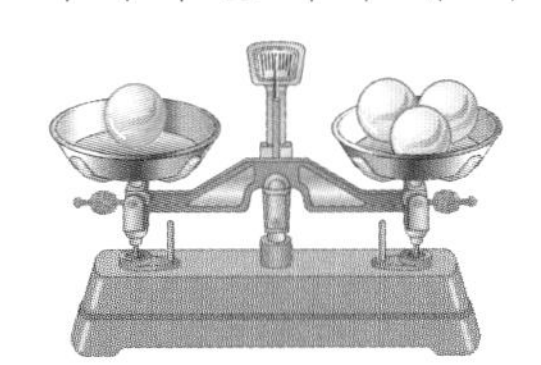

(1개의 무게)=(2개의 무게)
(1개의 무게)=(3개의 무게)
⇨ (1개의 무게)<(1개의 무게)<(1개의 무게)

• 같은 단위로 두 물건의 무게를 비교할 때에는 단위가 많이 사용된 물건이 더 무겁습니다.

• 같은 물건이라도 무게를 잴 때 사용하는 단위가 다르면 단위의 수가 달라집니다. 따라서 다른 단위로 두 물건의 무게를 비교할 수 없습니다.

비법 ⑥ 실제 무게에 더 가깝게 어림한 사람 찾기

• 무게가 1 kg 100 g인 백과사전의 무게를 현주는 950 g으로, 주호는 1 kg 200 g으로 어림했을 때 더 가깝게 어림한 사람 찾기

어림한 무게와 실제 무게의 차 구하기	⇨	구한 무게의 차를 비교하여 더 가깝게 어림한 사람 찾기

현주: 1 kg 100 g−950 g
=150 g
주호: 1 kg 200 g−1 kg 100 g
=100 g

150 g>100 g
→ 더 가깝게 어림한 사람은 주호입니다.

• 어림한 무게와 실제 무게의 차가 작을수록 더 가깝게 어림한 것입니다.

STEP 1 기본 유형 익히기

1 들이 비교하기

- 한쪽 그릇에 물을 가득 채운 다음 다른 그릇에 옮겨 담아서 비교합니다.
- 그릇에 물을 가득 채운 다음 모양과 크기가 같은 큰 그릇에 각각 옮겨 담아서 큰 그릇에 담긴 물의 양을 비교합니다.
- 그릇에 물을 가득 채운 다음 크기가 작은 그릇에 옮겨 담아서 작은 그릇의 수를 비교합니다.

1-1 우유갑에 물을 가득 채운 후 컵에 옮겨 담았더니 그림과 같이 물이 채워졌습니다. 우유갑과 컵 중에서 들이가 더 많은 것은 어느 것입니까?

(   )

1-2 ㉮와 ㉯ 병에 주스를 가득 채운 후 모양과 크기가 같은 작은 컵에 따랐더니 ㉮는 6컵, ㉯는 12컵이 되었습니다. ㉯ 병의 들이는 ㉮ 병의 들이의 몇 배입니까?

(   )

서술형

1-3 두 그릇의 들이를 비교하는 방법을 한 가지만 써 보시오.

방법 ______________________

____

2 들이의 단위 알아보기

- 1 L=1000 mL
- 2 L 300 mL=2000 mL+300 mL
  =2300 mL

2-1 □ 안에 알맞은 수를 써넣으시오.

(1) 3 L 60 mL=□ mL

(2) 1300 mL=□ L □ mL

2-2 물의 양이 얼마인지 눈금을 읽어 보시오.

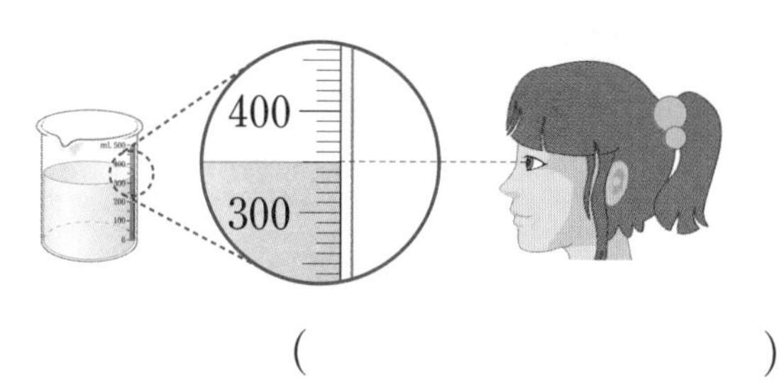

(   )

2-3 주유소에서 자동차 ㉮, ㉯, ㉰에 다음과 같이 기름을 넣었습니다. 기름을 가장 많이 넣은 자동차를 찾아 기호를 써 보시오.

㉮	㉯	㉰
18 L 300 mL	2000 mL	21 L 100 mL

(   )

• 정답은 39쪽에

3 들이를 어림하고 재어 보기

들이를 어림하여 말할 때에는 약 □ L 또는 약 □ mL 라고 합니다.

3-1 □ 안에 L와 mL 중 알맞은 단위를 써넣으시오.

(1) 양동이의 들이는 약 4 □ 입니다.

(2) 물병의 들이는 약 500 □ 입니다.

창의·융합

3-2 다음 중 들이의 단위를 알맞게 사용한 사람은 누구입니까?

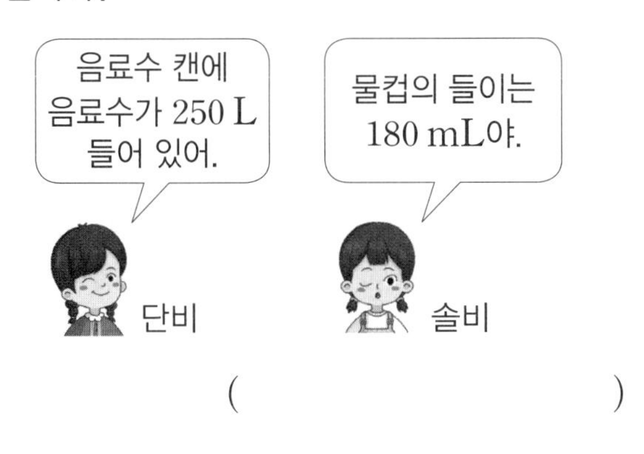

음료수 캔에 음료수가 250 L 들어 있어.
단비
물컵의 들이는 180 mL야.
솔비

(　　　　　　　　)

3-3 컵에 물을 가득 채운 후 비커에 모두 옮겨 담았습니다. 이 컵의 들이는 몇 mL입니까?

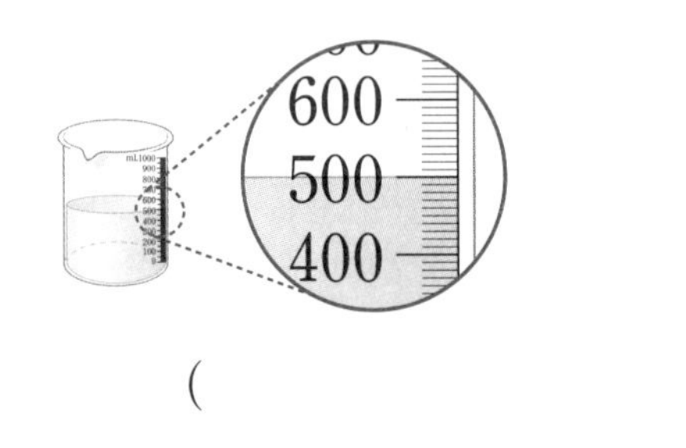

(　　　　　　　　)

4 들이의 합과 차

들이의 합과 차를 구할 때 L는 L끼리, mL는 mL끼리 계산합니다.

4-1 □ 안에 알맞은 수를 써넣으시오.

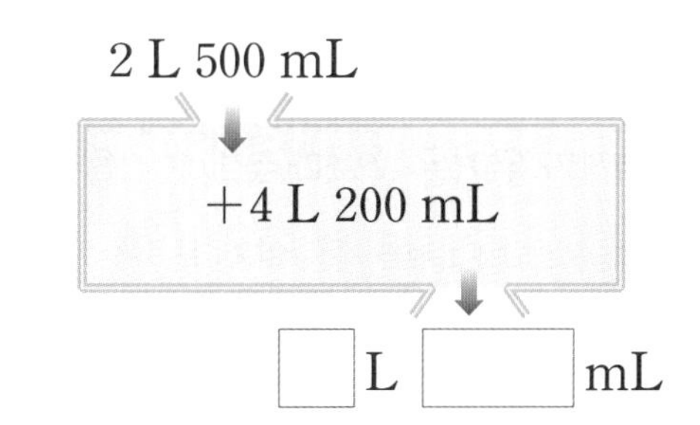

4-2 두 들이의 차는 몇 L 몇 mL입니까?

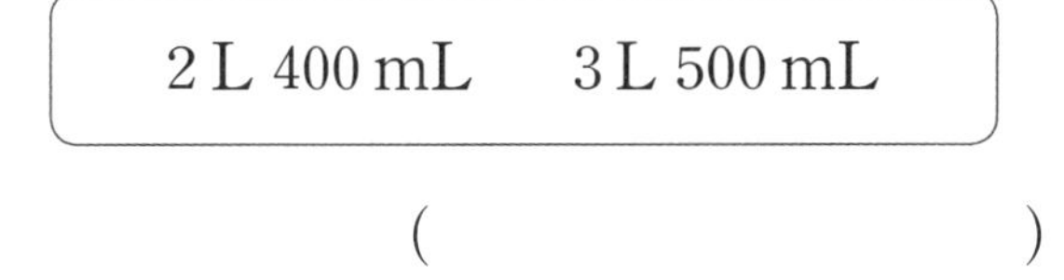

(　　　　　　　　)

서술형

4-3 참기름이 1 L 600 mL, 들기름이 1 L 500 mL 있습니다. 참기름과 들기름은 모두 몇 L 몇 mL인지 식을 쓰고 답을 구하시오.

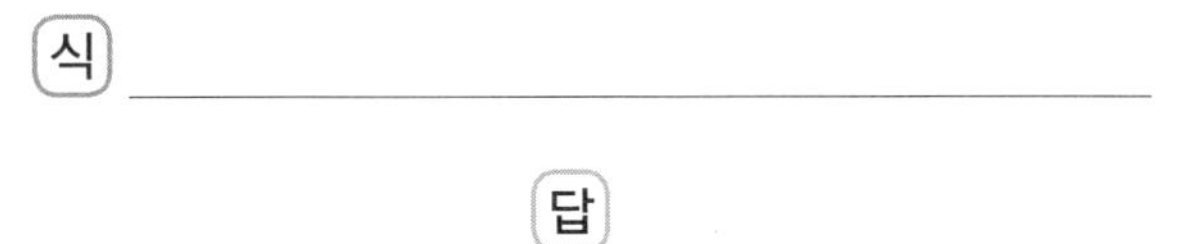

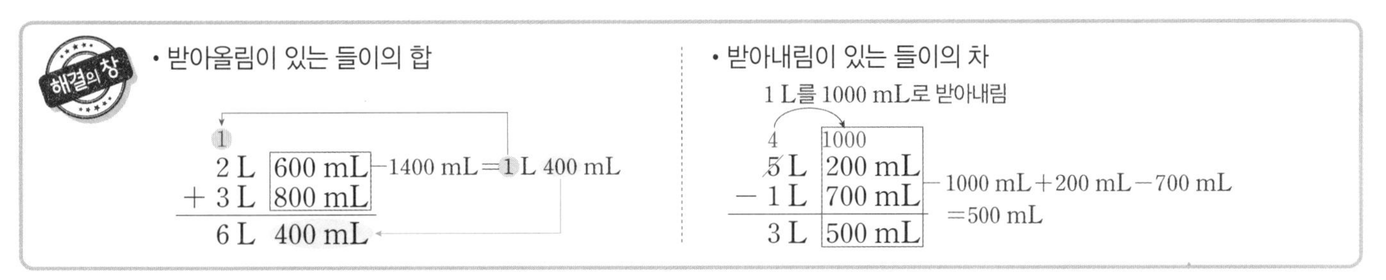

STEP 1 기본 유형 익히기

5 무게 비교하기

- 양손으로 들어서 비교합니다.
- 저울을 사용하여 비교합니다.
- 바둑돌과 저울을 사용하여 각 물건의 무게를 바둑돌의 수로 알아보고 비교합니다.

5-1 무게가 무거운 순서대로 1, 2, 3을 써 보시오.

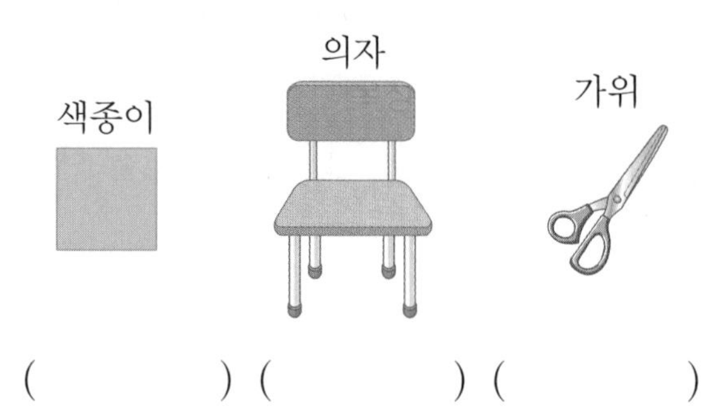

( ) ( ) ( )

5-2 필통과 테이프 중에서 어느 것이 바둑돌 몇 개만큼 더 무거운지 차례로 써 보시오.

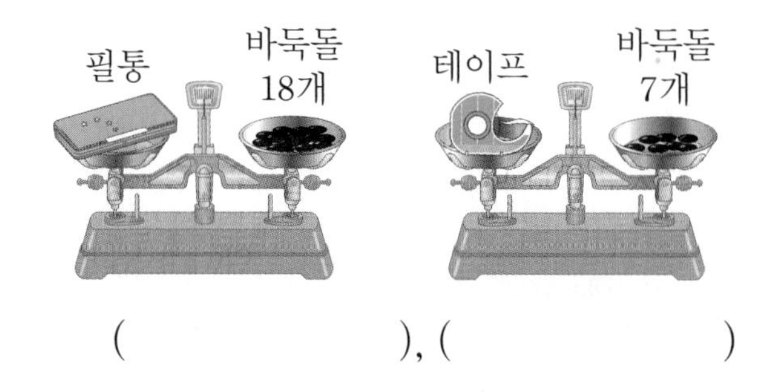

( ), ( )

5-3 저울과 구슬을 사용하여 과일의 무게를 알아본 것입니다. 가장 무거운 과일은 어느 것입니까?

단위	감	복숭아	키위
구슬	16개	18개	11개

( )

6 무게의 단위 알아보기

- $1\,kg = 1000\,g$
- $3\,kg\ 400\,g = 3000\,g + 400\,g = 3400\,g$
- $1\,t = 1000\,kg$

6-1 저울의 눈금을 읽어 보시오.

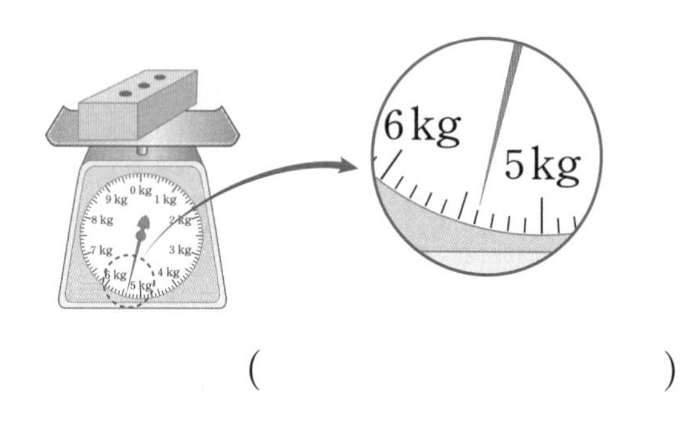

( )

6-2 멜론의 무게를 재었더니 2 kg이었습니다. 코코넛의 무게는 멜론의 무게보다 800 g 더 무겁습니다. 코코넛의 무게는 몇 kg 몇 g입니까?

( )

서술형

6-3 단위를 잘못 사용한 문장을 찾아 기호를 쓰고 바르게 고쳐 보시오.

> ㉠ 4870 g은 4 kg 870 g입니다.
> ㉡ 2 kg 60 g은 260 g입니다.
> ㉢ 5000 kg은 5 t입니다.

( )

7 무게를 어림하고 재어 보기

무게를 어림하여 말할 때에는 약 □ kg 또는 약 □ g이라고 합니다.

7-1 물건의 무게를 나타내는 데 알맞은 단위를 g과 kg 중에서 골라 □ 안에 알맞게 써넣으시오.

(1) (2)

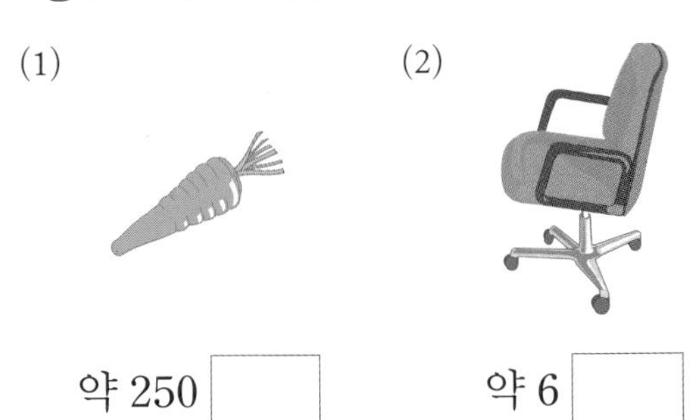

약 250 □ 약 6 □

7-2 무게가 1 t보다 무거운 것을 찾아 기호를 써 보시오.

㉠ 세탁기 1대	㉡ 축구공 1개
㉢ 코끼리 1마리	㉣ 자전거 1대

( )

7-3 보기 에 주어진 물건을 선택하여 문장을 완성하시오.

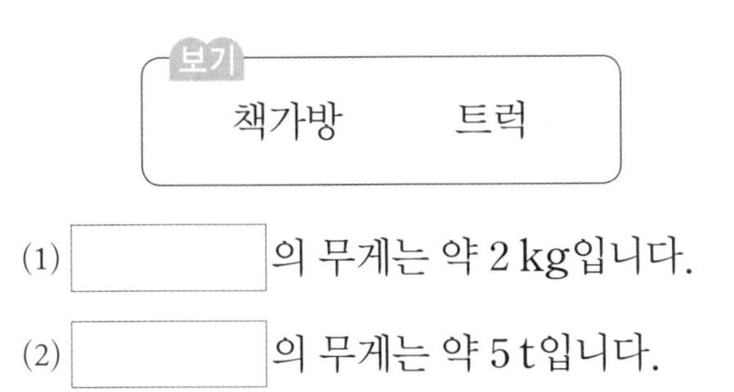

보기

책가방 트럭

(1) □의 무게는 약 2 kg입니다.

(2) □의 무게는 약 5 t입니다.

8 무게의 합과 차

무게의 합과 차를 구할 때 kg은 kg끼리, g은 g끼리 계산합니다.

8-1 계산을 하시오.

(1)
$$\begin{array}{r} 1\text{ kg}\ \ 300\text{ g} \\ +\ 2\text{ kg}\ \ 400\text{ g} \\ \hline \end{array}$$

(2)
$$\begin{array}{r} 8\text{ kg}\ \ 700\text{ g} \\ -\ 3\text{ kg}\ \ 100\text{ g} \\ \hline \end{array}$$

창의·융합

8-2 아름이와 도일이가 농장 체험을 가서 감자를 캤습니다. 두 사람이 캔 감자의 무게는 모두 몇 kg 몇 g입니까?

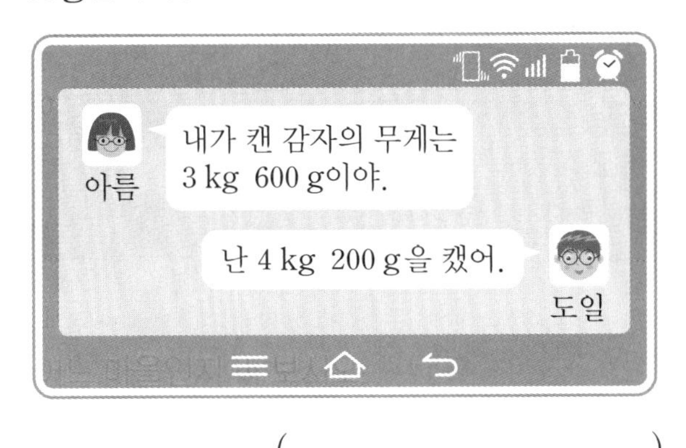

내가 캔 감자의 무게는
3 kg 600 g이야.
아름
난 4 kg 200 g을 캤어.
도일

( )

8-3 토마토 모종을 심기 위해 3 kg 800 g의 흙을 빈 화분에 담았더니 7 kg 600 g이 되었습니다. 화분만의 무게는 몇 kg 몇 g입니까?

( )

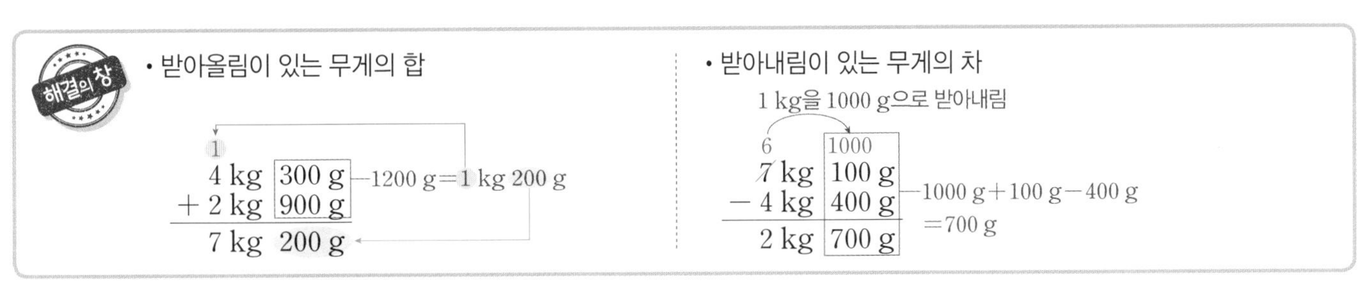

해결의 창
• 받아올림이 있는 무게의 합
1
4 kg 300 g
+ 2 kg 900 g
7 kg 200 g
1200 g=1 kg 200 g
• 받아내림이 있는 무게의 차
1 kg을 1000 g으로 받아내림
6 1000
7 kg 100 g
− 4 kg 400 g
2 kg 700 g
1000 g+100 g−400 g
=700 g

5 들이와 무게

응용 1 들이 비교하기

가 물통과 나 물통에 물을 가득 채운 후 모양과 크기가 같은 컵에 옮겨 담았습니다. (2)가 물통의 들이는 나 물통의 들이의 몇 배입니까?

(1)

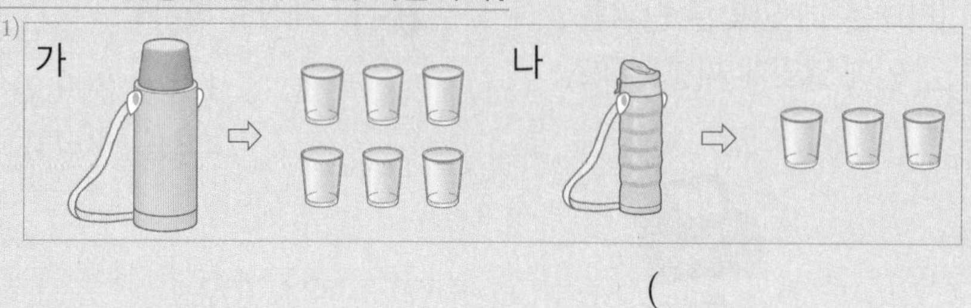

( )

(1) 가 물통과 나 물통의 들이는 각각 작은 컵으로 몇 개인지 알아봅니다.

(2) 가 물통의 들이는 나 물통의 들이의 몇 배인지 구해 봅니다.

예제 1 - 1 ㉮와 ㉯ 그릇에 물을 가득 채우려고 합니다. 모양과 크기가 같은 컵으로 ㉮ 그릇에 18번, ㉯ 그릇에 6번 부었더니 물이 가득 찼습니다. ㉮ 그릇의 들이는 ㉯ 그릇의 들이의 몇 배입니까?

( )

예제 1 - 2 똑같은 양동이에 물을 가득 채울 때 각 컵으로 부은 횟수를 나타낸 표입니다. 들이가 적은 순서대로 기호를 써 보시오.

컵의 들이를 어떻게 비교하지?

똑같은 그릇에 물을 가득 채울 때 부은 횟수가 많을수록 컵의 들이가 적어.

컵	가	나	다	라
부은 횟수(번)	7	11	5	13

( )

응용 2 단위가 있는 들이 비교하기

(1), (2) 하루에 물을 지수네 가족은 5 L 850 mL, 현철이네 가족은 6000 mL, 혜림이네 가족은 5090 mL를 마십니다. / (3) 물을 가장 적게 마시는 가족이 하루에 마시는 물의 양은 몇 L 몇 mL입니까?

( )

(1) 세 가족이 마신 물의 양을 단위를 통일하여 ■ L ▲ mL 또는 ◆ mL로 나타냅니다.

(2) (1)에서 나타낸 물의 양의 크기를 비교합니다.

(3) (2)에서 가장 적은 양은 몇 L 몇 mL인지 구해 봅니다.

예제 2-1 공장에 ㉮, ㉯, ㉰ 기계가 있습니다. 이 기계에는 각각 4 L 150 mL, 4060 mL, 4 L 3 mL의 냉각수가 들어갑니다. 냉각수가 가장 많이 들어가는 기계에는 냉각수가 몇 mL 들어갑니까?

( )

5 들이와 무게

예제 2-2 각 그릇의 들이가 다음과 같을 때 들이가 적은 순서대로 기호를 써 보시오.

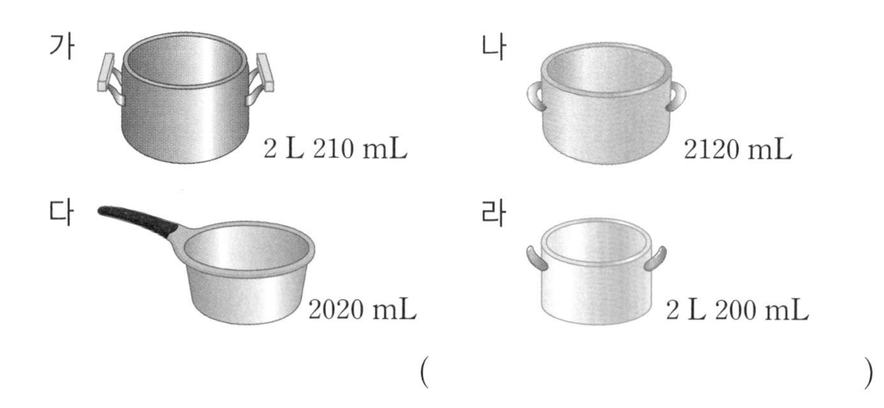

( )

STEP 2 응용 유형 익히기

응용 3 여러 그릇으로 물 담는 방법 알아보기

㉮ 그릇과 ㉯ 그릇의 들이를 나타낸 표입니다. (2)㉮ 그릇과 ㉯ 그릇을 모두 사용하여 수조에 물 500 mL를 담는 방법을 설명하시오.

(1)

㉮ 그릇	㉯ 그릇
500 mL	1 L

방법 ______________________________

____

(1) 1 L=1000 mL입니다.

(2) ㉮ 그릇과 ㉯ 그릇의 들이의 합 또는 차를 이용해서 500 mL를 만드는 방법을 찾아봅니다.

예제 3-1 ㉮ 그릇과 ㉯ 그릇의 들이를 나타낸 표입니다. ㉮ 그릇과 ㉯ 그릇을 모두 사용하여 수조에 물 800 mL를 담는 방법을 설명하시오.

㉮ 그릇	㉯ 그릇
1 L 200 mL	400 mL

방법 ______________________________

____

예제 3-2 ㉮ 그릇과 ㉯ 그릇의 들이를 나타낸 표입니다. ㉮ 그릇과 ㉯ 그릇을 모두 사용하여 수조에 물 2 L 300 mL를 담는 방법을 설명하시오. (단, 수조의 들이는 3 L보다 많습니다.)

㉮ 그릇	㉯ 그릇
700 mL	1 L 500 mL

방법 ______________________________

____

응용 4 들이의 합과 차

준성이와 지웅이는 약수터에서 물을 떠 왔습니다. (1)준성이는 어제 2 L 135 mL, 오늘 2 L 340 mL를 떠 왔고 / (2)지웅이는 어제 3 L 10 mL, 오늘 1 L 200 mL를 떠 왔습니다. / (3)이틀 동안 누가 물을 더 많이 떠 왔습니까?

(　　　　　　　　)

(1) 이틀 동안 준성이가 떠 온 물은 몇 L 몇 mL인지 구해 봅니다.

(2) 이틀 동안 지웅이가 떠 온 물은 몇 L 몇 mL인지 구해 봅니다.

(3) (1)과 (2)의 크기를 비교해 봅니다.

예제 4-1

성호네 가족과 유선이네 가족이 마신 주스의 양입니다. 주스를 더 많이 마신 가족은 어느 가족이고, 몇 mL 더 많이 마셨는지 차례로 써 보시오.

가족	오렌지 주스	포도 주스
성호네 가족	5 L 140 mL	3 L 380 mL
유선이네 가족	2 L 90 mL	6 L 290 mL

(　　　　　　　　), (　　　　　　　　)

예제 4-2

A 세탁기와 B 세탁기로 세탁을 1번, 헹굼을 1번 할 때 각각 사용되는 물의 양입니다. 세탁을 1번, 헹굼을 1번 할 때 사용되는 물의 양이 더 적은 것은 어느 세탁기이고, 몇 mL 더 적게 사용되는지 차례로 써 보시오.

세탁기	세탁	헹굼
A 세탁기	15 L 400 mL	26 L 950 mL
B 세탁기	14 L 830 mL	28 L 390 mL

(　　　　　　　　), (　　　　　　　　)

STEP 2 응용 유형 익히기

응용 5 무게 비교하기

저울과 100원짜리 동전을 사용하여 물병과 컵의 무게를 재었습니다. (2)물병과 컵 중에서 어느 것이 100원짜리 동전 몇 개만큼 더 무거운지 차례로 써 보시오.

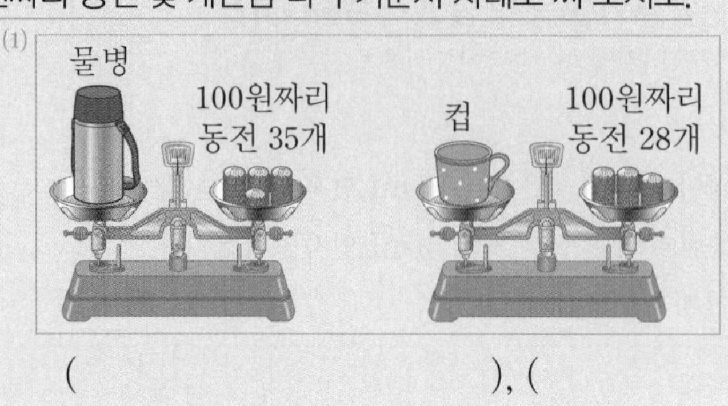

( ), ( )

(1) 물병과 컵의 무게는 각각 100원짜리 동전 몇 개의 무게와 같은지 알아봅니다.

(2) (1)에서 구한 동전의 수를 비교합니다.

예제 5-1 오이 1개와 당근 1개 중에서 어느 것이 바둑돌 몇 개만큼 더 무거운지 차례로 써 보시오. (단, 오이 1개의 무게는 각각 같습니다.)

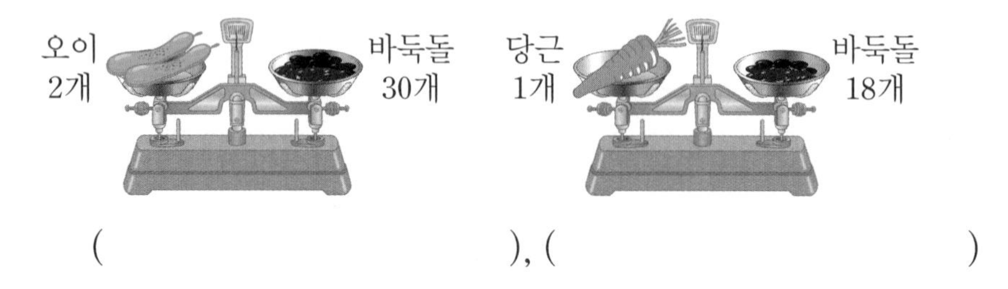

( ), ( )

예제 5-2 오렌지, 배, 사과를 저울에 올렸더니 다음과 같았습니다. 무거운 순서대로 이름을 써 보시오. (단, 같은 종류의 과일 각각의 무게는 같습니다.)

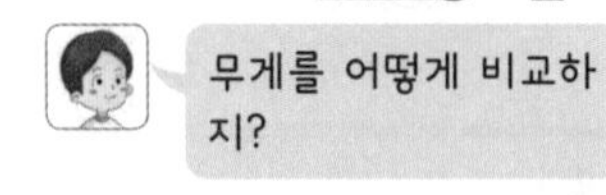

무게를 어떻게 비교하지?
무게가 같을 때 개수가 적을수록 더 무거워.

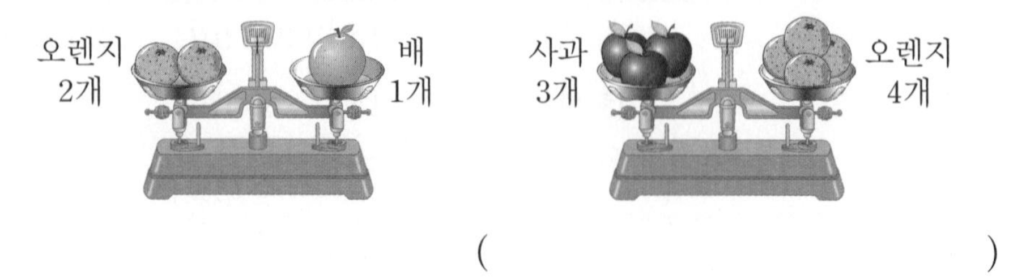

( )

응용 6 단위가 있는 무게 비교하기

(2)주스와 우유 중에서 어느 것이 더 무겁습니까?

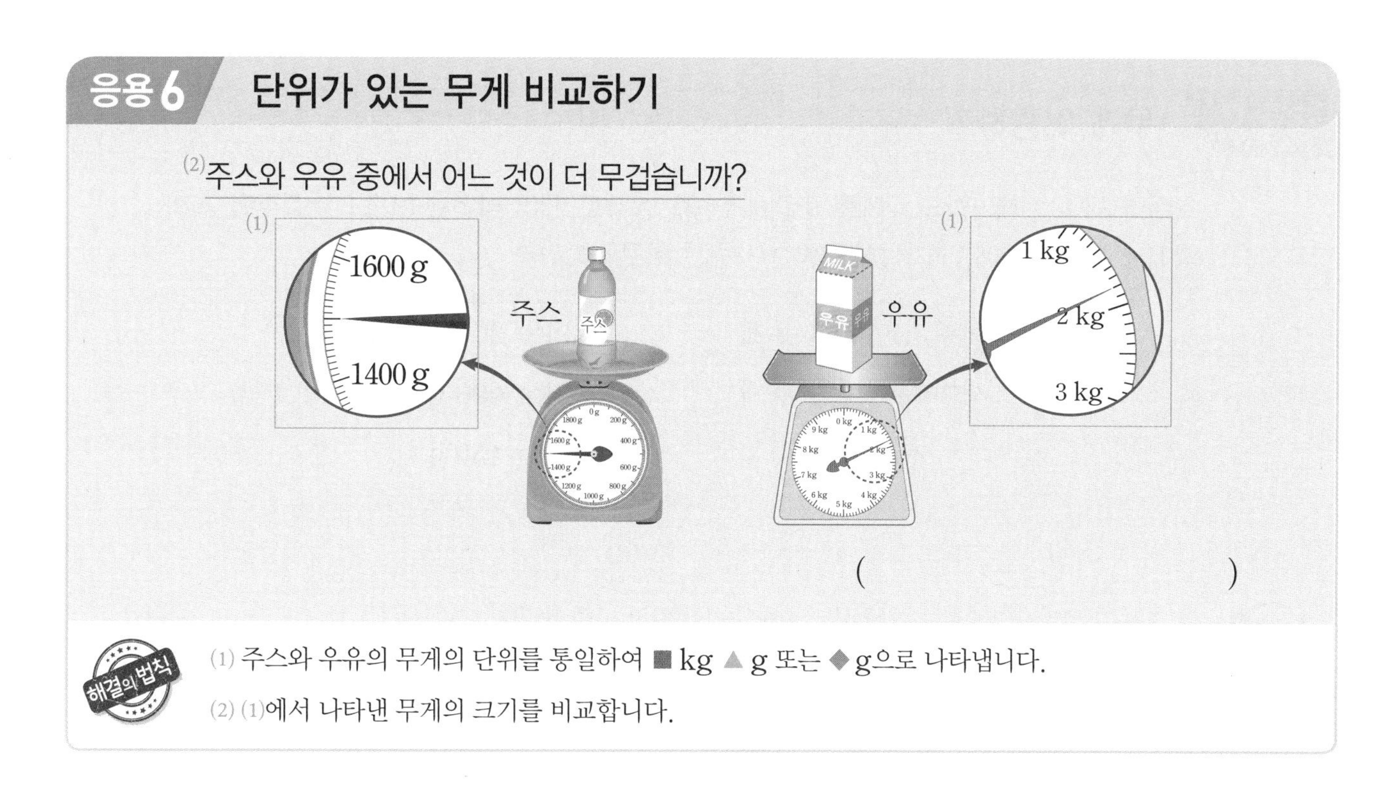

( )

해결의 법칙

(1) 주스와 우유의 무게의 단위를 통일하여 ■ kg ▲ g 또는 ◆ g으로 나타냅니다.

(2) (1)에서 나타낸 무게의 크기를 비교합니다.

예제 6-1 호박과 멜론 중에서 더 가벼운 것의 무게는 몇 kg 몇 g입니까?

( )

예제 6-2 동물들의 무게를 재었더니 다음과 같았습니다. 무거운 동물부터 순서대로 써 보시오.

동물	토끼	오리	닭	강아지
무게	2 kg 40 g	2300 g	1 kg 800 g	2860 g

( )

5 들이와 무게

응용 7 무게 어림하기

희주와 세미는 책가방의 무게를 어림해 본 후 실제로 재어 확인했습니다. (2)희주와 세미 중에서 실제 무게에 더 가깝게 어림한 사람은 누구입니까?

(1)

희주가 어림한 무게	2 kg 200 g
세미가 어림한 무게	2 kg 600 g
실제 무게	2 kg 450 g

( )

(1) 희주와 세미가 어림한 무게와 실제 무게의 차를 각각 구해 봅니다.

(2) (1)의 크기를 비교해 봅니다.

예제 7-1 실제 무게가 3 kg 200 g인 의자의 무게를 동우는 3 kg 50 g, 유리는 3 kg 400 g으로 어림하였습니다. 실제 무게에 더 가깝게 어림한 사람은 누구입니까?

( )

예제 7-2 무의 실제 무게가 오른쪽과 같을 때 무의 무게를 각각 다음과 같이 어림하였습니다. 가장 가깝게 어림한 사람은 누구입니까?

먼저 무의 실제 무게를 알아봐야겠어.

그다음 어림한 무게와 실제 무게의 차를 비교해야 돼.

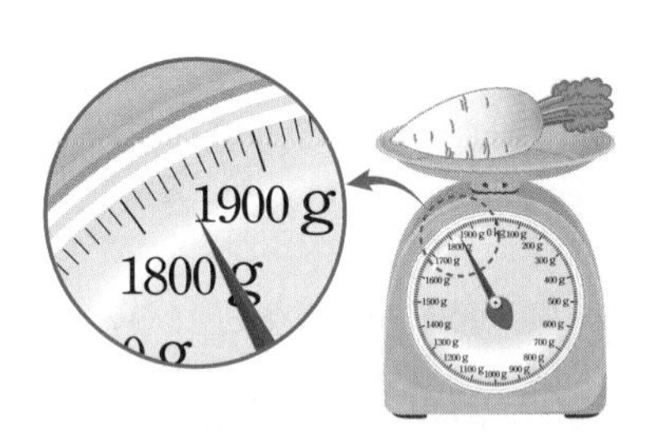

무의 무게는 약 2 kg일 것 같아.

약 1 kg 700 g 일 것 같아.

약 1 kg 950 g 일 것 같아.

( )

응용 8 무게의 합과 차

(1)종수의 몸무게는 34 kg 600 g입니다. 아버지의 몸무게는 종수의 몸무게보다 36 kg 800 g 더 무겁고, / (2)어머니의 몸무게는 아버지의 몸무게보다 13 kg 600 g 더 가볍습니다. / (3)종수, 아버지, 어머니의 몸무게의 합은 몇 kg 몇 g입니까?

( )

(1) 아버지의 몸무게는 몇 kg 몇 g인지 구해 봅니다.

(2) 어머니의 몸무게는 몇 kg 몇 g인지 구해 봅니다.

(3) (1), (2)를 이용하여 세 사람의 몸무게의 합을 구해 봅니다.

예제 8-1 국어사전의 무게는 3 kg 470 g입니다. 한자사전의 무게는 국어사전의 무게보다 1 kg 570 g 더 무겁고, 영어사전의 무게는 한자사전의 무게보다 2 kg 390 g 더 가볍습니다. 국어사전, 한자사전, 영어사전의 무게의 합은 몇 kg 몇 g입니까?

( )

예제 8-2 어떤 비행기는 가방의 무게가 20 kg을 넘으면 추가 요금을 내야 한다고 합니다. 준희의 빈 가방의 무게는 1 kg 400 g이고 다음과 같은 무게의 물건을 가방에 담았습니다. 준희가 추가 요금을 내지 않으려면 가방에 짐을 몇 kg 몇 g까지 더 담을 수 있습니까?

물건	옷	책	음식	장난감
무게(g)	1700	900	1450	1200

( )

STEP 3 응용 유형 뛰어넘기

알맞은 무게의 단위 알아보기

01 □ 안에 알맞은 무게의 단위를 써넣으시오.

유사

들이 비교하기

02 똑같은 세숫대야에 물을 가득 채울 때 각 그릇으로 부은 횟수는 각각 다음과 같습니다. ㉮, ㉯, ㉰ 중에서 들이가 가장 많은 그릇은 어느 것입니까?

유사

( )

들이의 단위 알아보기

03 바가지에 가득 채운 물을 수조에 옮겨 담았더니 1 L 380 mL였습니다. 바가지의 들이는 몇 mL입니까?

유사

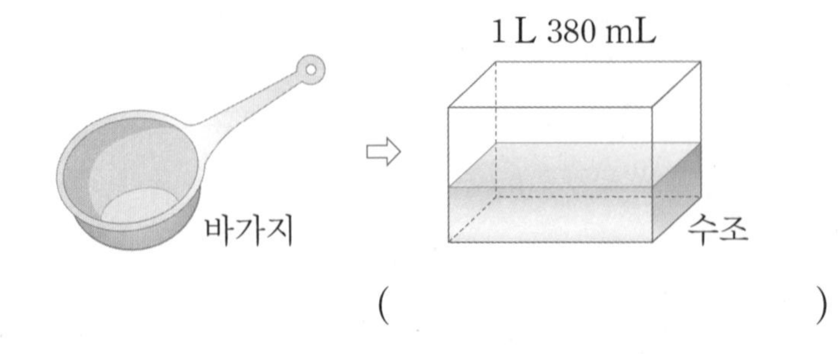

( )

유사 표시된 문제의 유사 문제가 제공됩니다.
동영상 표시된 문제의 동영상 특강을 볼 수 있어요.
QR 코드를 찍어 보세요.

무게 비교하기

04 유사 동영상 감자 1개와 밤 1개 중 어느 것이 바둑돌 몇 개만큼 더 무거운지 차례로 써 보시오. (단, 각각은 종류별로 1개의 무게가 같습니다.)

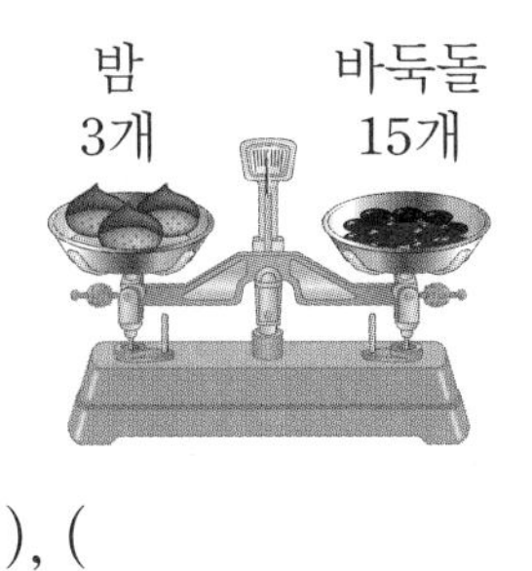

(　　　　　　　　　　), (　　　　　　　　　　)

무게의 단위 알아보기, 무게의 차 　　창의·융합

05 유사 가장 무거운 악기는 가장 가벼운 악기보다 몇 kg 몇 g 더 무겁습니까?

(　　　　　　　　　　)

서술형 무게의 합과 차

06 유사 야구 글러브의 무게는 몇 g인지 풀이 과정을 쓰고 답을 구하시오.

배구공

가방

가방보다
640 g 더 가벼움.

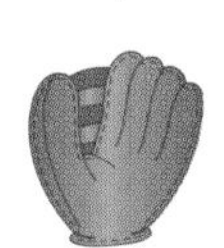

야구 글러브

(　　　　　　　　　　)

풀이

5
들이와 무게

들이 어림하기, 들이의 합과 차

07 유사 동영상 실제 들이가 1 L인 어항의 들이에 가장 가깝게 어림한 사람은 누구입니까?

들이가 350 mL인 컵에 가득 담은 물이 3번 들어갈 것 같아.

들이가 550 mL인 컵에 가득 담은 물이 2번 들어갈 것 같아.

들이가 250 mL인 컵에 가득 담은 물이 2번, 190 mL인 컵에 가득 담은 물이 2번 들어갈 것 같아.

(　　　　　　　　)

서술형 들이의 합과 차

08 유사 흰색 페인트가 5 L 150 mL, 파란색 페인트가 4 L 670 mL 있습니다. 이 중에서 흰색 페인트를 2 L 480 mL, 파란색 페인트를 1 L 790 mL 사용했습니다. 어떤 색 페인트가 몇 mL 더 많이 남았는지 풀이 과정을 쓰고 답을 차례로 구하시오.

(　　　　　　　　), (　　　　　　　　)

풀이

무게의 합과 차

09 유사 동영상 무게가 600 g인 빈 물통에 물을 가득 담아 무게를 재어 보았더니 1 kg 80 g입니다. 물을 $\frac{1}{3}$만큼 마신 후 물이 담긴 물통의 무게는 몇 g입니까?

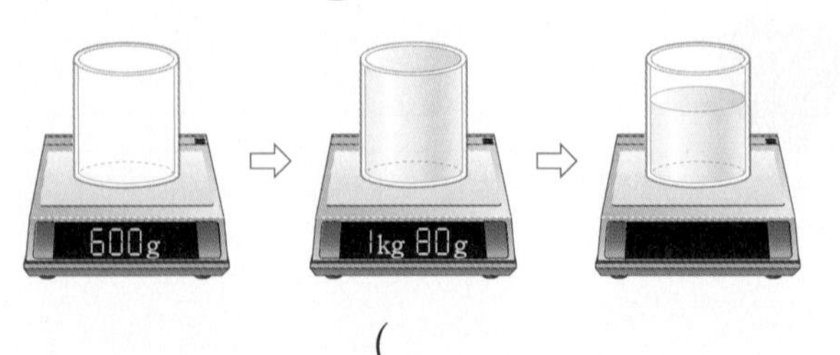

(　　　　　　　　)

• 정답은 44쪽에

유사 표시된 문제의 유사 문제가 제공됩니다.
동영상 표시된 문제의 동영상 특강을 볼 수 있어요.
QR 코드를 찍어 보세요.

서술형 여러 그릇으로 물 담는 방법 알아보기

10 유사 동영상 다음은 ㉮ 그릇과 ㉯ 그릇의 들이입니다. ㉮ 그릇과 ㉯ 그릇을 사용하여 수조에 물 600 mL를 담는 방법을 설명하시오.

㉮ 그릇: 1 L 200 mL, ㉯ 그릇: 300 mL

방법

무게의 합과 차

11 유사 동영상 성주, 연태, 민욱이가 역도 연습 후 나눈 대화입니다. 민욱이의 기록은 몇 kg 몇 g입니까?

역도: 무거운 바벨을 들어올리는 경기

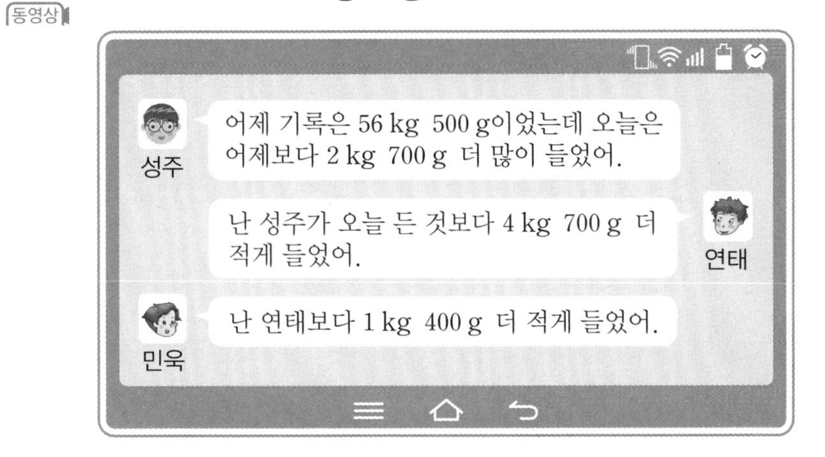

성주
어제 기록은 56 kg 500 g이었는데 오늘은 어제보다 2 kg 700 g 더 많이 들었어.
난 성주가 오늘 든 것보다 4 kg 700 g 더 적게 들었어.
연태
난 연태보다 1 kg 400 g 더 적게 들었어.
민욱

( )

무게의 합과 차 창의·융합

12 유사 동영상 다음을 보고 빨간색 상자의 무게는 몇 kg인지 구하시오.

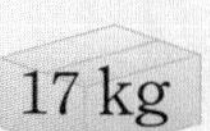

파란색 상자의 무게는 17 kg입니다.

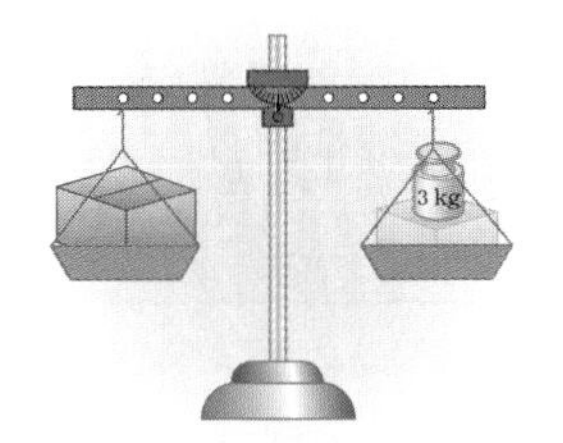

빨간색 상자는 노란색 상자보다 3 kg 더 무겁습니다.

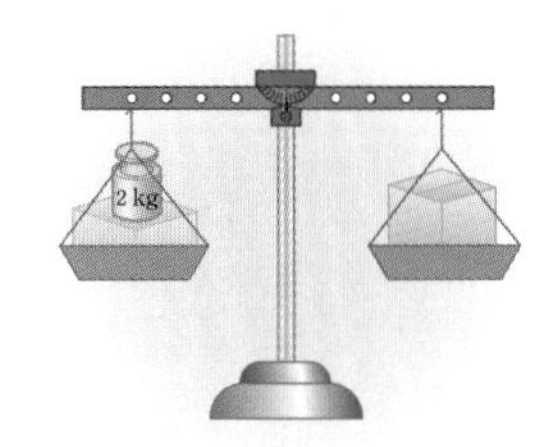

노란색 상자는 초록색 상자보다 2 kg 더 가볍습니다.

파란색, 노란색, 초록색 상자의 무게의 합은 55 kg입니다.

( )

5 들이와 무게

• 정답은 44쪽에

창의사고력

13 옛날 우리 조상들은 무게의 단위로 관과 근을 사용하였습니다. 한 관은 약 4 kg이고, 한 근은 약 600 g(고기의 경우)입니다. 다음을 읽고 잔치에 사용한 고구마와 쇠고기는 모두 약 몇 kg 몇 g인지 구하시오.

> 김진사의 환갑을 맞이하여 김진사의 집에서 큰 잔치가 벌어졌습니다. 김진사는 고구마 4관과 쇠고기 11근을 사서 잔치에 오신 분들에게 대접하였더니 고구마 1관과 쇠고기 2근이 남았습니다.

( )

창의사고력 서술형

14 성우와 은재의 대화를 읽고 3000원으로 더 많은 양의 주스를 사는 방법을 쓰고 그렇게 생각한 이유를 설명해 보시오.

방법 ____________________

이유 ____________________

5. 들이와 무게

점수

• 정답은 46쪽에

01 그릇 가와 나에 물을 가득 채운 후 모양과 크기가 같은 작은 컵에 옮겨 담았습니다. 어느 그릇의 들이가 더 적습니까?

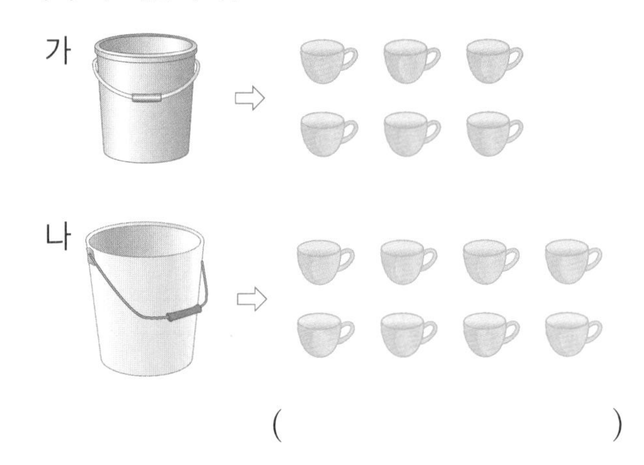

( )

[02~03] □ 안에 알맞은 수를 써넣으시오.

02

	3 L	500 mL
+	1 L	240 mL
	□ L	□ mL

03

	7 kg	950 g
−	4 kg	610 g
	□ kg	□ g

04 □ 안에 알맞은 수를 써넣으시오.

(1) 2300 mL = □ L □ mL

(2) 5 kg 80 g = □ g

05 무게의 관계를 잘못 나타낸 것은 어느 것입니까? ( )

① 4 kg 200 g = 4200 g
② 1005 g = 1 kg 5 g
③ 8 kg 100 g = 8010 g
④ 9200 g = 9 kg 200 g
⑤ 5 kg 4 g = 5004 g

06 들이를 비교하여 ○ 안에 >, =, <를 알맞게 써넣으시오.

4 L 600 mL ○ 4060 mL

서술형

07 지민이는 단위를 잘못 사용했습니다. 바르게 고쳐 보시오.

08 주전자에 있는 물의 양을 재어 보니 2 L보다 200 mL 더 많았습니다. 주전자에 있는 물은 몇 L 몇 mL입니까?

( )

09 저울과 클립을 사용하여 볼펜, 풀, 색연필의 무게를 알아보았습니다. 가벼운 순서대로 써 보시오.

단위	볼펜	풀	색연필
클립	15개	21개	17개

( )

10 지희네 집에는 간장이 1 L 800 mL 있었는데 요리하는 데 사용하고 600 mL가 남았습니다. 요리하는 데 사용한 간장은 몇 L 몇 mL입니까?

( )

창의·융합

11 소금이 9 kg 500 g 있었는데 물에 녹아서 4 kg 300 g이 남았습니다. 물에 녹은 소금의 무게는 몇 kg 몇 g입니까?

( )

12 똑같은 물통에 물을 가득 채울 때 각 컵으로 부은 횟수를 나타낸 표입니다. 들이가 많은 컵부터 순서대로 기호를 써 보시오.

컵	가	나	다
부은 횟수(번)	10	7	12

( )

창의·융합

13 라면 2개를 끓이는 데 필요한 물은 모두 몇 L 몇 mL입니까? (단, 라면 2개를 끓이는 데 필요한 물은 1개를 끓이는 데 필요한 물의 2배입니다.)

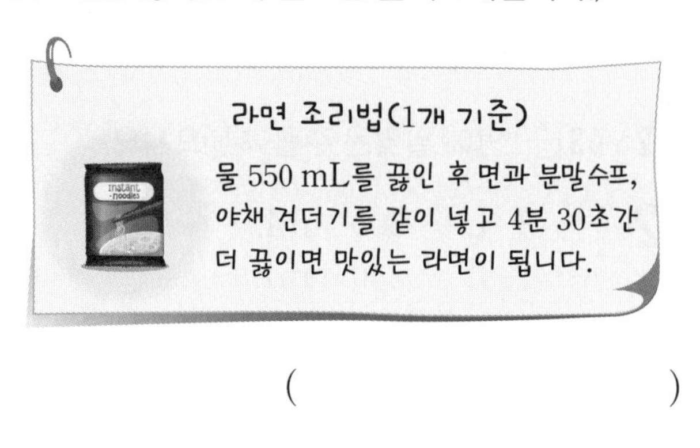

라면 조리법(1개 기준)
물 550 mL를 끓인 후 면과 분말수프, 야채 건더기를 같이 넣고 4분 30초간 더 끓이면 맛있는 라면이 됩니다.

( )

14 들이가 300 mL인 ㉮ 그릇과 500 mL인 ㉯ 그릇을 사용하여 수조에 물 100 mL를 담으려고 합니다. □ 안에 알맞은 수를 써넣으시오. (단, 수조의 들이는 1 L입니다.)

㉮ 그릇으로 □번 붓고 ㉯ 그릇으로 1번 덜어 냅니다.

15 수조에 물이 $1\,\mathrm{L}\ 800\,\mathrm{mL}$ 들어 있습니다. 이 수조에 물을 $1\,\mathrm{L}\ 400\,\mathrm{mL}$ 더 넣으면 가득 찹니다. 수조의 들이는 몇 L 몇 mL입니까?

(　　　　　　　　　　)

서술형

16 혜미는 사과와 배의 무게를 다음과 같이 비교했습니다. 옳게 비교했는지 쓰고, 그 이유를 설명하시오.

사과 1개의 무게와 배 1개의 무게는 같아. 사과와 배의 무게가 각각 동전 15개의 무게와 같기 때문이야.

답 ______________________

이유 ______________________

17 재준이가 모은 헌 종이의 무게를 잰 것입니다. 범석이는 헌 종이를 재준이보다 $1\,\mathrm{kg}\ 850\,\mathrm{g}$ 더 많이 모았다면 범석이가 모은 헌 종이의 무게는 몇 kg 몇 g입니까?

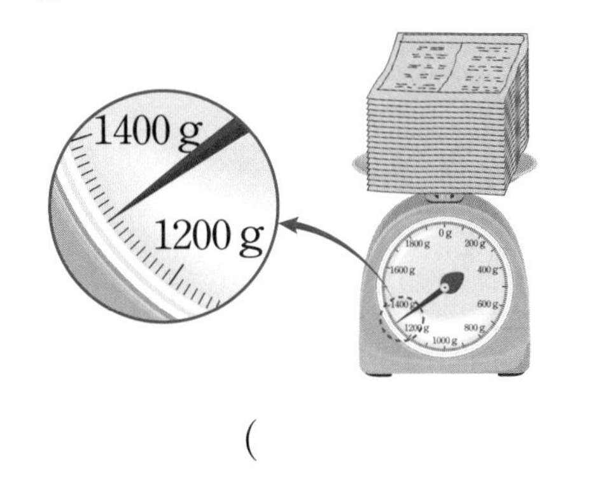

(　　　　　　　　　　)

18 실제 무게가 $5\,\mathrm{kg}$인 물건의 무게를 어림한 것입니다. 실제 무게에 가장 가깝게 어림한 사람은 누구입니까?

이름	어림한 무게	이름	어림한 무게
동건	4 kg	소영	5 kg 500 g
다해	4700 g	동혁	5200 g

(　　　　　　　　　　)

서술형

19 성주는 주스를 $1\,\mathrm{L}\ 340\,\mathrm{mL}$ 마셨고 동생은 성주보다 $450\,\mathrm{mL}$ 더 적게 마셨습니다. 두 사람이 마시기 전에 주스가 $5\,\mathrm{L}$ 있었다면 남은 주스는 몇 L 몇 mL인지 풀이 과정을 쓰고 답을 구하시오.

풀이 ______________________

답 ______________________

20 다음 조건을 만족하는 ㉮의 무게는 몇 kg 몇 g입니까?

㉮＋㉯＋㉰＝27 kg 200 g
㉰＝㉯＋700 g
㉯＋㉯＝18 kg

(　　　　　　　　　　)

5 들이와 무게

6 자료의 정리

2학년 때 배운 그래프 기억나나요? 조사한 수만큼 ○표를 하여 나타내었죠! 그런데 조사한 학생 중 눈썰매를 좋아하는 학생이 75명이나 된다면 이와 같은 그래프로 나타내기에는 좋지 않겠어요. ○표를 75개나 그려야 하니까요.

좋아하는 겨울 놀이별 학생 수

5				
4	○			
3	○	○		
2	○	○		○
1	○	○	○	○
학생 수 (명) / 겨울 놀이	눈썰매	팽이치기	자치기	얼음 낚시

▲ 2학년 때 배운 그래프

이런 고민을 해결해 주는 그래프가 바로 그림그래프랍니다. 크기가 다른 그림 몇 가지를 사용해서 나타내니까, 큰 수를 표현하기 편리하답니다.

좋아하는 겨울 놀이별 학생 수

겨울 놀이	학생 수
눈썰매	
팽이치기	
자치기	
얼음 낚시	

10명
1명

▲ 이번 단원에서 배우게 될 그림그래프

위와 같은 그림그래프는 2학년 때 배운 그래프보다 더 큰 수를 나타낼 수 있고, 한눈에 수를 비교하기 편리하다는 장점도 있습니다.

이미 배운 내용	이번에 배울 내용	앞으로 배울 내용
[2-2 표와 그래프] • 자료를 보고 표로 나타내기 • 표와 그래프의 내용 알아보기 • 표와 그래프로 나타내기	• 표를 보고 내용 알아보기 • 자료를 수집하여 표로 나타내기 • 그림그래프 알아보기 • 그림그래프로 나타내기	[4-1 막대그래프] • 막대그래프 알아보기 • 막대그래프 그리기 • 막대그래프 활용하기

그런데 왜 조사한 내용을 굳이 그래프로 나타내는 것일까요? 그건 자료를 그림그래프로 나타내는 것이 자료를 그대로 두는 것보다 좋은 점이 있기 때문입니다.

실제 생활에서는 더 많고 복잡한 내용을 그래프로 나타내야 하기 때문에 나타내고자 하는 내용이 무엇인지에 따라 다음과 같이 여러 가지 그래프로 나타내기도 한답니다.

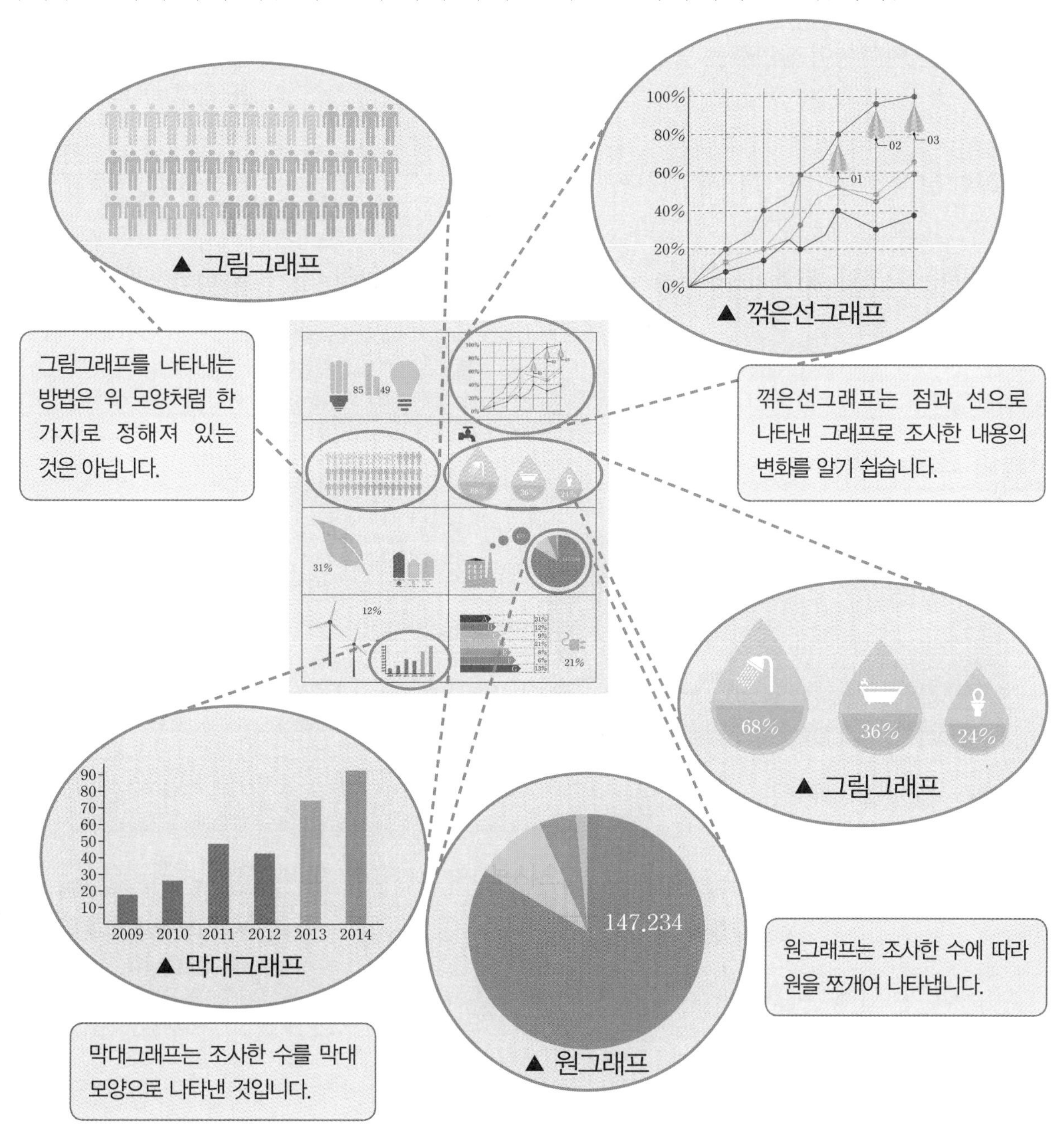

여러 종류의 그래프가 있지만 모두 조사한 내용이 한눈에 쏙 들어온다는 공통점이 있네요!

그럼, 그림그래프에 대해 더 자세히 알아봅시다.

표에서 알 수 있는 내용 알아보기

정답	생각의 방향

연우네 반 남녀 학생들이 좋아하는 음식

음식	자장면	카레	피자	샌드위치	합계
남학생 수(명)	5	3	6	2	16
여학생 수(명)	2	3	5	4	14

1 자장면을 좋아하는 남학생은 5명입니다. (○ , ×)

정답: ○

2 가장 적은 여학생이 좋아하는 음식은 카레입니다. (○ , ×)

정답: ×

좋아하는 여학생 수가 가장 적은 음식을 찾습니다.

3 조사한 남학생은 (16 , 14)명입니다.

정답: 16

표는 조사한 자료의 전체 수를 알기 쉽습니다.

4 가장 많은 학생이 좋아하는 음식은 [ ] 입니다.

정답: 피자

좋아하는 남학생 수와 여학생 수의 합이 가장 많은 음식을 찾습니다.

자료를 표로 나타내기

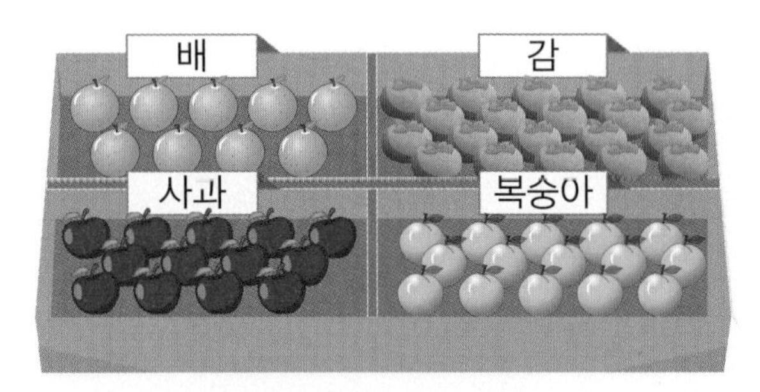

조사한 자료는 항목별 수나 전체 합계를 한눈에 알기 어려우므로 표로 나타내면 편리합니다.

1 사과는 13개입니다. (○ , ×)

정답: ○

2 과일 수를 표로 나타내면 다음과 같습니다.

과일 수

종류	배	감	사과	복숭아	합계
과일 수(개)	9	20			

정답: 13, 15, 57

자료를 보고 항목별로 수를 세어 써넣고, 전체 합을 구하여 합계를 써넣습니다.

3 가장 많은 과일은 [ ] 입니다.

정답: 감

표로 나타내면 항목별로 수가 얼마나 더 많은지 알기 쉽습니다.

그림그래프 알아보기

정답

생각의 방향

마을별 소의 수

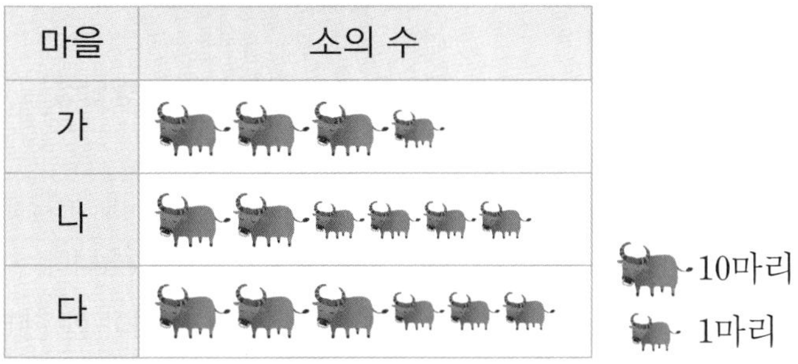

마을	소의 수
가	
나	
다	

10마리
1마리

그림그래프: 알려고 하는 수(조사한 수)를 그림으로 나타낸 그래프

❶ 그림 은 10마리, 은 1마리를 나타냅니다. (○ , ×)

○

• 그림그래프의 수량 비교
① 큰 그림의 수가 많을수록 수량이 많습니다.
② 큰 그림의 수가 같으면 작은 그림의 수가 많을수록 수량이 많습니다.

❷ 가 마을의 소는 13마리입니다. (○ , ×)

×

❸ 소가 가장 많은 마을은 ☐ 마을입니다.

다

그림그래프로 나타내기

반별 우유를 마시는 학생 수

반	1반	2반	3반	4반	합계
학생 수(명)	21	25	17	23	86

• 표는 그림을 일일이 세지 않아도 되지만 각각의 자료를 서로 비교하기 불편합니다.

• 그림그래프는 한눈에 비교하기 쉽습니다.

반별 우유를 마시는 학생 수

반	학생 수
1반	
2반	
3반	
4반	

10명
1명

• 그림그래프 그리는 방법
① 그림을 몇 가지로 나타낼 것인지 정합니다.
② 어떤 그림으로 나타낼 것인지 정합니다.
③ 조사한 수에 맞도록 그림을 그립니다.

❶ 그림그래프에서 3반에 들어갈 그림은 입니다. (○ , ×)

○

❷ 그림그래프에서 4반에 들어갈 그림은 (,)입니다.

왼쪽 그림

6 자료의 정리

비법 ① 자료를 표로 나타내기

• 유리네 반 학생들이 좋아하는 과일을 조사한 것을 보고 표로 나타내기

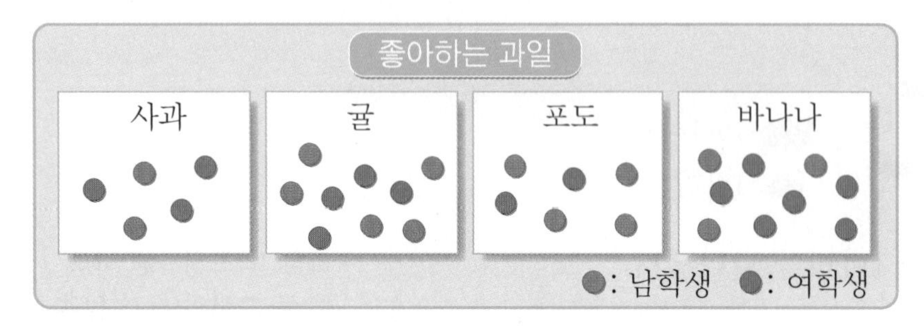

조사 항목의 수에 맞게 칸 나누기 ⇨ 조사 내용에 맞게 빈칸 채우기

좋아하는 과일별 학생 수

과일	사과	귤	포도	바나나	합계
남학생 수(명)	2	⑤	4	3	14
여학생 수(명)	3	4	2	⑥	15

가장 많은 남학생이 좋아하는 과일

가장 많은 여학생이 좋아하는 과일

비법 ② 어떤 것을 선택할지 알아보기

• 민규네 학교 3학년 학생들이 가고 싶은 현장 체험 학습 장소가 다음과 같을 때 어디로 가면 좋을지 고르기

현장 체험 학습으로 가고 싶은 장소

장소	학생 수
박물관	☺☺☺☺☺☺☺
과학관	☺☺☺☺☺☺☺☺☺☺☺
고궁	☺☺☺☺☺☺☺☺

☺ 10명 ☺ 1명

① 장소별로 가고 싶은 학생 수를 알아봅니다.

⇨ 박물관 34명, 과학관 47명, 고궁 35명

② 현장 체험 학습 장소를 선택합니다.

⇨ 예 과학관이 47명으로 가장 많으므로 과학관으로 가면 좋을 것 같습니다.

교·과·서 개념

• 각 자료 수집 방법의 장단점

① 직접 손들기

장점	짧은 시간에 자료를 수집할 수 있습니다.
단점	모든 학생이 한 번에 참여해야 합니다.

② 붙임딱지 붙이기

장점	붙임딱지판만 준비되면 언제든지 조사할 수 있고 증거 자료가 남습니다.
단점	붙임딱지판을 미리 만들어야 하고 조사 시간이 오래 걸리며 참여가 많지 않을 수 있습니다.

• 조사한 것과 표 비교하기

조사한 것	하나씩 조사하여 나타낸 것으로 정리가 되어 있지 않습니다.
표	항목별로 자료값이 얼마나 더 많은지 쉽게 알 수 있습니다.

• 그림그래프: 알려고 하는 수(조사한 수)를 그림으로 나타낸 그래프

• 가장 많은 학생이 가고 싶은 체험 학습 장소를 선택하지 않더라도 타당한 이유를 제시하면 됩니다.

비법 ③ 그림그래프를 3가지 그림으로 나타내기

• 과수원별 사과 생산량이 다음과 같을 때 3가지 그림으로 하여 그림그래프 나타내기 — 큰 그림, 중간 그림, 작은 그림이 나타내는 단위에 주의하여 그림그래프를 그립니다.

과수원별 사과 생산량

과수원	믿음	희망	별빛	합계
생산량(상자)	290	320	360	970

⇨ 100상자, 50상자, 1상자를 단위로 하여 그림그래프로 나타내면 다음과 같습니다.

과수원별 사과 생산량

과수원	사과 생산량
믿음	🍎🍎(50)(10)(10)(10)(10)
희망	🍎🍎🍎(10)(10)
별빛	🍎🍎🍎(50)(10)

단위가 3개: 100상자, 50상자, 10상자

비법 ④ 표와 그림그래프 완성하기

• 어느 공원에 있는 종류별 나무 수를 나타낸 표와 그림그래프가 다음과 같을 때 각각 완성하기

종류별 나무 수

종류	은행나무	단풍나무	소나무	합계
나무 수(그루)	39	① 27	43	109

(합계)=39+27+43
=109(그루)

종류별 나무 수

종류	나무 수
은행나무	10그루 3개, 1그루 9개
단풍나무	10그루 2개, 1그루 7개
소나무	10그루 4개, 1그루 3개

10그루, 1그루

① 그림그래프에서 단풍나무는 27그루입니다.

② 은행나무: 39그루 ⇨ (10그루) 3개, (1그루) 9개

소나무: 43그루 ⇨ (10그루) 4개, (1그루) 3개

교·과·서 개 념

• 왼쪽 그림그래프를 2가지 그림으로 나타내면 다음과 같습니다.

과수원별 사과 생산량

과수원	사과 생산량
믿음	100상자 2개, 10상자 9개
희망	100상자 3개, 10상자 2개
별빛	100상자 3개, 10상자 6개

100상자 10상자

⇨ 그림그래프를 2가지 그림으로 그리는 것보다 3가지 그림으로 그리는 것이 더 간단하게 나타낼 수 있습니다.

• 그림그래프에 나타낸 그림을 보고 표에 알맞은 수를 써넣고, 표에 나타낸 수를 보고 그림그래프에 그림을 알맞게 그려 넣습니다.

• **표와 그림그래프 비교하기**

표	• 그림을 일일이 세지 않아도 됩니다. • 조사한 양의 크기를 바로 알 수 있습니다. • 각각의 자료를 서로 비교하기 불편합니다.
그림그래프	• 한눈에 비교가 됩니다. • 어느 정도 많은지 쉽게 비교가 됩니다.

6 자료의 정리

STEP 1 기본 유형 익히기

1 표에서 알 수 있는 내용 알아보기

좋아하는 색깔

색깔	빨간색	노란색	파란색	합계
학생 수(명)	7	5	3	15

① 가장 많은 학생이 좋아하는 색깔은 빨간색입니다.
② 노란색을 좋아하는 학생은 파란색을 좋아하는 학생보다 2명 더 많습니다.

[1-1~1-3] 시우네 반 학생들이 좋아하는 꽃을 조사하여 표로 나타내었습니다. 물음에 답하시오.

좋아하는 꽃

꽃	장미	민들레	제비꽃	튤립	합계
학생 수(명)		10	5	6	30

1-1 장미를 좋아하는 학생은 몇 명입니까?

( )

1-2 민들레를 좋아하는 학생 수는 제비꽃을 좋아하는 학생 수의 몇 배입니까?

( )

1-3 좋아하는 학생 수가 많은 꽃부터 순서대로 써 보시오.

( )

[1-4~1-5] 혜주네 반 학생들이 좋아하는 운동을 조사하여 표로 나타내었습니다. 물음에 답하시오.

좋아하는 운동

운동	축구	농구	피구	야구	합계
남학생 수(명)	6	4	1	3	14
여학생 수(명)	2	5	7	2	16

1-4 가장 많은 남학생이 좋아하는 운동은 무엇입니까?

( )

1-5 좋아하는 남학생 수와 여학생 수의 차가 가장 큰 운동은 무엇입니까?

( )

서술형

1-6 민재네 반과 정아네 반 학생들이 좋아하는 간식을 조사하였습니다. 학생들을 위해 간식을 준비한다면 어떤 것을 준비하면 좋을지 고르고, 그 이유를 써 보시오.

좋아하는 간식

간식	김밥	떡볶이	햄버거	만두	합계
민재네 반 학생 수(명)	4	9	7	5	25
정아네 반 학생 수(명)	8	10	3	6	27

간식 ______

이유 ______

정답은 48쪽에

2 자료를 표로 나타내기

〈자료를 수집하여 표로 나타내기〉
① 조사할 내용과 자료 수집 방법을 정합니다.
② 자료를 수집합니다.
③ 수집한 자료를 정리하여 표로 나타냅니다.

창의·융합

[2-1~2-2] 지윤이는 주변에 있는 여러 가지 물체들을 모았습니다. 물음에 답하시오.

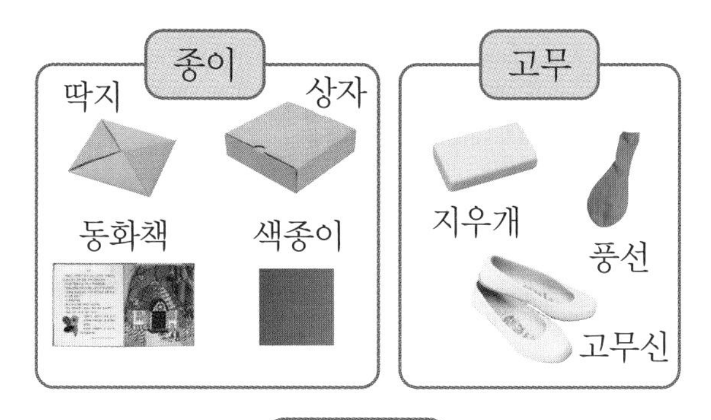

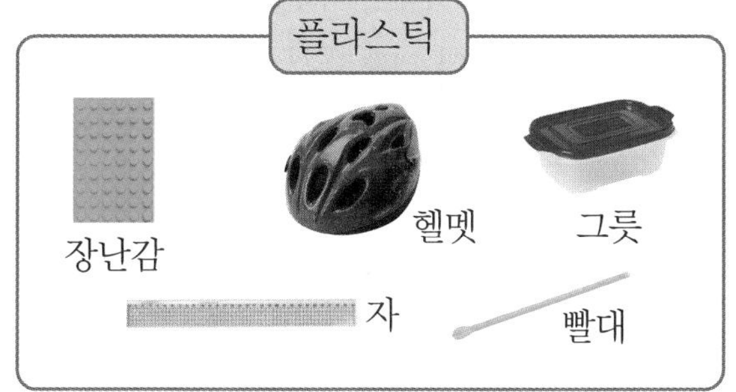

2-1 물체를 이루고 있는 물질별로 수를 세어 표로 나타내어 보시오.

물체를 이루고 있는 물질별 개수

물질	종이	고무	플라스틱	합계
개수(개)				

2-2 어떤 물질로 이루어진 물체가 가장 많습니까?

( )

[2-3~2-5] 연주네 반 학생들이 좋아하는 동물을 조사하였습니다. 물음에 답하시오.

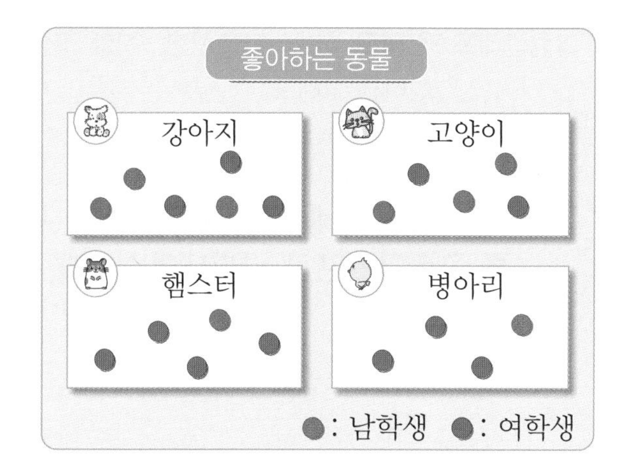

2-3 고양이를 좋아하는 학생은 몇 명입니까?

( )

2-4 조사한 자료를 보고 표로 나타내어 보시오.

좋아하는 동물

동물	강아지	고양이	햄스터	병아리	합계
남학생 수(명)					
여학생 수(명)					

2-5 좋아하는 남학생 수와 여학생 수가 같은 동물은 무엇입니까?

( )

6 자료의 정리

2-4 조사한 자료를 표로 나타낼 때 파란색은 남학생, 빨간색은 여학생을 나타내므로 각 항목별로 남학생 수와 여학생 수를 각각 세어 나타내어야 합니다.

3 그림그래프 알아보기

그림그래프: 알려고 하는 수(조사한 수)를 그림으로 나타낸 그래프

[3-1~3-3] 윤아네 학교 3학년 반별 학생 수를 그림그래프로 나타내었습니다. 물음에 답하시오.

반별 학생 수

반	학생 수
1반	(큰 그림 2개, 작은 그림 8개)
2반	(큰 그림 3개, 작은 그림 4개)
3반	(큰 그림 3개)

(큰 그림) 10명 (작은 그림) 1명

3-1 그림 (큰 그림)과 (작은 그림)은 각각 몇 명을 나타냅니까?

(큰 그림) (　　　　　　)
(작은 그림) (　　　　　　)

3-2 2반은 몇 명입니까?

(　　　　　　)

서술형

3-3 학생 수가 가장 적은 반은 몇 반인지 풀이 과정을 쓰고 답을 구하시오.

풀이 ______________________

답 ______________

[3-4~3-6] 어느 가게의 음료수 판매량을 그림그래프로 나타내었습니다. 물음에 답하시오.

음료수 판매량

날짜	판매량
16일	(큰 그림 1개, 작은 그림 6개)
17일	(큰 그림 2개, 작은 그림 4개)
18일	(큰 그림 1개, 작은 그림 7개)

(큰 그림) 100개 (작은 그림) 10개

3-4 □ 안에 알맞은 수를 써넣으시오.

> 날씨가 더우면 사람들은 음료수를 많이 마십니다. 따라서 음료수가 가장 많이 팔린 □일에 가장 더웠을 것입니다.

3-5 18일에는 17일보다 음료수가 몇 개 더 적게 팔렸습니까?

(　　　　　　)

서술형

3-6 그림그래프를 보고 알 수 있는 내용을 한 가지만 써 보시오.

____

4 그림그래프로 나타내기

〈표와 그림그래프의 다른 점〉

표	그림그래프
• 그림을 일일이 세지 않아도 됩니다. • 각각의 자료를 서로 비교하기 불편합니다.	• 한눈에 비교가 됩니다. • 어느 정도 많은지 쉽게 비교가 됩니다.

[4-1~4-2] 마을별 병원 수를 조사하여 표로 나타내었습니다. 물음에 답하시오.

마을별 병원 수

마을	가	나	다	라	합계
병원 수(개)	24		22	18	80

4-1 나 마을의 병원은 몇 개입니까?

(　　　　　　　　)

4-2 표를 보고 그림그래프를 완성하시오.

마을별 병원 수

마을	병원 수
가	◎◎●●●●
나	
다	
라	◎●●●●●●●●

◎ 10개 ● 1개

창의·융합

[4-3~4-4] 지선이의 일기를 읽고 물음에 답하시오.

한 달 동안 엄마를 도와 드리며 받은 용돈을 정리하였다. 심부름 값으로 1500원, 설거지를 하여 800원, 빨래를 개어 2000원, 동생을 돌봐서 1300원을 받았다. 종류별로 받은 용돈을 쉽게 비교하는 방법은 없을까? 오늘 수학 시간에 배운 표와 그림그래프로 나타내어 봐야겠다.

4-3 한 달 동안 지선이가 받은 용돈을 표로 나타내어 보시오.

지선이가 받은 용돈

종류	심부름	설거지	빨래 갬.	동생 돌봄.	합계
금액(원)					

4-4 4-3의 표를 보고 그림그래프를 완성하시오.

지선이가 받은 용돈

종류	금액
심부름	▭○○○○○
설거지	
빨래 갬.	
동생 돌봄.	

▭ 1000원 ○ 100원

해결의 창

• 그림그래프의 수량 비교
그림그래프에서 큰 그림의 수가 많을수록 수량이 많고, 큰 그림의 수가 같으면 작은 그림의 수가 많을수록 수량이 많습니다.

STEP 2 응용 유형 익히기

응용 1 표에서 알 수 있는 내용 쓰기

준희네 반 학생들이 좋아하는 과목을 조사하여 표로 나타내었습니다. (1)빈칸에 알맞은 수를 써넣고, / (2)표를 보고 알 수 있는 내용을 한 가지만 써 보시오.

좋아하는 과목별 학생 수

(1)

과목	국어	수학	사회	과학	합계
학생 수(명)		8	6	4	25

(1) 표에서 합계를 이용하여 국어를 좋아하는 학생 수를 구해 봅니다.

(2) 각 자료를 비교하여 알 수 있는 내용을 한 가지만 써 봅니다.

예제 1-1

승우네 반 학급문고에 있는 종류별 책 수를 조사하여 표로 나타내었습니다. 빈칸에 알맞은 수를 써넣고, 표를 보고 알 수 있는 내용을 한 가지만 써 보시오.

종류별 책 수

종류	동화책	과학책	시집	위인전	합계
책 수(권)	34	29	13		115

예제 1-2

초등학교별 학생 수를 조사하여 표로 나타내었습니다. 빈칸에 알맞은 수를 써넣고, 표를 보고 알 수 있는 내용을 한 가지만 써 보시오.

초등학교별 학생 수

초등학교	지혜	꽃잎	사랑	기쁨	합계
남학생 수(명)	298	275		257	1079
여학생 수(명)	305		232	260	1064

응용 2 자료를 표로 나타내기

현준이네 반 학생들이 좋아하는 사탕 맛을 조사하였습니다. (1)조사한 자료를 보고 표로 나타내고 / (2)좋아하는 남학생 수와 여학생 수의 차가 가장 큰 사탕 맛은 무엇인지 구하시오.

(1)

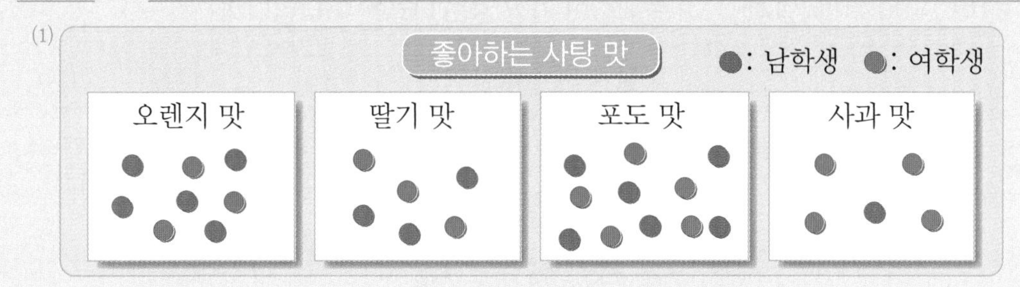

좋아하는 사탕 맛별 학생 수

맛	오렌지 맛	딸기 맛	포도 맛	사과 맛	합계
남학생 수(명)					
여학생 수(명)					

( )

해결의 법칙

(1) 조사한 자료를 보고 사탕 맛별로 남학생 수와 여학생 수를 각각 세어 표로 나타내어 봅니다.

(2) 사탕 맛별로 좋아하는 남학생 수와 여학생 수의 차를 각각 구하여 차가 가장 큰 사탕 맛이 무엇인지 알아봅니다.

예제 2-1 1반과 2반 학생들이 좋아하는 운동을 조사하였습니다. 조사한 자료를 보고 표로 나타내고 좋아하는 1반 학생 수와 2반 학생 수의 차가 가장 작은 운동은 무엇인지 구하시오.

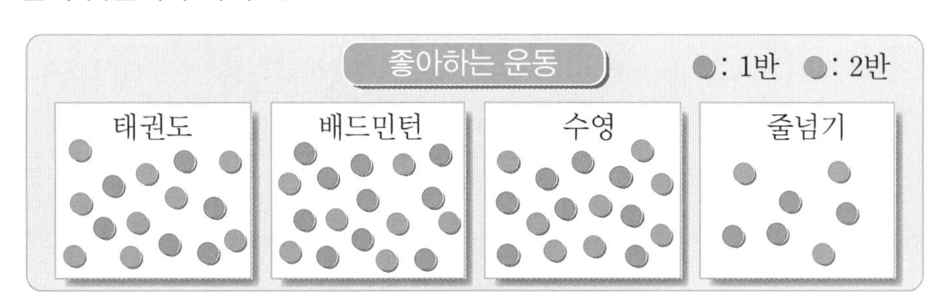

좋아하는 운동별 학생 수

운동	태권도	배드민턴	수영	줄넘기	합계
1반 학생 수(명)					
2반 학생 수(명)					

( )

STEP 2 응용 유형 익히기

응용 3 그림그래프 알아보기

현서네 고장의 마을별 벼 수확량을 조사하여 그림그래프로 나타내었습니다. (2)전체 수확량이 1490가마니일 때, (3)벼 수확량이 가장 많은 마을은 어디입니까?

마을별 벼 수확량

(1)

마을	벼 수확량
가	
나	
다	
라	

100가마니

10가마니

(　　　　　　　　　　)

(1) 가, 나, 다 마을의 벼 수확량은 모두 몇 가마니인지 구해 봅니다.

(2) 라 마을의 벼 수확량은 몇 가마니인지 구해 봅니다.

(3) 마을별 벼 수확량을 비교해 봅니다.

예제 3-1 연주와 친구들이 한 달 동안 마신 물의 양을 조사하여 그림그래프로 나타내었습니다. 마신 물의 전체 양이 160 L일 때 물을 가장 적게 마신 사람은 누구입니까?

한 달 동안 마신 물의 양

이름	마신 물의 양
연주	
주민	
경수	
민혁	
태영	

10 L

1 L

(　　　　　　　　　　)

응용 4 그림그래프 그리기

준수네 고장의 마을별 키위 수확량을 조사하여 그림그래프로 나타내었습니다. [(1), (2)]준수네 고장의 전체 키위 수확량은 1200상자이고 햇살 마을의 키위 수확량은 바람 마을보다 20상자 더 많습니다. / [(3)]그림그래프를 완성하시오.

마을별 키위 수확량

(1), (2)

마을	키위 수확량
바람	○○○●●●●
햇살	
별빛	○○
구름	

○ 100상자
● 10상자

(1) 바람 마을의 수확량을 이용하여 햇살 마을의 키위 수확량을 구해 봅니다.

(2) 준수네 고장의 전체 키위 수확량과 각 마을의 키위 수확량을 이용하여 구름 마을의 키위 수확량을 구해 봅니다.

(3) 그림그래프를 완성해 봅니다.

예제 4-1 초등학교별 운동장에 있는 나무 수를 조사하여 그림그래프로 나타내었습니다. 전체 나무 수는 100그루이고, 희망 초등학교의 나무 수는 사랑 초등학교의 2배입니다. 그림그래프를 완성하시오.

초등학교별 나무 수

초등학교	나무 수
파도	○○●●●●●
한솔	○○●●
가람	○○●●●
희망	
사랑	

○ 10그루
● 1그루

응용 5 그림그래프를 3가지 그림으로 나타내기

준호네 마을의 목장에서 일주일 동안 생산한 우유의 양을 조사하여 표로 나타내었습니다. (1), (2) 표를 보고 그림그래프를 두 가지 방법으로 나타내어 보시오.

목장별 우유 생산량

목장	가	나	다	합계
생산량(kg)	24	46	28	98

목장별 우유 생산량

목장	우유 생산량
가	◯◯●●●●
나	
다	

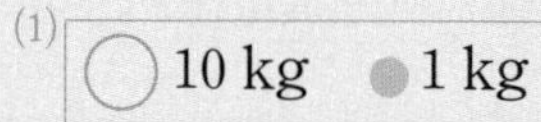
(1) ◯ 10 kg ● 1 kg

목장별 우유 생산량

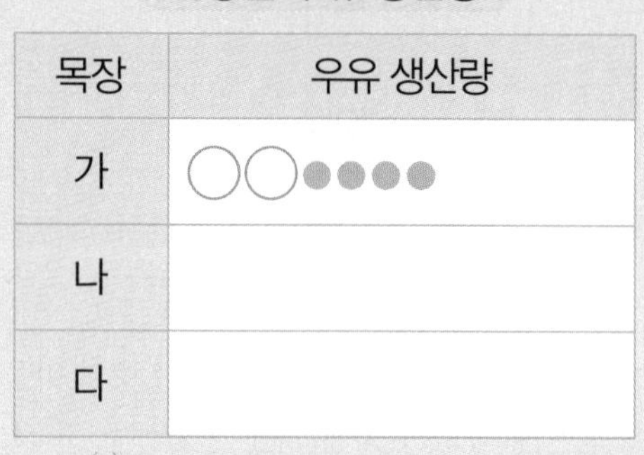

목장	우유 생산량
가	◯◯●●●●
나	
다	

(2) ◯ 10 kg ◎ 5 kg ● 1 kg

(1) 10 kg 그림, 1 kg 그림으로 나타내는 그림그래프로 나타내어 봅니다.

(2) 10 kg 그림, 5 kg 그림, 1 kg 그림으로 나타내는 그림그래프로 나타내어 봅니다.

예제 5-1

그림그래프를 3가지 그림으로 나타내면 어떤 점이 좋아?

2가지 그림으로 나타낸 것보다 그림이 줄어서 더 간단하게 나타낼 수 있어.

수민이네 학교의 도서실에서 빌려간 책 수를 조사하여 표로 나타내었습니다. 표를 보고 그림그래프를 두 가지 방법으로 나타내어 보시오.

빌려간 책 수

월	3월	4월	5월	합계
책 수(권)	19	36	23	78

빌려간 책 수

월	책 수
3월	
4월	
5월	

◯ 10권 ● 1권

빌려간 책 수

월	책 수
3월	
4월	
5월	

◯ 10권 ◎ 5권 ● 1권

응용 6 표와 그림그래프 완성하기

제과점별로 판매한 빵의 수를 조사하여 표와 그림그래프로 나타내었습니다. (1), (2)표와 그림그래프를 완성하시오.

판매한 빵의 수

제과점	희망	우리	다정	합계
빵의 수(개)	36		53	

판매한 빵의 수

제과점	빵의 수
희망	
(1) 우리	◯◯◯◯●●●●●
다정	

◯ 10개
● 1개

(1) 그림그래프에서 우리 제과점의 빵의 수를 나타낸 그림을 보고 표를 완성해 봅니다.

(2) 완성한 표를 보고 그림그래프를 완성해 봅니다.

예제 6-1 마을별 학생 수를 조사하여 나타낸 표와 그림그래프입니다. 표와 그림그래프를 완성하고, 학생 수가 가장 많은 마을은 어느 마을인지 써 보시오.

마을별 학생 수

마을	가	나	다	라	합계
학생 수(명)		73	135	106	

마을별 학생 수

마을	학생 수
가	😊😊(50명)😊😊(10명)😊😊😊😊(1명)
나	
다	
라	

😊 50명
😊 10명
😊 1명

( )

STEP 3 응용 유형 뛰어넘기

[01~02] 어느 마트의 달걀 판매량을 조사하여 표로 나타내었습니다. 물음에 답하시오.

달걀 판매량

월	4월	5월	6월	합계
판매량(판)	340		460	1420

표에서 알 수 있는 내용 알아보기

01 5월에는 달걀을 몇 판 팔았습니까?

유사

( )

그림그래프로 나타내기

02 표를 보고 그림그래프로 나타내어 보시오.

유사

달걀 판매량

월	달걀 판매량
4월	
5월	
6월	

100판
10판

서술형 그림그래프 알아보기

03 승원이네 집에서 김장할 때 쓴 배추 수를 그림그래프로 나타내었습니다. 해가 갈수록 승원이네 집의 김장양은 어떻게 변하고 있는지 설명하시오.

유사

김장할 때 쓴 배추 수

연도	배추 수
2014년	
2015년	
2016년	
2017년	

100포기
10포기

설명

유사 표시된 문제의 유사 문제가 제공됩니다.
동영상 표시된 문제의 동영상 특강을 볼 수 있어요.
QR 코드를 찍어 보세요.

그림그래프 알아보기 창의·융합

04 현주네 고장 사람들이 하는 일을 조사하여 그림그래프로 나타내었습니다. 알맞은 말에 ○표 하시오.

유사

현주네 고장 사람들이 하는 일

하는 일	사람 수
벼농사 짓기	☺☺ (작은 그림 2개)
배 조립하기	큰 그림 3개, 작은 그림 3개
고기잡이	큰 그림 2개, 작은 그림 6개

큰 그림: 100명, 작은 그림: 10명

⇨ 현주는 (바다 , 들)이(가) 있는 고장에서 삽니다.

[05~06] 현수네 반 학생들이 사는 마을을 조사하였습니다. 물음에 답하시오.

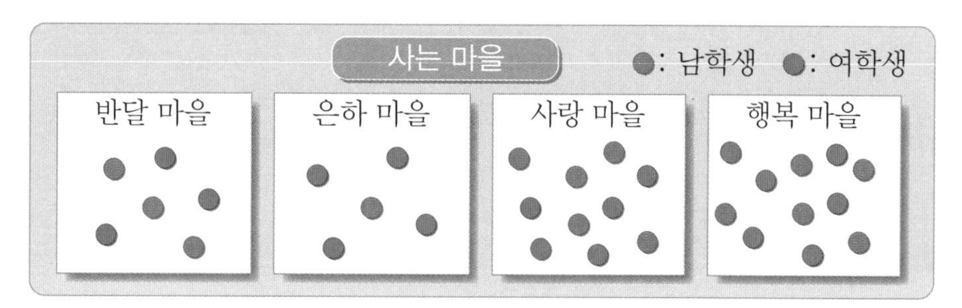

자료를 표로 나타내기

05 조사한 자료를 보고 표로 나타내어 보시오.

유사 동영상

사는 마을별 학생 수

마을	반달	은하	사랑	행복	합계
남학생 수(명)					
여학생 수(명)					

서술형 표에서 알 수 있는 내용 알아보기

06 잘못 말한 사람의 이름을 쓰고, 바르게 고쳐 보시오.

유사 동영상

희주: 남학생 수와 여학생 수가 같은 마을은 반달 마을입니다.
정우: 남학생 수와 여학생 수의 차가 가장 큰 마을은 행복 마을입니다.

(　　　　　　　　　　)

바르게 고치기

6 자료의 정리

STEP 3 응용 유형 뛰어넘기

그림그래프 알아보기　창의·융합

07 곤충 박물관에 전시되어 있는 곤충 수를 그림그래프로 나타내었습니다. 그림그래프를 보고 민호의 일기를 완성하시오.

유사　동영상

종류별 곤충 수

종류	곤충 수
잠자리	큰 그림 3, 작은 그림 2
나비	큰 그림 4, 작은 그림 3
벌	큰 그림 2, 작은 그림 5
매미	큰 그림 2, 작은 그림 4

큰 그림: 10마리　작은 그림: 1마리

오늘 곤충 박물관에 다녀왔다. 여러 종류의 곤충들이 전시되어 있었다. [　　] 이/가 [　　] 마리로 가장 많았고, [　　] 이/가 [　　] 마리로 가장 적었다. 같은 종류의 곤충도 다르게 생길 수 있다는 것을 알았다. 재미있는 하루였다.

서술형　그림그래프 알아보기

08 태환이네 학교의 학생 수를 조사하여 그림그래프로 나타내었습니다. 1~3학년은 저학년, 4~6학년은 고학년이라고 합니다. 저학년은 고학년보다 몇 명 더 많은지 풀이 과정을 쓰고 답을 구하시오.

유사　동영상

학년별 학생 수

학년	1	2	3	4	5	6
학생 수	큰 그림 2, 작은 그림 2	큰 그림 3	큰 그림 2, 작은 그림 3	큰 그림 3, 작은 그림 1	큰 그림 2, 작은 그림 5	큰 그림 1, 작은 그림 5

큰 그림: 100명　작은 그림: 10명

(　　　　　　　　)

풀이

유사 표시된 문제의 유사 문제가 제공됩니다.
동영상 표시된 문제의 동영상 특강을 볼 수 있어요.
QR 코드를 찍어 보세요.

그림그래프를 3가지 그림으로 나타내기

09 유사 동영상 어선별로 잡은 물고기 양을 조사하여 표와 그림그래프로 나타내었습니다. 잡은 전체 양이 1270마리일 때, 표와 그림그래프를 완성하시오.

어선별 잡은 물고기 양

어선	가	나	다	라	합계
물고기 양(마리)		380	290		

어선별 잡은 물고기 양

어선	물고기 양
가	○○◎●
나	
다	
라	

○ 100마리
◎ 50마리
● 10마리

그림그래프 알아보기

10 유사 동영상 마을별 가구 수를 조사하여 그림그래프로 나타내었습니다. 가구 수가 가장 많은 마을에서 가구 수가 가장 적은 마을로 6가구가 이사를 갔습니다. 이사를 간 후 가구 수가 많은 마을부터 순서대로 써 보시오.

이사 가기 전 마을별 가구 수

마을	가구 수
가	■■▪▪
나	■■■▪▪▪
다	■▪▪▪▪▪▪▪▪▪
라	■■■▪▪▪▪▪

■ 10가구
▪ 1가구

( )

· 정답은 53쪽에

창의사고력

11 효진이네 학교 학생들의 혈액형을 조사하여 그림그래프로 나타내었습니다. 전체 학생은 모두 930명이고 혈액형이 A형인 학생 수와 O형인 학생 수는 같습니다. A형인 학생의 $\frac{1}{2}$이 여학생일 때 A형인 여학생은 몇 명입니까?

혈액형별 학생 수

혈액형	학생 수
A형	
B형	
O형	
AB형	

100명
10명

( )

창의사고력

12 과수원별 포도 수확량을 조사하여 그림그래프로 나타내었습니다. 오늘 세 과수원의 포도 수확량은 어제보다 15 kg 더 많습니다. 오늘 튼튼 과수원의 포도 수확량을 그림그래프로 나타내어 보시오. (단, 어제는 한 상자에 5 kg씩, 오늘은 한 상자에 7 kg씩 담았습니다.)

어제 과수원별 포도 수확량

과수원	포도 수확량
싱싱	○○○○●●
맛나	○○●●●●●●
튼튼	○○○●●●●

○ 10상자 ● 1상자

오늘 과수원별 포도 수확량

과수원	포도 수확량
싱싱	○○○●●
맛나	○○
튼튼	

○ 10상자 ● 1상자

실력평가 6. 자료의 정리

점수

• 정답은 54~55쪽에

[01~04] 민아네 학교 3학년 학생들이 태어난 계절에 붙임딱지를 1장씩 붙였습니다. 물음에 답하시오.

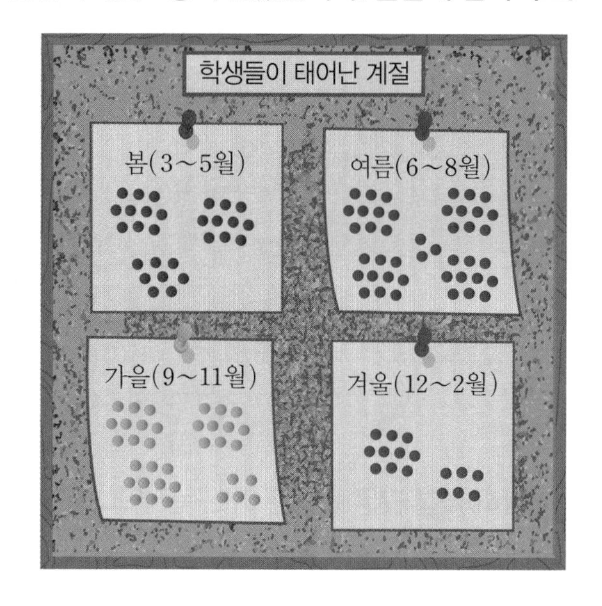

01 봄에 태어난 학생은 몇 명입니까?

( )

02 계절별로 태어난 학생 수를 표로 나타내어 보시오.

계절별 태어난 학생 수

계절	봄	여름	가을	겨울	합계
학생 수(명)					

03 조사한 학생은 모두 몇 명입니까?

( )

04 가장 많은 학생이 태어난 계절은 언제입니까?

( )

[05~08] 올해 어느 아이스크림 가게의 아이스크림 판매량을 조사하여 표로 나타내었습니다. 물음에 답하시오.

아이스크림 판매량

월	6월	7월	8월	9월	합계
판매량(개)	80		150	120	460

05 7월의 아이스크림 판매량은 몇 개입니까?

( )

06 표를 보고 그림그래프로 나타내어 보시오.

아이스크림 판매량

월	판매량
6월	
7월	
8월	
9월	

◯ 100개 ● 10개

07 내년에는 몇 월에 아이스크림을 가장 많이 준비해 놓으면 좋겠습니까?

( )

서술형

08 위의 07번과 같이 답한 이유를 써 보시오.

이유 ______________________

____

6 자료의 정리

[09~11] 수현이네 고장에서 하루 동안 버스 정류장 ㉮, ㉯, ㉰, ㉱를 지나는 버스 수를 조사하여 표로 나타내었습니다. 물음에 답하시오.

버스 정류장별 버스 수

정류장	㉮	㉯	㉰	㉱	합계
버스 수(대)	180	360	200	50	790

09 표를 보고 그림그래프로 나타내어 보시오.

버스 정류장별 버스 수

정류장	버스 수
㉮	
㉯	
㉰	
㉱	

◎100대 ○10대

서술형

10 버스가 많이 지나는 정류장부터 순서대로 기호를 쓰려고 합니다. 풀이 과정을 쓰고 답을 구하시오.

풀이

답

창의·융합

11 고장의 중심에는 사람들이 가장 많이 모이고, 버스도 가장 많이 다닙니다. 수현이가 사는 고장의 중심에 있는 버스 정류장은 어디입니까?

( )

[12~15] 농장별 기르고 있는 닭의 수를 조사하여 그림그래프로 나타내었습니다. 물음에 답하시오.

농장별 닭의 수

농장	닭의 수
가	10마리 3개, 5마리 1개, 1마리 3개
나	10마리 2개, 5마리 1개, 1마리 1개
다	10마리 3개, 1마리 4개
라	10마리 1개, 5마리 1개, 1마리 2개

10마리 5마리 1마리

12 닭이 가장 많은 농장은 어느 농장입니까?

( )

13 나 농장과 다 농장의 닭의 수의 차는 몇 마리입니까?

( )

서술형

14 닭의 수가 라 농장의 2배인 농장은 어느 농장인지 풀이 과정을 쓰고 답을 구하시오.

풀이

답

서술형

15 12~14를 통해 알 수 있는 내용 외에 그림그래프를 보고 알 수 있는 내용을 1가지 써 보시오.

[16~18] 유림이네 학교 3학년의 반별 학생 수와 휴대전화를 가지고 있는 학생 수를 조사하여 표와 그림그래프로 나타내었습니다. 물음에 답하시오.

반별 학생 수

반	1반	2반	3반	4반	합계
학생 수(명)	32	30	29	31	122

반별 휴대전화를 가지고 있는 학생 수

반	학생 수
1반	
2반	
3반	
4반	

10명 1명

16 반별 휴대전화를 가지고 있는 학생 수를 표로 나타내어 보시오.

반별 휴대전화를 가지고 있는 학생 수

반	1반	2반	3반	4반	합계
학생 수(명)					

17 반별 휴대전화를 가지고 있지 않은 학생 수를 표로 나타내어 보시오.

반별 휴대전화를 가지고 있지 않은 학생 수

반	1반	2반	3반	4반	합계
학생 수(명)					

18 휴대전화를 가지고 있지 않은 학생이 가장 많은 반은 어느 반입니까?

( )

창의·융합

19 지도에 사용된 기호를 세어 표로 나타내어 보시오. 이 고장의 자연환경은 들과 바다 중 무엇입니까?

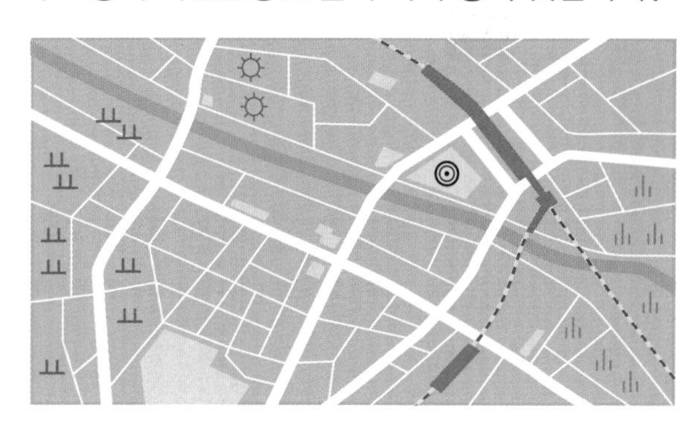

기호별 사용된 개수

기호	논	밭	공장	시청
개수(개)				

( )

20 지후네 학교 3학년 학생들이 가고 싶은 현장 체험 학습 장소를 조사하였습니다. 미술관에 가고 싶은 학생은 식물원에 가고 싶은 학생보다 5명 더 많습니다. 표와 그림그래프를 완성하시오.

가고 싶은 장소별 학생 수

장소	동물원	식물원	미술관	과학관	합계
학생 수(명)	44			46	

가고 싶은 장소별 학생 수

장소	학생 수
동물원	
식물원	
미술관	
과학관	

10명 1명

6 자료의 정리

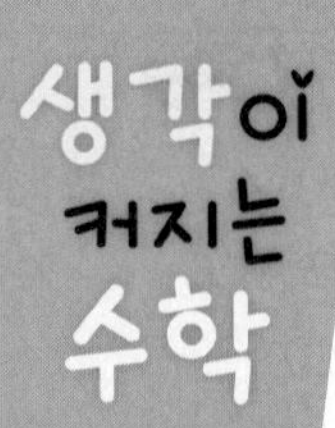

재미있는 그래프

조사한 자료를 점, 직선, 곡선, 막대, 그림 등을 사용하여 나타낸 것을 그래프라고 해요.
자료를 그래프로 나타내면 수량의 크기를 비교하거나 수량이 변화하는 것을 한눈에 알아보기 쉬워요.
그래프에는 어떤 것들이 있을까요?
우리 친구들이 배운 그림그래프 말고도 막대그래프, 꺾은선그래프, 띠그래프, 원그래프 등이 있어요.

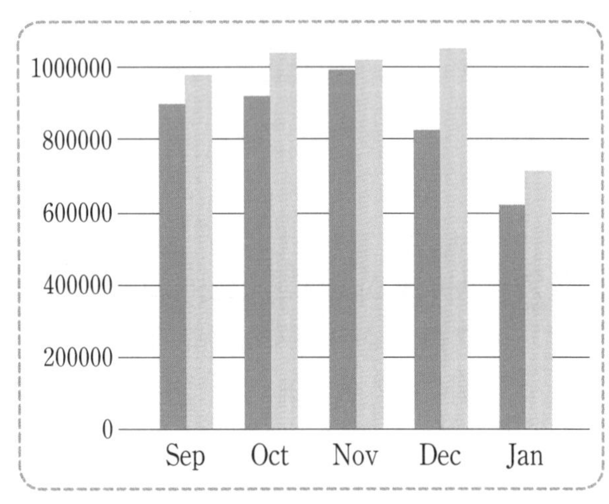

막대그래프
└ 막대 모양으로 나타낸 그래프

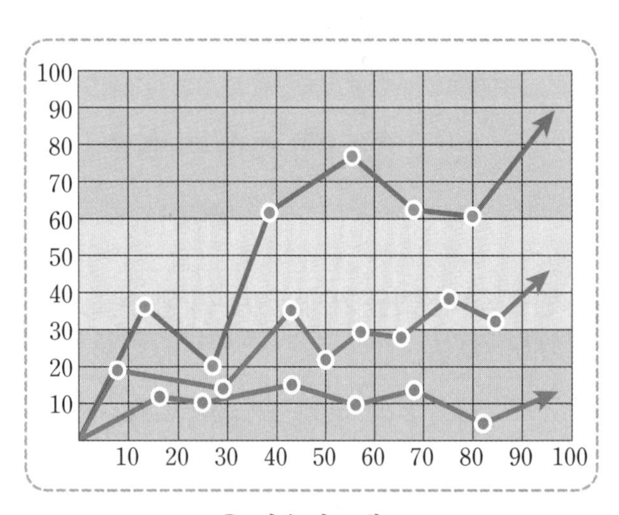

꺾은선그래프
└ 점을 찍어 선분으로 연결한 그래프

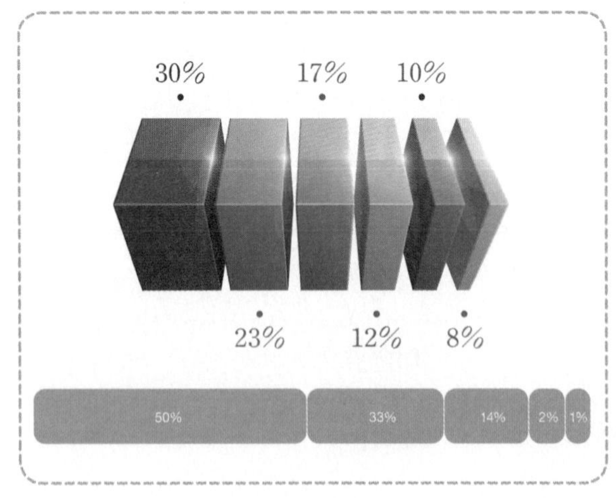

띠그래프
└ 띠 모양으로 나타낸 그래프

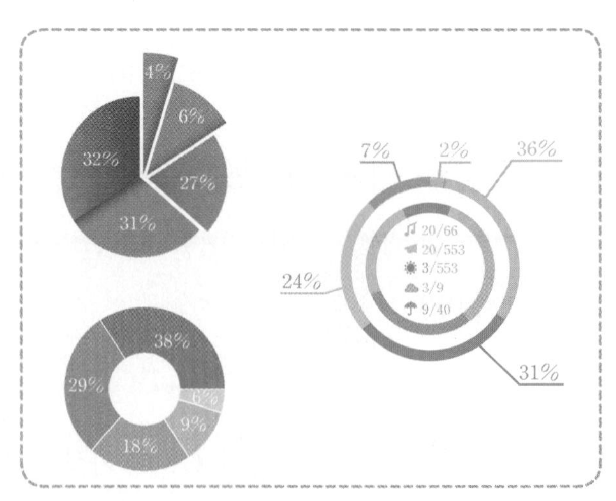

원그래프
└ 원 모양으로 나타낸 그래프

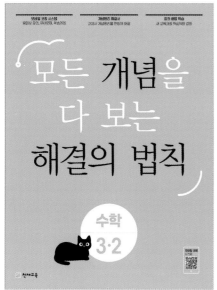

뭘 좋아할지 몰라 다 준비했어♥
전과목 교재

전과목 시리즈 교재

●무등샘 해법시리즈

- 국어/수학	1~6학년, 학기용
- 사회/과학	3~6학년, 학기용
- 봄·여름/가을·겨울	1~2학년, 학기용
- SET(전과목/국수, 국사과)	1~6학년, 학기용

●똑똑한 하루 시리즈

- 똑똑한 하루 독해	예비초~6학년, 총 14권
- 똑똑한 하루 글쓰기	예비초~6학년, 총 14권
- 똑똑한 하루 어휘	예비초~6학년, 총 14권
- 똑똑한 하루 한자	예비초~6학년, 총 14권
- 똑똑한 하루 수학	1~6학년, 학기용
- 똑똑한 하루 계산	예비초~6학년, 총 14권
- 똑똑한 하루 도형	예비초~6학년, 총 8권
- 똑똑한 하루 사고력	1~6학년, 학기용
- 똑똑한 하루 사회/과학	3~6학년, 학기용
- 똑똑한 하루 봄/여름/가을/겨울	1~2학년, 총 8권
- 똑똑한 하루 안전	1~2학년, 총 2권
- 똑똑한 하루 Voca	3~6학년, 학기용
- 똑똑한 하루 Reading	초3~초6, 학기용
- 똑똑한 하루 Grammar	초3~초6, 학기용
- 똑똑한 하루 Phonics	예비초~초등, 총 8권

●독해가 힘이다 시리즈

- 초등 문해력 독해가 힘이다 비문학편	3~6학년
- 초등 수학도 독해가 힘이다	1~6학년, 학기용
- 초등 문해력 독해가 힘이다 문장제수학편	1~6학년, 총 12권

영어 교재

●초등영어 교과서 시리즈

파닉스(1~4단계)	3~6학년, 학년용
영단어(1~4단계)	3~6학년, 학년용
●LOOK BOOK 영단어	3~6학년, 단행본
●원서 읽는 LOOK BOOK 영단어	3~6학년, 단행본

국가수준 시험 대비 교재

●해법 기초학력 진단평가 문제집	2~6학년·중1 신입생, 총 6권

응용 해결의 법칙

꼼꼼 풀이집

수학

3·2

천재교육

응용 해결의 법칙

꼼꼼 풀이집

3·2

3~4학년군 수학❷

꼼꼼 풀이집

1. 곱셈

STEP 1 기본 유형 익히기 14 ~ 17쪽

1-1 (1) 396 (2) 628

1-2

116	880	426
864	336	642

1-3 < **1-4** 369개

2-1

$$\begin{array}{r} {}^{2} \\ 327 \\ \times\ \ 3 \\ \hline 981 \end{array}$$

2-2 20×7에 ○표

2-3 472×5, ㊞ 2300, 2360

2-4 경표 **2-5** 약 1700 m

3-1 2100 **3-2** 3200, 4960

3-3 ㊞ 38×5=190이므로 190에 0을 1개 더 붙여 주지 않아서 잘못되었습니다.

3-4

3-5

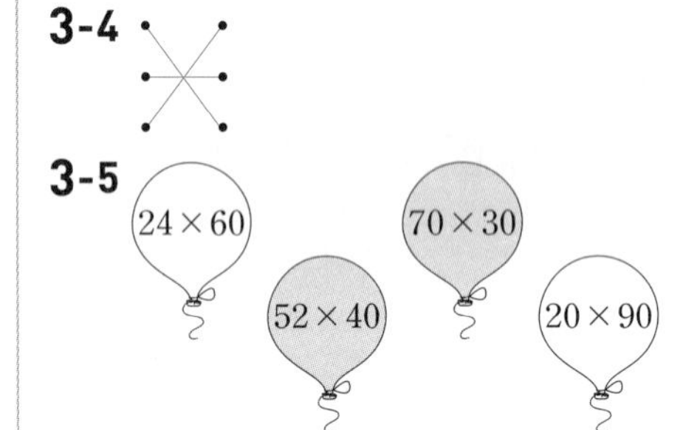

3-6 1320개

4-1 152

4-2 (위에서부터) 108, 270

4-3 ㉠, ㉡, ㉢ **4-4** 96마리

5-1 (1) 656 (2) 1824

5-2

$$\begin{array}{r} 29 \\ \times 63 \\ \hline 87 \\ 174 \\ \hline 1827 \end{array}$$

5-3 ㊞ 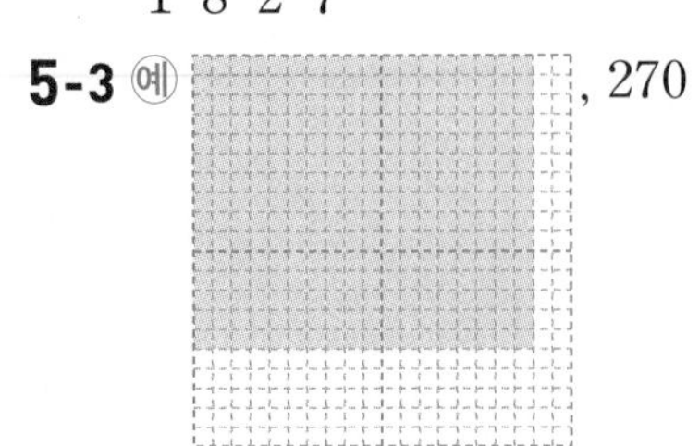 , 270

5-4 1274

5-5 92×25=2300 ; 2300가구

1-1 생각 열기 일의 자리, 십의 자리, 백의 자리 순서로 계산합니다.

(1)
$$\begin{array}{r} 132 \\ \times\ \ 3 \\ \hline \mathbf{396} \end{array}$$

(2)
$$\begin{array}{r} 314 \\ \times\ \ 2 \\ \hline \mathbf{628} \end{array}$$

1-2 112×3=**336**, 213×2=**426**, 432×2=**864**

1-3

$$\begin{array}{r} 202 \\ \times\ \ 4 \\ \hline 808 \end{array} \ \textcircled{<}\ \begin{array}{r} 443 \\ \times\ \ 2 \\ \hline 886 \end{array}$$

1-4 (3일 동안 만드는 의자 수)
=(하루에 만드는 의자 수)×3
=123×3=**369(개)**

2-1 일의 자리에서 올림한 수는 십의 자리 위에 작게 쓰고 십의 자리의 곱에 더합니다.

2-2

$$\begin{array}{r} 521 \\ \times\ \ \ 7 \\ \hline 7 \\ 140 \\ 3500 \\ \hline 3647 \end{array} \begin{array}{l} \\ \\ \\ \cdots\ 1\times7 \\ \cdots\ 20\times7 \\ \cdots\ 500\times7 \\ \\ \end{array}$$

2는 십의 자리이므로 **20×7**=140입니다.

2-3 472+472+472+472+472=**472×5** (5번)
=**2360**

서술형 가이드 덧셈식을 곱셈식으로 나타내고 어림한 값과 바르게 계산한 값을 구해야 합니다.

채점 기준

상	덧셈식을 곱셈식으로 나타내고 어림한 값과 바르게 계산한 값을 각각 구함.
중	덧셈식을 곱셈식으로 나타냈으나 어림한 값과 바르게 계산한 값을 구하지 못함.
하	덧셈식을 곱셈식으로 나타내지 못해 어림한 값과 바르게 계산한 값도 구하지 못함.

참고

■를 ▲번 더하는 덧셈식은 곱셈식 ■×▲로 나타낼 수 있습니다.

⇨ ■+■+ ⋯⋯ +■=■×▲ (▲번)

2-4 생각 열기 경표와 나래가 고른 곱셈식을 각각 계산한 후 크기를 비교해 봅니다.

경표: 632×3=1896, 나래: 914×2=1828

⇨ 1896>1828이므로 **경표**가 계산 결과가 더 큰 곱셈식을 골랐습니다.

2-5 (번개가 친 곳에서 민재가 있는 곳까지의 거리)
$=340\times5=$**1700 (m)**

3-1 $30\times70=$**2100**
$3\times7=21$

참고
• (몇십)×(몇십)의 계산
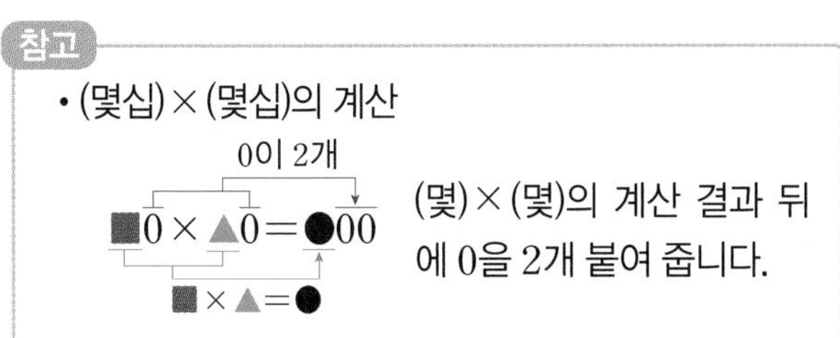

(몇)×(몇)의 계산 결과 뒤에 0을 2개 붙여 줍니다.

3-2 $40\times80=$**3200**, $62\times80=$**4960**
$4\times8=32$ $62\times8=496$

3-3 서술형 가이드 $38\times5=190$ 뒤에 0을 1개 더 붙여 주지 않았다는 내용이 들어 있어야 합니다.

채점 기준

상	계산이 잘못된 이유를 바르게 씀.
중	계산이 잘못된 이유를 썼으나 미흡함.
하	계산이 잘못된 이유를 쓰지 못함.

주의
(몇십몇)×(몇십)의 계산 결과에 0이 항상 1개 있는 것은 아닙니다.
예 $29\times30=870$ (0이 1개)
$12\times50=600$ (0이 2개)
$25\times40=1000$ (0이 3개)

3-4 $80\times30=2400$, $60\times60=3600$, $25\times90=2250$,
$8\times3=24$ $6\times6=36$ $25\times9=225$
$45\times50=2250$, $90\times40=3600$, $40\times60=2400$
$45\times5=225$ $9\times4=36$ $4\times6=24$

3-5 생각 열기 24×60, 52×40, 70×30, 20×90을 각각 계산한 후 계산 결과가 2000보다 큰 것을 모두 찾아봅니다.
$24\times60=1440$, $52\times40=2080$,
$24\times6=144$ $52\times4=208$
$70\times30=2100$, $20\times90=1800$
$7\times3=21$ $2\times9=18$
⇨ 계산 결과가 2000보다 큰 곱셈식은 **52×40**, **70×30**입니다.

3-6 (물자라 수컷 20마리의 등에 붙어 있는 알 수)
=(물자라 수컷 1마리의 등에 붙어 있는 알 수)×20
$=66\times20=$**1320(개)**

4-1
$$\begin{array}{r} 2 \\ \times\ 76 \\ \hline 12 \\ 14 \\ \hline \mathbf{152} \end{array}$$

4-2
$$\begin{array}{r} 6 \\ \times\ 18 \\ \hline 48 \\ 6 \\ \hline \mathbf{108} \end{array} \qquad \begin{array}{r} 6 \\ \times\ 45 \\ \hline 30 \\ 24 \\ \hline \mathbf{270} \end{array}$$

4-3 생각 열기 ㉠, ㉡, ㉢을 각각 구한 후 크기를 비교해 봅니다.
㉠ $\begin{array}{r} 9 \\ \times\ 34 \\ \hline 36 \\ 27 \\ \hline 306 \end{array}$ ㉡ $\begin{array}{r} 3 \\ \times\ 82 \\ \hline 6 \\ 24 \\ \hline 246 \end{array}$ ㉢ $\begin{array}{r} 5 \\ \times\ 27 \\ \hline 35 \\ 10 \\ \hline 135 \end{array}$
⇨ ㉠>㉡>㉢

4-4 (12일 동안 접을 수 있는 종이학 수)
=(하루에 접는 종이학 수)×12
$=8\times12=$**96(마리)**

5-1 (1) $\begin{array}{r} 41 \\ \times\ 16 \\ \hline 246 \\ 41 \\ \hline \mathbf{656} \end{array}$ (2) $\begin{array}{r} 32 \\ \times\ 57 \\ \hline 224 \\ 160 \\ \hline \mathbf{1824} \end{array}$

5-2 29×6은 실제로 29×60이므로 계산 결과를 자릿값의 위치에 맞게 써서 계산합니다.

5-3
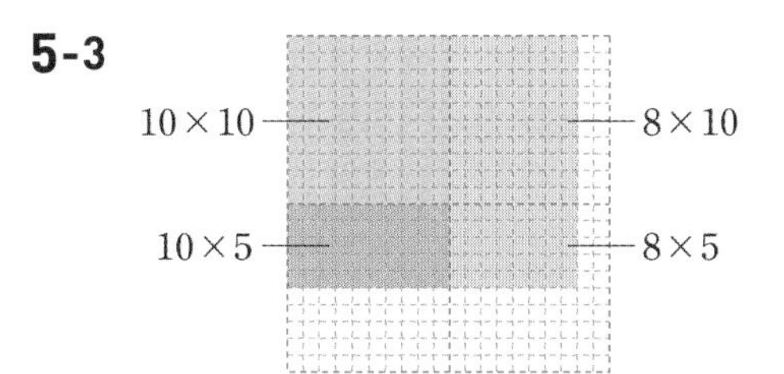

$18\times15=10\times10+8\times10+10\times5+8\times5$
$=100+80+50+40$
$=$**270**

5-4 생각 열기 ㉠과 ㉡을 각각 구한 후 차를 구해 봅니다.

㉠ 74×23: 222, 148, 1702

㉡ 62×48: 496, 248, 2976

⇨ ㉡－㉠＝2976－1702＝**1274**

5-5 (전체 가구 수)
＝(한 동의 가구 수)×(동 수)
＝**92×25＝2300(가구)**

서술형 가이드 알맞은 곱셈식을 쓰고 답을 구해야 합니다.

채점 기준

상	알맞은 곱셈식을 쓰고 답을 바르게 구함.
중	알맞은 곱셈식을 썼으나 답을 구하지 못함.
하	알맞은 곱셈식을 쓰지 못해 답을 구하지 못함.

STEP 2 응용 유형 익히기 18 ~ 25쪽

응용 **1** 508 cm
예제 **1-1** 1554 cm 예제 **1-2** 56 cm
응용 **2** 3350원
예제 **2-1** 5450원 예제 **2-2** 100원
응용 **3** 350개
예제 **3-1** 36송이 예제 **3-2** 518 km
응용 **4** 1, 4
예제 **4-1** (위에서부터) 3, 7
예제 **4-2** 25
응용 **5** 1, 2, 3, 4, 5, 6
예제 **5-1** 8, 9 예제 **5-2** 1, 2, 3, 4, 5
응용 **6** 2219
예제 **6-1** 5280 예제 **6-2** 2447
응용 **7** 242 cm
예제 **7-1** 766 cm 예제 **7-2** 1728 cm
응용 **8** 4501
예제 **8-1** 7668 예제 **8-2** 280

응용 **1** (1) 정사각형은 네 변의 길이가 모두 같으므로 길이가 같은 변이 4개입니다.
(2) (정사각형의 네 변의 길이의 합)
＝(한 변의 길이)×4
＝127×4＝**508 (cm)**

참고
(각 변의 길이가 같은 도형의 모든 변의 길이의 합)
＝(한 변의 길이)×(변의 수)

예제 **1-1** 육각형의 변의 길이가 모두 같으므로 길이가 같은 변은 6개입니다.
⇨ (육각형의 여섯 변의 길이의 합)
＝(한 변의 길이)×6
＝259×6＝**1554 (cm)**

예제 **1-2** 해법 순서
① 삼각형을 만드는 데 사용한 철사의 길이를 구합니다.
② 5 m는 몇 cm인지 구합니다.
③ 삼각형을 만들고 남은 철사의 길이를 구합니다.

(삼각형을 만드는 데 사용한 철사의 길이)
＝(한 변의 길이)×3
＝148×3＝444 (cm)
5 m＝500 cm이므로
(삼각형을 만들고 남은 철사의 길이)
＝(전체 철사의 길이)
－(삼각형을 만드는 데 사용한 철사의 길이)
＝500－444＝**56 (cm)**

참고
1 m＝100 cm이므로 5 m＝500 cm입니다.

응용 **2** (1) (도넛 3개의 값)
＝(도넛 1개의 값)×(도넛 수)
＝650×3＝1950(원)
(2) (우유 2개의 값)
＝(우유 1개의 값)×(우유 수)
＝700×2＝1400(원)
(3) (지효가 산 물건의 값)
＝(도넛 3개의 값)＋(우유 2개의 값)
＝1950＋1400＝**3350(원)**

예제 **2-1** (연필 4자루의 값)
＝(연필 1자루의 값)×(연필 수)
＝800×4＝3200(원)
(지우개 5개의 값)
＝(지우개 1개의 값)×(지우개 수)
＝450×5＝2250(원)
⇨ (민건이가 산 물건의 값)
＝(연필 4자루의 값)＋(지우개 5개의 값)
＝3200＋2250＝**5450(원)**

예제 2-2 해법 순서

① 어른 2명의 입장료를 구합니다.
② 어린이 6명의 입장료를 구합니다.
③ 어른 2명과 어린이 6명의 입장료의 합을 구합니다.
④ 거스름돈은 얼마인지 구합니다.

(어른 2명의 입장료)
$=$(어른 1명의 입장료)$\times$(어른 수)
$=950\times2=1900$(원)
(어린이 6명의 입장료)
$=$(어린이 1명의 입장료)$\times$(어린이 수)
$=500\times6=3000$(원)
(어른 2명과 어린이 6명의 입장료의 합)
$=1900+3000=4900$(원)
⇨ (거스름돈)$=5000-4900=$**100(원)**

응용 3 (1) (사과 수)
$=$(한 상자 안의 사과 수)$\times$(상자 수)
$=20\times40=800$(개)
(2) (배 수)
$=$(한 상자 안의 배 수)$\times$(상자 수)
$=15\times30=450$(개)
(3) (사과 수)$-$(배 수)$=800-450=$**350(개)**

예제 3-1 (장미 수)$=$(한 묶음의 장미 수)$\times$(묶음 수)
$=8\times27=216$(송이)
(백합 수)$=$(한 묶음의 백합 수)$\times$(묶음 수)
$=5\times36=180$(송이)
⇨ (장미 수)$-$(백합 수)$=216-180=$**36(송이)**

예제 3-2 해법 순서

① 한 시간 동안 버스가 배보다 더 멀리 갈 수 있는 거리를 구합니다.
② 14시간 동안 버스가 배보다 더 멀리 갈 수 있는 거리를 구합니다.

한 시간 동안 버스는 배보다 $65-28=37$ (km) 더 멀리 갈 수 있습니다.
따라서 14시간 동안 버스는 배보다 $37\times14=$**518 (km)** 더 멀리 갈 수 있습니다.

다른 풀이
(14시간 동안 버스가 갈 수 있는 거리)
$=65\times14=910$(km)
(14시간 동안 배가 갈 수 있는 거리)
$=28\times14=392$(km)
⇨ $910-392=$**518(km)**

응용 4 (1) $7\times$㉡의 일의 자리가 8이므로 $7\times4=28$에서 ㉡$=$**4**입니다.
(2) 십의 자리 계산에서 200을 올림했으므로 ㉠$\times4+2=6$, ㉠$\times4=4$, ㉠$=$**1**입니다.

예제 4-1

	5	㉠
×	9	0
4	㉡	7	0

• ㉠$\times9$의 일의 자리가 7이므로 $3\times9=27$에서 ㉠$=$**3**입니다.
• $53\times90=4770$에서 ㉡$=$**7**입니다.

예제 4-2 • $9\times$㉡의 일의 자리가 4이므로 $9\times6=54$에서 ㉡$=6$입니다.
• ㉠$9\times6=234$에서 ㉠$\times6+5=23$, ㉠$\times6=18$, ㉠$=3$입니다.
• $39\times7=273$에서 ㉢$=7$입니다.
• $234+2730=2964$에서 ㉣$=9$입니다.
⇨ ㉠$+$㉡$+$㉢$+$㉣$=3+6+7+9=$**25**

응용 5 (1) $48\times60=2880<3000$
$48\times70=3360>3000$
(2) □ 안에 들어갈 수 있는 수는 6과 같거나 6보다 작은 수이므로 **1, 2, 3, 4, 5, 6**입니다.

예제 5-1 생각 열기 $63\times$□0의 계산 결과가 5000에 가까운 경우를 찾아봅니다.
$63\times70=4410<5000$
$63\times80=5040>5000$
⇨ □ 안에 들어갈 수 있는 수는 8과 같거나 8보다 큰 수이므로 **8, 9**입니다.

예제 5-2 생각 열기 70×26을 먼저 계산해 봅니다.
$70\times26=1820$
$50\times32=1600<1820$
$60\times32=1920>1820$
⇨ □ 안에 들어갈 수 있는 수는 5와 같거나 5보다 작은 수이므로 **1, 2, 3, 4, 5**입니다.

응용 6 (1) 어떤 수를 □라 하면
□$+7=324$, $324-7=$□, □$=317$입니다.
(2) 바른 계산: $317\times7=$**2219**

예제 6-1 어떤 수를 □라 하면
□$-60=28$, $28+60=$□, □$=88$입니다.
⇨ 바른 계산: $88\times60=$**5280**

예제 **6-2** 해법 순서

① 잘못 계산한 식을 세워 어떤 수를 구합니다.
② 바르게 계산한 값을 구합니다.
③ 바르게 계산한 값과 잘못 계산한 값의 차를 구합니다.

어떤 수를 □라 하면
49+□=101, 101−49=□, □=52입니다.
바른 계산: 49×52=2548
⇨ 바르게 계산한 값과 잘못 계산한 값의 차:
2548−101=**2447**

응용 **7** (1) (길이가 10 cm인 색 테이프 30장의 길이)
=10×30=300 (cm)
(2) 겹친 부분은 30−1=29(군데)이므로
(겹친 부분의 길이의 합)=2×29=58 (cm)
(3) (이어 붙인 색 테이프 전체의 길이)
=(길이가 10 cm인 색 테이프 30장의 길이)
−(겹친 부분의 길이의 합)
=300−58=**242 (cm)**

참고
색 테이프 ■장을 일정한 길이만큼씩 겹치도록 한 줄로 길게 이어 붙이면 겹친 부분은 (■−1)군데입니다.

예제 **7-1** (길이가 25 cm인 색 테이프 40장의 길이)
=25×40=1000 (cm)
겹친 부분은 40−1=39(군데)이므로
(겹친 부분의 길이의 합)=6×39=234 (cm)
⇨ (이어 붙인 색 테이프 전체의 길이)
=(길이가 25 cm인 색 테이프 40장의 길이)
−(겹친 부분의 길이의 합)
=1000−234=**766 (cm)**

예제 **7-2** (길이가 64 cm인 색 테이프 32장의 길이)
=64×32=2048 (cm)
겹친 부분은 32군데이므로
(겹친 부분의 길이의 합)=10×32=320 (cm)
⇨ (이어 붙인 색 테이프 전체의 길이)
=(길이가 64 cm인 색 테이프 32장의 길이)
−(겹친 부분의 길이의 합)
=2048−320=**1728 (cm)**

참고
색 테이프 ■장을 일정한 길이만큼씩 겹치도록 원 모양으로 이어 붙이면 겹친 부분은 ■군데입니다.

응용 **8** (1) 가장 큰 수 7을 뺀 나머지 수로 가장 큰 세 자리 수를 만들면 643이므로 643×7=4501입니다.
(2) 가장 큰 수 7을 세 자리 수의 백의 자리, 둘째로 큰 수 6을 한 자리 수로 하면
743×6=4458입니다.
(3) (1), (2)의 결과를 비교하면 곱이 가장 큰 경우는 643×7=**4501**입니다.

예제 **8-1** 가장 큰 수인 9를 한 자리 수로 하고 나머지 수로 가장 큰 세 자리 수를 만들면 852입니다.
⇨ 852×9=**7668**

예제 **8-2** 해법 순서

① 가장 큰 곱을 구합니다.
② 가장 작은 곱을 구합니다.
③ ①과 ②의 차를 구합니다.

• 가장 큰 수인 9를 곱해지는 수로 하고 나머지 수로 더 큰 수를 만들면 42입니다.
⇨ 가장 큰 곱: 9×42=378
• 가장 작은 수인 2를 곱해지는 수로 하고 나머지 수로 더 작은 수를 만들면 49입니다.
⇨ 가장 작은 곱: 2×49=98

따라서 가장 큰 곱과 가장 작은 곱의 차는
378−98=**280**입니다.

STEP 3 응용 유형 뛰어넘기 26 ~ 30쪽

01 437, 3496 **02** 34분
03 1512 **04** 902
05 예 9월은 30일, 10월은 31일까지 있으므로 9월과 10월의 날수를 합하면 30+31=61(일)입니다.
따라서 9월과 10월은 모두 24×61=1464(시간)이므로 □ 안에 알맞은 수는 1464입니다.
; 1464
06 1880킬로칼로리
07 예 (동화책 10권의 쪽수)=76×10=760(쪽)
(지금까지 읽은 쪽수)=76+49=125(쪽)
⇨ (앞으로 더 읽어야 하는 쪽수)
=760−125=635(쪽)
; 635쪽
08 3개 **09** 6상자
10 784개

11 예 1시간=60분이고 60분은 20분의 3배입니다.
(1시간 동안 만들 수 있는 장난감 수)
$=14\times3=42$(개)
(하루 동안 만들 수 있는 장난감 수)
$=42\times8=336$(개)
⇨ (일주일 동안 만들 수 있는 장난감 수)
$=336\times7=2352$(개)
; 2352개

12 3792 **13** 580 km

14 3

01 생각 열기 화살표 방향을 따라 차례로 계산합니다.

```
   2 3        2 5
 × 1 9   ┌─→ 4 3 7
 2 0 7   │  ×    8
 2 3     │  3 4 9 6
 4 3 7 ──┘
```

02 생각 열기 잠실역에서 대림역까지는 몇 정거장인지 구해 봅니다.

잠실역에서 대림역까지는 17정거장이므로 모두 $2\times17=$**34(분)** 걸립니다.

주의
역의 수를 세지 않고 역과 역 사이의 구간 수를 세어야 합니다.

03 해법 순서
① ㉠은 얼마인지 구합니다.
② ㉡은 얼마인지 구합니다.
③ ①과 ②의 곱을 구합니다.

㉠ 10이 5개, 1이 6개인 수는 56입니다.
㉡ 1이 27개인 수는 27입니다.
⇨ ㉠×㉡$=56\times27=$**1512**

04 해법 순서
① 315×6, 46×40, 60×30, 52×19를 각각 계산합니다.
② 계산 결과가 가장 큰 것과 가장 작은 것의 차를 구합니다.

$315\times6=1890$, $46\times40=1840$,
$60\times30=1800$, $52\times19=988$
⇨ $1890>1840>1800>988$이므로 계산 결과가 가장 큰 것은 1890, 가장 작은 것은 988입니다.
따라서 계산 결과가 가장 큰 것과 가장 작은 것의 차는 $1890-988=$**902**입니다.

05 해법 순서
① 9월과 10월의 날수를 알아봅니다.
② 9월과 10월의 시간의 합을 구합니다.

서술형 가이드 9월과 10월의 날수를 알고 24를 곱하는 풀이 과정이 들어 있어야 합니다.

채점 기준

상	9월과 10월의 날수를 알고 24를 곱하는 식을 세워 답을 바르게 구함.
중	9월과 10월의 날수를 알았으나 24를 곱하여 계산하는 과정에서 실수하여 답이 틀림.
하	9월과 10월의 날수를 몰라 답을 구하지 못함.

다른 풀이
9월은 30일까지 있으므로
(9월의 시간)$=24\times30=720$(시간)
10월은 31일까지 있으므로
(10월의 시간)$=24\times31=744$(시간)
⇨ $720+744=1464$(시간)이므로 □ 안에 알맞은 수는 **1464**입니다.

참고
• 각 달의 날수

월	1	2	3	4	5	6	7	8	9	10	11	12
날수(일)	31	28 (29)	31	30	31	30	31	31	30	31	30	31

06 해법 순서
① 곶감 8개의 열량을 구합니다.
② 귤 20개의 열량을 구합니다.
③ ①과 ②에서 구한 열량의 합을 구합니다.

(곶감 8개의 열량)=(곶감 1개의 열량)×8
$=110\times8=880$(킬로칼로리)
(귤 20개의 열량)=(귤 1개의 열량)×20
$=50\times20=1000$(킬로칼로리)
⇨ (찬희네 가족이 먹은 간식의 열량)
=(곶감 8개의 열량)+(귤 20개의 열량)
$=880+1000=$**1880(킬로칼로리)**

07 해법 순서
① 동화책 10권의 쪽수를 구합니다.
② 지금까지 읽은 쪽수를 구합니다.
③ 앞으로 더 읽어야 하는 쪽수를 구합니다.

서술형 가이드 동화책 10권의 쪽수를 구하여 앞으로 더 읽어야 하는 쪽수를 구하는 풀이 과정이 들어 있어야 합니다.

채점 기준

상	동화책 10권의 쪽수를 구하여 앞으로 더 읽어야 하는 쪽수를 바르게 구함.
중	동화책 10권의 쪽수를 구했으나 더 읽어야 하는 쪽수를 구하지 못함.
하	동화책 10권의 쪽수를 구하지 못해 더 읽어야 하는 쪽수를 구하지 못함.

주의

지금까지 읽은 쪽수를 $1+49=50$(쪽)이라고 착각하여 구하지 않도록 주의합니다.

08 생각 열기 64×28을 먼저 계산해 봅니다.

$64\times28=1792$이므로 $294\times\square>1792$입니다.
$294\times6=1764<1792$
$294\times7=2058>1792$
⇨ □ 안에 들어갈 수 있는 수는 7과 같거나 7보다 커야 합니다.
따라서 □ 안에 들어갈 수 있는 수는 7, 8, 9로 모두 **3개**입니다.

09 해법 순서
① 사과 수를 구합니다.
② 키위 수를 구합니다.
③ 키위는 몇 상자인지 구합니다.

(사과 수)=(한 상자 안의 사과 수)×(상자 수)
$=58\times18=1044$(개)
(키위 수)=(사과와 키위 수의 합)−(사과 수)
$=2142-1044=1098$(개)
키위가 들어 있는 상자를 □상자라 하면
$183\times\square=1098$, $183\times6=1098$이므로 $\square=$**6**입니다.

10 해법 순서
① 닭의 수를 구합니다.
② 오리, 칠면조, 닭의 수를 구합니다.
③ 오리, 칠면조, 닭의 다리 수를 구합니다.

(닭의 수)=(칠면조 수)-48
$=160-48=112$(마리)
(오리, 칠면조, 닭의 수)
$=120+160+112=392$(마리)
⇨ (오리, 칠면조, 닭의 다리 수)
=(오리, 칠면조, 닭의 수)×2
$=392\times2=$**784(개)**

11 해법 순서
① 1시간 동안 만들 수 있는 장난감 수를 구합니다.
② 하루 동안 만들 수 있는 장난감 수를 구합니다.
③ 일주일 동안 만들 수 있는 장난감 수를 구합니다.

서술형 가이드 1시간, 하루, 일주일 동안 만들 수 있는 장난감 수를 차례로 구하는 풀이 과정이 들어 있어야 합니다.

채점 기준

상	1시간, 하루, 일주일 동안 만들 수 있는 장난감 수를 차례로 바르게 구함.
중	1시간 동안 만들 수 있는 장난감 수를 구했으나 답을 구하지 못함.
하	1시간 동안 만들 수 있는 장난감 수를 구하지 못해 답을 구하지 못함.

12 해법 순서
① 가장 큰 곱을 구합니다.
② 가장 작은 곱을 구합니다.
③ ①과 ②에서 구한 두 수의 차를 구합니다.

- 곱이 가장 크려면 몇십몇의 십의 자리에 큰 수가 와야 하므로 몇십몇의 십의 자리 수는 7 또는 8입니다.
  $73\times86=6278$, $\underbrace{76\times83=6308}_{\text{가장 큰 곱}}$
- 곱이 가장 작으려면 몇십몇의 십의 자리에 작은 수가 와야 하므로 몇십몇의 십의 자리 수는 3 또는 6입니다.
  $\underbrace{37\times68=2516}_{\text{가장 작은 곱}}$, $38\times67=2546$

따라서 가장 큰 곱과 가장 작은 곱의 차는
$6308-2516=$**3792**입니다.

13 해법 순서
① 비행기로 이동한 시간을 구하여 비행기로 이동한 거리를 구합니다.
② 배로 이동한 시간을 구하여 배로 이동한 거리를 구합니다.
③ 비행기와 배로 이동한 거리의 차를 구합니다.

(비행기로 이동한 시간)
=2시 10분−1시 30분=40분
⇨ (비행기로 이동한 거리)$=160\times4=640$ (km)
(배로 이동한 시간)=3시 30분−3시=30분
⇨ (배로 이동한 거리)$=2\times30=60$ (km)
따라서 비행기와 배로 이동한 거리의 차는
$640-60=$**580 (km)**입니다.

참고
(비행기로 40분 동안 이동한 거리)
=(비행기로 10분 동안 갈 수 있는 거리)×4
(배로 30분 동안 이동한 거리)
=(배로 1분 동안 갈 수 있는 거리)×30

14 생각 열기 ㉠이 ㉡보다 작을 때, ㉠과 ㉡이 될 수 있는 경우를 알아봅니다.
㉠×㉡의 일의 자리가 4이고 ㉠<㉡이므로
㉠=1이면 ㉡=4, ㉠=2이면 ㉡=7,
㉠=3이면 ㉡=8, ㉠=4이면 ㉡=6,
㉠=6이면 ㉡=9입니다.
$111\times4=444$, $222\times7=1554$, $333\times8=2664$, $444\times6=2664$, $666\times9=5994$이므로
㉠=6, ㉡=9입니다.
⇨ ㉡−㉠=9−6=**3**

실력 평가 31 ~ 33쪽

01 (1) 848 (2) 2527
02 1350
03 (선 잇기)
04 40×80에 ○표
05 316, 1896
06
$$\begin{array}{r} 9 \\ \times\ 3\,4 \\ \hline 3\,6 \\ 2\,7\ \\ \hline 3\,0\,6 \end{array}$$
07 (위에서부터) 338, 2940, 546, 1820
08 >
09 $5\times24=120$; 120개
10 (위에서부터) 7, 0
11 7, 8, 9
12 450개
13 130장
14 예 9>6>3>1이므로 만들 수 있는 가장 큰 두 자리 수는 96, 가장 작은 두 자리 수는 13입니다. ⇨ $96\times13=1248$
; 1248
15 3150개
16 560개
17 6272
18 예 어떤 수를 □라 하면 □+42=119, 119−42=□, □=77입니다.
⇨ 바른 계산: $77\times42=3234$
; 3234
19 3678개
20 644 cm

01 생각 열기 일의 자리, 십의 자리, 백의 자리 순서로 올림에 주의하여 계산합니다.
(1)
$$\begin{array}{r} 2\,1\,2 \\ \times\quad 4 \\ \hline \mathbf{8\,4\,8} \end{array}$$
(2)
$$\begin{array}{r} {}^{4}\quad \\ 3\,6\,1 \\ \times\quad 7 \\ \hline \mathbf{2\,5\,2\,7} \end{array}$$

02 $15\times90=$**1350**
$15\times9=135$

03
$$\begin{array}{r} 6 \\ \times\ 6\,3 \\ \hline 1\,8 \\ 3\,6\ \\ \hline 3\,7\,8 \end{array}\qquad \begin{array}{r} 8 \\ \times\ 5\,1 \\ \hline 8 \\ 4\,0\ \\ \hline 4\,0\,8 \end{array}\qquad \begin{array}{r} 4 \\ \times\ 7\,2 \\ \hline 8 \\ 2\,8\ \\ \hline 2\,8\,8 \end{array}$$

04 $60\times30=1800$, $90\times20=1800$, $40\times80=3200$
$6\times3=18$ $9\times2=18$ $4\times8=32$

05
$$\begin{array}{r} {}^{1\,1}\ \ \\ 1\,5\,8 \\ \times\quad 2 \\ \hline \mathbf{3\,1\,6} \end{array}\ \rightarrow\ \begin{array}{r} {}^{3}\ \ \ \\ 3\,1\,6 \\ \times\quad 6 \\ \hline \mathbf{1\,8\,9\,6} \end{array}$$

06 9×3은 실제로 9×30이므로 계산 결과를 자릿값의 위치에 맞게 써서 계산합니다.

07 생각 열기 화살표 방향을 따라 계산합니다.
$13\times26=$**338**, $42\times70=$**2940**, $13\times42=$**546**, $26\times70=$**1820**

08 $459\times8=3672$, $72\times50=3600$
⇨ 3672>3600

09 (티셔츠 24벌에 달려 있는 단추 수)
=(티셔츠 한 벌에 달려 있는 단추 수)×24
=5×24=**120(개)**

서술형 가이드 알맞은 곱셈식을 쓰고 답을 구해야 합니다.

채점 기준

상	알맞은 곱셈식을 쓰고 답을 바르게 구함.
중	알맞은 곱셈식을 썼으나 답을 구하지 못함.
하	알맞은 곱셈식을 쓰지 못해 답을 구하지 못함.

10
$$\begin{array}{r} ㉠\ 8 \\ \times\ 4\ 0 \\ \hline 3\ 1\ 2\ ㉡ \end{array}$$
• 곱하는 수의 일의 자리가 0이므로 ㉡=**0**입니다.
• ㉠8×4=312에서 8×4=32이므로
㉠×4+3=31, ㉠×4=28, ㉠=**7**입니다.

11 생각 열기 637×□의 계산 결과가 4400에 가까운 경우를 찾아봅니다.

$637 \times 6 = 3822 < 4400$

$637 \times 7 = 4459 > 4400$

⇨ □ 안에 들어갈 수 있는 수는 7과 같거나 7보다 큰 수이므로 **7, 8, 9**입니다.

12 생각 열기 배추흰나비 애벌레 한 마리의 숨구멍 수를 먼저 알아봅니다.

(배추흰나비 애벌레 한 마리의 숨구멍 수)

$= 2 \times 9 = 18$(개)

⇨ (배추흰나비 애벌레 25마리의 숨구멍 수)

$= 18 \times 25 =$ **450(개)**

주의

숨구멍의 단위가 "쌍"으로 되어 있습니다. 숨구멍 한 쌍은 2개임에 주의합니다.

다른 풀이

배추흰나비 애벌레 25마리의 숨구멍은 $9 \times 25 = 225$(쌍)이므로 모두 $225 \times 2 =$ **450(개)**입니다.

13 해법 순서

① 처음 색종이 수를 구합니다.

② 남은 색종이 수를 구합니다.

(처음 색종이 수)$= 50 \times 10 = 500$(장)

⇨ (남은 색종이 수)

=(처음 색종이 수)−(사용한 색종이 수)

$= 500 - 370 =$ **130(장)**

14 서술형 가이드 가장 큰 두 자리 수와 가장 작은 두 자리 수를 각각 만들어 곱을 구하는 풀이 과정이 들어 있어야 합니다.

채점 기준

상	가장 큰 두 자리 수와 가장 작은 두 자리 수를 각각 만들어 곱을 바르게 구함.
중	가장 큰 두 자리 수와 가장 작은 두 자리 수를 각각 만들었으나 곱을 구하지 못함.
하	가장 큰 두 자리 수와 가장 작은 두 자리 수를 각각 만들지 못해 곱을 구하지 못함.

15 생각 열기 1시간=60분임을 이용하여 1시간 30분은 몇 분인지 알아봅니다.

1시간 30분=60분+30분=90분

⇨ (1시간 30분 동안 만드는 뻥튀기 과자 수)

$= 35 \times 90 =$ **3150(개)**

16 해법 순서

① 클립 수를 구합니다.

② 못 수를 구합니다.

③ ①과 ②에서 구한 두 수의 합을 구합니다.

(클립 수)=(한 상자 안의 클립 수)×(상자 수)

$= 120 \times 3 = 360$(개)

(못 수)=(한 상자 안의 못 수)×(상자 수)

$= 100 \times 2 = 200$(개)

⇨ (클립 수와 못 수)$= 360 + 200 =$ **560(개)**

17 생각 열기 ㉠ 대신에 81을 넣고 ㉡ 대신에 17을 넣어 봅니다.

$81 - 17 = \underset{㉢}{\underline{64}}$, $81 + 17 = \underset{㉣}{\underline{98}}$이므로

$\underset{㉠}{\underline{81}} ★ \underset{㉡}{\underline{17}} = \underset{㉢}{\underline{64}} \times \underset{㉣}{\underline{98}} =$ **6272**입니다.

18 서술형 가이드 어떤 수를 구한 후 바르게 계산한 값을 구하는 풀이 과정이 들어 있어야 합니다.

채점 기준

상	어떤 수를 구한 후 바르게 계산함.
중	어떤 수를 구했으나 바르게 계산하지 못함.
하	어떤 수를 구하지 못해 바르게 계산하지 못함.

19 해법 순서

① 전체 자두 수를 구합니다.

② 전체 사과 수를 구합니다.

③ ①과 ②에서 구한 수의 합을 구합니다.

(전체 자두 수)=(한 상자 안의 자두 수)×(상자 수)

$= 55 \times 60 = 3300$(개)

(한 상자에 들어 있는 사과 수)$= 55 - 28 = 27$(개)

(전체 사과 수)=(한 상자 안의 사과 수)×(상자 수)

$= 27 \times 14 = 378$(개)

⇨ $3300 + 378 =$ **3678(개)**

20 생각 열기 색 테이프 20장을 겹쳐지도록 한 줄로 길게 이어 붙이면 겹친 부분은 $20 - 1 = 19$(군데)입니다.

(길이가 36 cm인 색 테이프 20장의 길이)

$= 36 \times 20 = 720$ (cm)

겹친 부분은 $20 - 1 = 19$(군데)이므로

(겹친 부분의 길이의 합)$= 4 \times 19 = 76$ (cm)

⇨ (이어 붙인 색 테이프 전체의 길이)

=(길이가 36 cm인 색 테이프 20장의 길이)

−(겹친 부분의 길이의 합)

$= 720 - 76 =$ **644 (cm)**

2. 나눗셈

STEP 1 기본 유형 익히기 40 ~ 43쪽

1-1 (1) 10 (2) 10
1-2 (선 잇기)
1-3 ㉡
2-1 16
2-2 15
2-3 $90 \div 6 = 15$; 15개
3-1 31
3-2 슬기
3-3 $84 \div 4$에 ○표
3-4 11팀
4-1 14, 2
4-2 $\square \div 5$에 ○표
4-3 예 십의 자리를 나누고 남은 수를 내림하지 않고 계산했습니다. ;

$$\begin{array}{r} 14 \\ 4{\overline{\smash{\big)}\,58}} \\ \underline{4} \\ 18 \\ \underline{16} \\ 2 \end{array}$$

4-4 17상자, 4권
4-5 28, 1
5-1 (1) 200 (2) 98
5-2 246, 123
5-3 120번
6-1 (1) 152 ⋯ 1 (2) 121 ⋯ 3
6-2 ㉠
6-3 $976 \div 7 = 139 \cdots 3$; 3개
7-1 12, 2 ; 12, 60 ; 60, 2, 62
7-2 $79 \div 3 = 26 \cdots 1$; 26, 1
7-3 101

1-1 (1) $2 \div 2 = 1$ ⇨ $20 \div 2 = $ **10**
(2) $5 \div 5 = 1$ ⇨ $50 \div 5 = $ **10**

참고
나누는 수가 같을 때 나누어지는 수가 10배가 되면 몫도 10배가 됩니다.

$4 \div 4 = 1$ ⇨ $40 \div 4 = 10$ (10배, 10배)

1-2 $40 \div 2 = $ **20**, $70 \div 7 = $ **10**

1-3 생각 열기 ㉠, ㉡, ㉢, ㉣을 각각 구한 후 크기를 비교해 봅니다.
㉠ $30 \div 3 = 10$, ㉡ $80 \div 2 = 40$
㉢ $60 \div 2 = 30$, ㉣ $90 \div 9 = 10$
⇨ 몫이 가장 큰 것은 **㉡**입니다.

2-1

$$\begin{array}{r} \mathbf{16} \\ 5{\overline{\smash{\big)}\,80}} \\ \underline{5} \\ 30 \\ \underline{30} \\ 0 \end{array}$$

2-2 정사각형은 네 변의 길이가 모두 같습니다.

⇨ $$\begin{array}{r} \mathbf{15} \\ 4{\overline{\smash{\big)}\,60}} \\ \underline{4} \\ 20 \\ \underline{20} \\ 0 \end{array}$$

참고
(정사각형의 네 변의 길이의 합)=(한 변의 길이)×4
⇨ (한 변의 길이)=(정사각형의 네 변의 길이의 합)÷4

2-3 (한 명에게 줄 수 있는 지우개 수)
=(전체 지우개 수)÷(사람 수)

⇨ $$\begin{array}{r} 15 \\ 6{\overline{\smash{\big)}\,90}} \\ \underline{6} \\ 30 \\ \underline{30} \\ 0 \end{array}$$

서술형 가이드 알맞은 나눗셈식을 쓰고 답을 구해야 합니다.

채점 기준

상	알맞은 나눗셈식을 쓰고 답을 바르게 구함.
중	알맞은 나눗셈식을 썼으나 답을 구하지 못함.
하	알맞은 나눗셈식을 쓰지 못해 답을 구하지 못함.

3-1 생각 열기 화살표 방향을 따라 계산합니다.

$$\begin{array}{r} \mathbf{31} \\ 3{\overline{\smash{\big)}\,93}} \\ \underline{9} \\ 3 \\ \underline{3} \\ 0 \end{array}$$

3-2 경수:
$$\begin{array}{r} 11 \\ 5{\overline{\smash{\big)}\,55}} \\ \underline{5} \\ 5 \\ \underline{5} \\ 0 \end{array}$$
슬기:
$$\begin{array}{r} 31 \\ 2{\overline{\smash{\big)}\,62}} \\ \underline{6} \\ 2 \\ \underline{2} \\ 0 \end{array}$$

⇨ 바르게 계산한 사람은 **슬기**입니다.

3-3

```
   1 2         1 2         2 1
2)2 4       3)3 6       4)8 4
  2           3           8
  ---         ---         ---
    4           6           4
    4           6           4
  ---         ---         ---
    0           0           0
```

⇨ 몫이 다른 하나는 **84÷4**입니다.

3-4 생각 열기 배구 경기에서 한 팀은 6명입니다.

(배구팀 수)
=(전체 배구 선수 수)÷(한 팀의 배구 선수 수)
=66÷6=**11(팀)**

4-1

```
   1 4 ← 몫
3)4 4
  3
  ---
  1 4
  1 2
  ---
    2 ← 나머지
```

주의

44÷3을 다음과 같이 계산하지 않도록 주의합니다.

```
   1 1          1 3
3)4 4        3)4 4
  3  (×)       3
  ---          ---
    4          1 4
    3            9
  ---          ---
    1            5 (×)
```

십의 자리를 나누고 남은 수를 내림하지 않음.
나머지가 나누는 수보다 큼.

4-2 생각 열기 나머지가 5가 되려면 나누는 수가 5보다 커야 합니다.

□**÷5**의 나머지는 0, 1, 2, 3, 4가 될 수 있습니다.

참고

■÷▲의 나머지는 0부터 ▲−1까지의 수입니다.

4-3 서술형 가이드 십의 자리를 나누고 남은 수를 내림하지 않았다는 내용이 들어 있어야 하고 바르게 계산해야 합니다.

채점 기준

상	계산이 잘못된 곳을 찾아 이유를 쓰고 바르게 계산함.
중	계산이 잘못된 곳을 찾아 이유를 썼지만 바르게 계산하지 못하거나 이유는 쓰지 못하고 바르게 계산만 함.
하	계산이 잘못된 곳을 찾아 이유를 쓰지 못하고 바르게 계산하지도 못함.

4-4 생각 열기 전체 동화책 수를 한 상자에 넣는 동화책 수로 나누어 봅니다.

```
   1 7
5)8 9
  5
  ---
  3 9
  3 5
  ---
    4
```

⇨ **17상자**까지 포장할 수 있고 **4권**이 남습니다.

4-5 생각 열기 10이 ▲개, 1이 ●개인 수는 ▲●입니다.

10이 8개, 1이 5개인 수는 85입니다.

```
⇨   2 8 ← 몫
  3)8 5
    6
    ---
    2 5
    2 4
    ---
      1 ← 나머지
```

5-1

```
(1)   2 0 0          (2)   9 8
    2)4 0 0              4)3 9 2
      4                    3 6
      -----                -----
          0                  3 2
                             3 2
                             -----
                                 0
```

5-2 생각 열기 화살표 방향을 따라 계산합니다.

```
   2 4 6         1 2 3
3)7 3 8       6)7 3 8
  6             6
  -----         -----
  1 3           1 3
  1 2           1 2
  -----         -----
    1 8           1 8
    1 8           1 8
  -----         -----
      0             0
```

5-3 (거짓말을 한 횟수)
=(늘어난 코의 길이)
÷(거짓말을 한 번 할 때 늘어나는 코의 길이)
=840÷7=**120(번)**

6-1

```
(1)   1 5 2          (2)   1 2 1
    2)3 0 5              6)7 2 9
      2                    6
      -----                -----
      1 0                  1 2
      1 0                  1 2
      -----                -----
          5                    9
          4                    6
      -----                -----
          1                    3
```

6-2 ㉠
```
    3 8
9)3 5 0
  2 7
    8 0
    7 2
      8 ← 나머지
```
㉡
```
   2 4 4
3)7 3 4
  6
  1 3
  1 2
    1 4
    1 2
      2 ← 나머지
```
㉢
```
   1 0 2
8)8 1 7
  8
    1 7
    1 6
      1 ← 나머지
```
⇨ 나머지가 가장 큰 것은 ㉠입니다.

주의
몫의 크기를 비교하지 않도록 주의합니다.

6-3 생각 열기 전체 진주 수를 목걸이 한 개를 만드는 데 필요한 진주 수로 나누어 봅니다.

976÷7=139 ⋯ 3이므로 목걸이를 **139개**까지 만들 수 있고 이때 진주는 **3개** 남습니다.

서술형 가이드 알맞은 나눗셈식을 쓰고 답을 구해야 합니다.

채점 기준

상	알맞은 나눗셈식을 쓰고 답을 바르게 구함.
중	알맞은 나눗셈식을 썼으나 답을 구하지 못함.
하	알맞은 나눗셈식을 쓰지 못해 답을 구하지 못함.

7-1
```
   1 2 ← 몫
5)6 2
  5
  1 2
  1 0
    2 ← 나머지
```
62÷5=**12** ⋯ **2**

확인 5×**12**=**60** ⇨ **60**+**2**=**62**

7-2 생각 열기 맞게 계산했는지 확인한 식에서 나누어지는 수, 나누는 수, 몫, 나머지를 각각 찾아봅니다.

3×26=78 ⇨ 78+1=79
(3: 나누는 수, 26: 몫, 1: 나머지, 79: 나누어지는 수)

따라서 계산한 나눗셈식은 **79÷3=26 ⋯ 1**입니다.

7-3 생각 열기 먼저 어떤 수를 □라 하여 나눗셈식으로 나타내어 봅니다.

어떤 수를 □라 하면 □÷7=14 ⋯ 3입니다.
7×14=98 ⇨ 98+3=101이므로 □=**101**입니다.

STEP 2 응용 유형 익히기 44 ~ 51쪽

응용 **1** 2, 6	
예제 **1-1** 2, 8	예제 **1-2** 9
응용 **2** 10개	
예제 **2-1** 15개	예제 **2-2** 14장
응용 **3** 23그루	
예제 **3-1** 13개	예제 **3-2** 15개
응용 **4** 20개	
예제 **4-1** 18개	예제 **4-2** 31명
응용 **5** 266장	
예제 **5-1** 144장	예제 **5-2** 169개
응용 **6** 444	
예제 **6-1** 5, 3	예제 **6-2** 177, 1
응용 **7** 5개	
예제 **7-1** 4개	예제 **7-2** 6개
응용 **8** 28, 1	
예제 **8-1** 48, 1	예제 **8-2** 10

응용 **1** 생각 열기 나머지가 0일 때, 나누어떨어진다고 합니다.

(1) 4)3□의 나머지가 0이므로 4의 단 곱셈구구에서 곱의 십의 자리가 3인 경우를 찾으면 4×8=32, 4×9=36입니다.

(2) 3[2]÷4=8, 3[6]÷4=9이므로 □ 안에 들어갈 수 있는 수는 **2**, **6**입니다.

예제 **1-1** 6)4□의 나머지가 0이므로 6의 단 곱셈구구에서 곱의 십의 자리가 4인 경우를 찾으면 6×7=42, 6×8=48입니다.
⇨ 4[2]÷6=7, 4[8]÷6=8이므로 □ 안에 들어갈 수 있는 수는 **2**, **8**입니다.

예제 **1-2**
```
   1
7)9□
  7
  2□
```
2□가 7로 나누어떨어져야 하므로 7의 단 곱셈구구에서 곱의 십의 자리가 2인 경우를 찾으면 7×3=21, 7×4=28입니다.
→ 2[1]÷7=3, 2[8]÷7=4이므로 □ 안에 들어갈 수 있는 수는 **1**, **8**입니다.
⇨ 1+8=9

응용 **2** (1) 49÷5=9 ⋯ 4이므로 9상자에 담을 수 있고 4개가 남습니다.

(2) 남은 인형 4개도 담아야 하므로 상자는 적어도 9+1=**10**(개) 필요합니다.
(1: 더 필요한 상자 수)

예제 2-1 해법 순서
① 100÷7의 몫과 나머지를 각각 구합니다.
② 필요한 봉지 수를 구합니다.
100÷7=14 ⋯ 2이므로 14봉지에 담을 수 있고 2개가 남습니다.
따라서 남은 쿠키 2개도 담아야 하므로 봉지는 적어도 14+1=**15(개)** 필요합니다.
(1: 더 필요한 봉지 수)

예제 2-2 해법 순서
① 전체 붙임딱지 수를 구합니다.
② 카드 몇 장에 붙일 수 있고 붙임딱지는 몇 개가 남는지 구합니다.
③ 필요한 카드 수를 구합니다.
(전체 붙임딱지 수)=10×8=80(개)
80÷6=13 ⋯ 2이므로 카드 13장에 붙일 수 있고 붙임딱지 2개가 남습니다.
따라서 남은 붙임딱지 2개도 붙여야 하므로 카드는 적어도 13+1=**14(장)** 필요합니다.
(1: 더 필요한 카드 수)

응용 3 (1) (간격 수)
=(도로의 길이)÷(나무와 나무 사이의 거리)
=88÷4=22(군데)
(2) (필요한 나무 수)=(간격 수)+1
=22+1=**23(그루)**

예제 3-1 해법 순서
① 간격 수를 구합니다.
② 필요한 가로등 수를 구합니다.
(간격 수)
=(도로의 길이)÷(가로등과 가로등 사이의 거리)
=96÷8=12(군데)
⇨ (필요한 가로등 수)=(간격 수)+1
=12+1=**13(개)**

예제 3-2 원 모양 호수 둘레를 따라 걸으면 시작점과 끝점이 만나므로 의자 수는 간격 수와 같습니다.
⇨ (필요한 의자 수)=(간격 수)
=75÷5=**15(개)**

응용 4 (1) (전체 단추 수)
=(노란색 단추 수)+(빨간색 단추 수)
=20+40=60(개)
(2) (한 통에 담아야 하는 단추 수)
=(전체 단추 수)÷(통 수)
=60÷3=**20(개)**

예제 4-1 해법 순서
① 전체 곶감 수를 구합니다.
② 한 명이 가질 수 있는 곶감 수를 구합니다.
(전체 곶감 수)=6×12=72(개)
⇨ (한 명이 가질 수 있는 곶감 수)
=(전체 곶감 수)÷(사람 수)
=72÷4=**18(개)**

예제 4-2 해법 순서
① 이어달리기를 하는 학생 수를 구합니다.
② 피구를 하는 학생 수를 구합니다.
③ 피구를 하는 한 모둠의 학생 수를 구합니다.
(이어달리기를 하는 학생 수)=4×8=32(명)
(피구를 하는 학생 수)
=(전체 학생 수)−(이어달리기를 하는 학생 수)
=94−32=62(명)
⇨ (피구를 하는 한 모둠의 학생 수)
=(피구를 하는 학생 수)÷(모둠 수)
=62÷2=**31(명)**

응용 5 (1) (길이가 95 cm인 벽에 필요한 타일 수)
=(벽의 길이)÷(타일의 길이)
=95÷5=19(장)
(길이가 70 cm인 벽에 필요한 타일 수)
=(벽의 길이)÷(타일의 길이)
=70÷5=14(장)
(2) (필요한 타일 수)=19×14=**266(장)**

예제 5-1 블록은 한 줄에 84÷7=12(장)씩 84÷7=12(줄) 필요합니다.
⇨ (필요한 블록 수)=12×12=**144(장)**

예제 5-2 해법 순서
① 짧은 변으로 나누어지는 작은 직사각형 수를 구합니다.
② 긴 변으로 나누어지는 작은 직사각형 수를 구합니다.
③ 작은 직사각형은 모두 몇 개 만들어지는지 구합니다.
(짧은 변으로 나누어지는 작은 직사각형 수)
=(짧은 변의 길이)÷4
=52÷4=13(개)
(긴 변으로 나누어지는 작은 직사각형 수)
=(긴 변의 길이)÷6
=78÷6=13(개)
⇨ (작은 직사각형 수)=13×13=**169(개)**

응용 6 (1) 어떤 수를 □라 하면 □÷6=12 ⋯ 2입니다.
6×12=72 ⇨ 72+2=74이므로 □=74입니다.
(2) 바른 계산: 74×6=**444**

예제 6-1 해법 순서
① 어떤 수를 □라 하여 잘못 계산한 식을 세운 다음 어떤 수를 구합니다.
② 바르게 계산했을 때의 몫과 나머지를 구합니다.

어떤 수를 □라 하면 □×4=92, 92÷4=□, □=23입니다.
⇨ 바른 계산: 23÷4=**5** ⋯ **3**

예제 6-2 어떤 수를 □라 하면 □÷7=126 ⋯ 4입니다.
7×126=882 ⇨ 882+4=886이므로 □=886입니다.
⇨ 바른 계산: 886÷5=**177** ⋯ **1**

응용 7 생각 열기 4로 나누어떨어지는 수는 4로 나누었을 때 나머지가 0인 수입니다.
(1) 50보다 크고 70보다 작은 두 자리 수는 51, 52⋯⋯68, 69이고 이 중에서 4로 나누어떨어지는 수는 52, 56, 60, 64, 68입니다.
(2) 조건을 만족하는 수는 모두 **5개**입니다.

예제 7-1 생각 열기 7로 나누어떨어지는 수는 7로 나누었을 때 나머지가 0입니다.
60보다 크고 90보다 작은 두 자리 수는 61, 62⋯⋯88, 89이고 이 중에서 7로 나누어떨어지는 수는 63, 70, 77, 84입니다.
따라서 조건을 만족하는 수는 모두 **4개**입니다.

예제 7-2 해법 순서
① 70보다 크고 110보다 작은 두 자리 수와 세 자리 수를 알아봅니다.
② ①의 수 중에서 6으로 나누어떨어지는 수를 찾아봅니다.
③ ②를 이용하여 6으로 나누었을 때 나머지가 2인 수를 찾아 몇 개인지 세어 봅니다.

70보다 크고 110보다 작은 두 자리 수와 세 자리 수는 71, 72⋯⋯108, 109이고 이 중에서 6으로 나누어떨어지는 수는 72, 78, 84, 90, 96, 102, 108이므로 6으로 나누었을 때 나머지가 2인 수는 74, 80, 86, 92, 98, 104입니다.
따라서 조건을 만족하는 수는 모두 **6개**입니다.

참고
6으로 나누었을 때 나머지가 2인 수는 6으로 나누어떨어지는 수보다 2 큰 수입니다.

응용 8 생각 열기 나누는 수가 작고 나누어지는 수가 클수록 나눗셈의 몫이 커집니다.
(1) 가장 작은 수 3을 뺀 나머지 수로 더 큰 두 자리 수를 만들면 85이므로 85÷3=28 ⋯ 1입니다.
(2) 둘째로 작은 수 5를 뺀 나머지 수로 더 큰 두 자리 수를 만들면 83이므로 83÷5=16 ⋯ 3입니다.
(3) (1), (2)의 결과를 보면 몫이 가장 큰 경우는 85÷3=**28** ⋯ **1**입니다.

예제 8-1 가장 작은 수인 2를 한 자리 수로 하고 나머지 수로 더 큰 두 자리 수를 만들면 97입니다.
⇨ 97÷2=**48** ⋯ **1**

예제 8-2 생각 열기 나누는 수가 크고 나누어지는 수가 작을수록 나눗셈의 몫이 작아집니다.
가장 큰 수인 6을 한 자리 수로 하고 나머지 수로 더 작은 두 자리 수를 만들면 45입니다.
⇨ 45÷6=7 ⋯ 3
따라서 몫과 나머지의 합은 7+3=**10**입니다.

참고
• 수 카드로 (몇십몇)÷(몇)의 나눗셈식 만들기
카드에 적힌 수의 크기가 ③>②>①일 때
① 몫이 가장 큰 경우
가장 작은 수
③ ② ÷ ①
남은 큰 수부터
② 몫이 가장 작은 경우
가장 큰 수
① ② ÷ ③
남은 작은 수부터

STEP 3 응용 유형 뛰어넘기 52 ~ 56쪽

01 45, 99, 144에 ○표
02 예 40÷4=10, 80÷5=16
⇨ 10<□<16이므로 □ 안에 들어갈 수 있는 두 자리 수는 11, 12, 13, 14, 15로 모두 5개입니다.
; 5개
03 13마리

04 예 □가 가장 크게 되려면 나머지가 가장 커야 하므로 ★$=6$입니다.
□$\div 7=12 \cdots 6$ ⇨ $7\times 12=84$, $84+6=90$이므로 □ 안에 들어갈 수 있는 수 중 가장 큰 수는 90입니다.
; 90

05 5일

06 3

07 80송이

08 예 $8\times 11=88$ ⇨ $88+3=91$이므로 수박은 모두 91개입니다.
따라서 수박 91개를 7줄이 되게 놓았다면 한 줄에 $91\div 7=13$(개)씩 놓은 것입니다.
; 13개

09 6

10 11대

11

$$\begin{array}{r} \boxed{1}\,\boxed{5} \\ \boxed{5}\,)\,7\;\boxed{8} \\ \boxed{5}\;\; \\ \hline \boxed{2}\;8 \\ \boxed{2}\;\boxed{5} \\ \hline 3 \end{array}$$

12 54, 58, 62, 66

13 7, 135 ; 132, 133, 134, 135, 136, 137, 138, 945

14 12번째

01 **생각 열기** 9로 나누어떨어지는 수는 9로 나누었을 때 나머지가 0인 수입니다.

$$\begin{array}{r} 2 \\ 9\,)\,21 \\ 18 \\ \hline 3 \end{array} \quad \begin{array}{r} 5 \\ 9\,)\,\mathbf{45} \\ 45 \\ \hline \boxed{0} \end{array} \quad \begin{array}{r} 11 \\ 9\,)\,\mathbf{99} \\ 9\; \\ \hline 9 \\ 9 \\ \hline \boxed{0} \end{array} \quad \begin{array}{r} 14 \\ 9\,)\,127 \\ 9\; \\ \hline 37 \\ 36 \\ \hline 1 \end{array} \quad \begin{array}{r} 16 \\ 9\,)\,\mathbf{144} \\ 9\; \\ \hline 54 \\ 54 \\ \hline \boxed{0} \end{array}$$

02 **서술형 가이드** $40\div 4$, $80\div 5$를 각각 계산하고 □ 안에 들어갈 수 있는 두 자리 수의 개수를 구하는 풀이 과정이 들어 있어야 합니다.

채점 기준

상	$40\div 4$, $80\div 5$를 각각 계산하고 □ 안에 들어갈 수 있는 두 자리 수의 개수를 바르게 구함.
중	$40\div 4$, $80\div 5$를 각각 계산했으나 □ 안에 들어갈 수 있는 두 자리 수의 개수를 구하지 못함.
하	$40\div 4$, $80\div 5$를 각각 계산하지 못해 □ 안에 들어갈 수 있는 두 자리 수의 개수를 구하지 못함.

주의
$10<$□<16에서 10과 16은 포함되지 않습니다.

03 **생각 열기** 장수풍뎅이의 전체 다리 수를 한 마리의 다리 수로 나누어 봅니다.
장수풍뎅이 한 마리의 다리는 세 쌍이므로 $39\div 3=$**13(마리)**입니다.

04 **서술형 가이드** ★에 알맞은 수를 구하여 □ 안에 들어갈 수 있는 가장 큰 수를 구하는 풀이 과정이 들어 있어야 합니다.

채점 기준

상	★에 알맞은 수를 구하여 □ 안에 들어갈 수 있는 가장 큰 수를 바르게 구함.
중	★에 알맞은 수를 구했으나 □ 안에 들어갈 수 있는 가장 큰 수를 구하지 못함.
하	★에 알맞은 수를 구하지 못해 □ 안에 들어갈 수 있는 가장 큰 수를 구하지 못함.

참고
□$\div 7=12 \cdots$ ★에서 ★이 될 수 있는 수는 0, 1, 2, 3, 4, 5, 6입니다.

05 **해법 순서**
① 준성이가 도서관에 간 날수를 구합니다.
② 도연이가 도서관에 간 날수를 구합니다.
③ 두 사람이 도서관에 간 날수의 차를 구합니다.

4월은 30일까지 있습니다.
(준성이가 도서관에 간 날수)$=30\div 2=15$(일)
(도연이가 도서관에 간 날수)$=30\div 3=10$(일)
⇨ $15-10=$**5(일)**

06 **해법 순서**
① 체스판의 한 변의 길이를 구합니다.
② □ 안에 알맞은 수를 구합니다.

체스판의 한 변의 길이는 $96\div 4=24$ (cm)이므로 □ 안에 알맞은 수는 $24\div 8=$**3**입니다.

07 **해법 순서**
① 꽃을 꽂은 꽃병 수를 구합니다.
② 백합 수를 구합니다.

(꽃을 꽂은 꽃병 수)
$=$(전체 장미 수)$\div$(꽃병 한 개에 꽂은 장미 수)
$=64\div 4=16$(개)
⇨ (백합 수)
$=$(꽃병 한 개에 꽂은 백합 수)$\times$(꽃병 수)
$=5\times 16=$**80(송이)**

08 서술형 가이드 전체 수박 수를 구하여 한 줄에 놓은 수박 수를 구하는 풀이 과정이 들어 있어야 합니다.

채점 기준

상	전체 수박 수를 구하여 한 줄에 놓은 수박 수를 바르게 구함.
중	전체 수박 수를 구했으나 한 줄에 놓은 수박 수를 구하지 못함.
하	전체 수박 수를 구하지 못해 한 줄에 놓은 수박 수를 구하지 못함.

09 생각 열기 수 카드를 한 번씩 모두 사용하여 만들 수 있는 몇십몇은 45, 48, 54, 58, 84, 85입니다.

• 나누는 수가 4일 때
$58 \div 4 = 14 \cdots 2$, $85 \div 4 = 21 \cdots 1$

• 나누는 수가 5일 때
$48 \div 5 = 9 \cdots 3$, $84 \div 5 = 16 \cdots 4$

• 나누는 수가 8일 때
$45 \div 8 = 5 \cdots 5$, $54 \div 8 = 6 \cdots 6$

⇨ 나올 수 있는 가장 큰 나머지는 $54 \div 8 = 6 \cdots 6$에서 **6**입니다.

10 해법 순서
① 가야금 2대의 줄 수를 구합니다.
② 거문고의 전체 줄 수를 구합니다.
③ 거문고 수를 구합니다.

(가야금 2대의 줄 수)
=(가야금 1대의 줄 수)×(가야금 수)
$=12 \times 2 = 24$(줄)
(거문고의 전체 줄 수)
=(가야금과 거문고의 줄 수의 합)
−(가야금 2대의 줄 수)
$=90-24=66$(줄)
⇨ (거문고 수)
=(거문고의 전체 줄 수)÷(거문고 1대의 줄 수)
$=66 \div 6 =$ **11(대)**

11

```
      1 ㉠
㉡) 7 ㉢
    ㉣
    ㉤ 8
    ㉥ ㉦
       3
```

• ㉢=8, 8−㉦=3 ⇨ ㉦=**5**
• 나누는 수는 나머지보다 크므로 ㉡>3이고, ㉡=㉣, ㉣<7이므로 ㉡<7입니다.
→ ㉡=4, 5, 6 중 하나이고 ㉡×㉠=㉥5이므로 ㉡=**5**입니다.
⇨ ㉣=**5**, ㉤=**2**, ㉥=**2**, ㉠=**5**

12 해법 순서
① 50보다 크고 70보다 작은 수를 알아봅니다.
② ①의 수 중에서 2로 나누어떨어지는 수를 구합니다.
③ ②의 수 중에서 4로 나누면 나머지가 2인 수를 구합니다.

50보다 크고 70보다 작은 수 중에서 2로 나누어떨어지는 수는 52, 54, 56, 58, 60, 62, 64, 66, 68이고 이 중에서 4로 나누면 나머지가 2인 수는
$54 \div 4 = 13 \cdots 2$, $58 \div 4 = 14 \cdots 2$,
$62 \div 4 = 15 \cdots 2$, $66 \div 4 = 16 \cdots 2$이므로
54, 58, 62, 66입니다.

참고
4로 나누면 나머지가 2인 수는 4로 나누어떨어지는 수보다 2 큰 수입니다.

13 $945 \div 7 = 135$이므로 135를 가운데 수로 하여 식을 만듭니다.
⇨ $\mathbf{132+133+134+\underset{\text{가운데 수}}{135}+136+137+138}$
$\mathbf{=945}$

14 각 도형에서 가장 큰 삼각형의 둘레는 가장 작은 삼각형의 한 변의 길이의 몇 배인지 알아보면
첫 번째: (1×3)배
두 번째: (2×3)배
세 번째: (3×3)배
⋮
→ □번째 가장 큰 삼각형의 둘레는 가장 작은 삼각형의 한 변의 길이의 $(□ \times 3)$배입니다.
⇨ 가장 작은 삼각형의 한 변의 길이가 2 cm이므로 $2 \times □ \times 3 = 72$, $6 \times □ = 72$, $72 \div 6 = □$, $□ = 12$입니다.
따라서 **12번째** 삼각형입니다.

실력 평가 57 ~ 59쪽

01 (1) 10 (2) 35 **02** 42
03 14, 3 **04** 22, 11
05 예 나머지는 나누는 수보다 작아야 하는데 나누는 수보다 크므로 잘못되었습니다. ;

```
     9
5) 4 7
   4 5
     2
```

06 (선 잇기)　　**07** <

08 19마리　　**09** 132

10 ㉡, ㉣　　**11** ㉠, ㉢, ㉡

12 $65 \div 5 = 13$; 13도막

13 12봉지, 5개

14 60　　**15** 10명

16 12 cm　　**17** 2개

18 예 한철: $80 \div 4 = 20$(초), 수빈: $80 \div 5 = 16$(초)
따라서 수빈이가 $20 - 16 = 4$(초) 더 빨리 달립니다.
; 수빈, 4초

19 2, 8　　**20** 16대

01 (1)
$$\begin{array}{r} \mathbf{10} \\ 4\overline{)40} \\ 4 \\ \hline 0 \end{array}$$
(2)
$$\begin{array}{r} \mathbf{35} \\ 2\overline{)70} \\ 6 \\ \hline 10 \\ 10 \\ \hline 0 \end{array}$$

02 $3 < 126$이므로 $126 \div 3 = \mathbf{42}$입니다.

03
$$\begin{array}{r} \mathbf{14} \leftarrow \text{몫} \\ 5\overline{)73} \\ 5 \\ \hline 23 \\ 20 \\ \hline \mathbf{3} \leftarrow \text{나머지} \end{array}$$

04 생각 열기 화살표 방향을 따라 계산합니다.
$$\begin{array}{r} \mathbf{22} \\ 3\overline{)66} \\ 6 \\ \hline 6 \\ 6 \\ \hline 0 \end{array} \qquad \begin{array}{r} \mathbf{11} \\ 2\overline{)22} \\ 2 \\ \hline 2 \\ 2 \\ \hline 0 \end{array}$$

05 서술형 가이드 나머지와 나누는 수의 크기를 비교하는 내용이 들어가고 바르게 계산해야 합니다.

채점 기준

상	계산이 잘못된 곳을 찾아 이유를 쓰고 바르게 계산함.
중	계산이 잘못된 곳을 찾아 이유를 썼지만 바르게 계산하지 못하거나 이유는 쓰지 못하고 바르게 계산만 함.
하	계산이 잘못된 곳을 찾아 이유를 쓰지 못하고 바르게 계산하지도 못함.

06
$$\begin{array}{r} \mathbf{19} \\ 3\overline{)57} \\ 3 \\ \hline 27 \\ 27 \\ \hline 0 \end{array} \qquad \begin{array}{r} \mathbf{12} \\ 7\overline{)84} \\ 7 \\ \hline 14 \\ 14 \\ \hline 0 \end{array} \qquad \begin{array}{r} \mathbf{17} \\ 4\overline{)68} \\ 4 \\ \hline 28 \\ 28 \\ \hline 0 \end{array}$$

07
$$\begin{array}{r} 11 \\ 7\overline{)77} \\ 7 \\ \hline 7 \\ 7 \\ \hline 0 \end{array} \quad \textcircled{<} \quad \begin{array}{r} 34 \\ 2\overline{)68} \\ 6 \\ \hline 8 \\ 8 \\ \hline 0 \end{array}$$

08 (쌍봉낙타 수)=(전체 쌍봉낙타의 혹 수)
÷(쌍봉낙타 한 마리의 혹 수)
$= 38 \div 2 = \mathbf{19}$**(마리)**

09 $9 \times 14 = 126$ ⇨ $126 + 6 = 132$이므로 □=**132**입니다.

참고

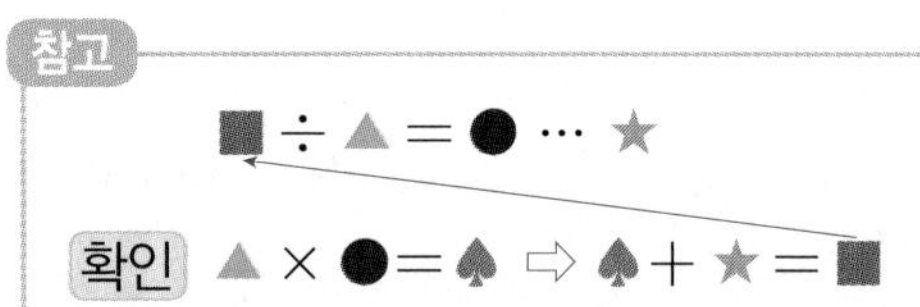

나누는 수와 몫의 곱에 나머지를 더하면 나누어지는 수가 되어야 합니다.

10 생각 열기 나누어떨어지는 나눗셈은 나머지가 0인 나눗셈입니다.

㉠
$$\begin{array}{r} 43 \\ 2\overline{)87} \\ 8 \\ \hline 7 \\ 6 \\ \hline 1 \end{array}$$
㉡
$$\begin{array}{r} 15 \\ 4\overline{)60} \\ 4 \\ \hline 20 \\ 20 \\ \hline 0 \end{array}$$
㉢
$$\begin{array}{r} 10 \\ 5\overline{)54} \\ 5 \\ \hline 4 \end{array}$$
㉣
$$\begin{array}{r} 31 \\ 3\overline{)93} \\ 9 \\ \hline 3 \\ 3 \\ \hline 0 \end{array}$$

⇨ 나누어떨어지는 나눗셈은 ㉡, ㉣입니다.

11
㉠
$$\begin{array}{r} 17 \\ 3\overline{)51} \\ 3 \\ \hline 21 \\ 21 \\ \hline 0 \end{array}$$
㉡
$$\begin{array}{r} 13 \\ 7\overline{)91} \\ 7 \\ \hline 21 \\ 21 \\ \hline 0 \end{array}$$
㉢
$$\begin{array}{r} 16 \\ 6\overline{)96} \\ 6 \\ \hline 36 \\ 36 \\ \hline 0 \end{array}$$

⇨ 17(㉠) > 16(㉢) > 13(㉡)

12 (자른 도막 수)
=(전체 색 테이프의 길이)÷(한 도막의 길이)
=**65÷5=13(도막)**

서술형 가이드 알맞은 나눗셈식을 쓰고 답을 구해야 합니다.

채점 기준

상	알맞은 나눗셈식을 쓰고 답을 바르게 구함.
중	알맞은 나눗셈식을 썼으나 답을 구하지 못함.
하	알맞은 나눗셈식을 쓰지 못해 답을 구하지 못함.

13 생각 열기 전체 복숭아 수를 한 봉지에 담는 복숭아 수로 나누어 봅니다.

89÷7=12 … 5이므로 **12봉지**까지 담을 수 있고 **5개**가 남습니다.

14 해법 순서
① ●에 알맞은 수를 구합니다.
② ▲에 알맞은 수를 구합니다.

600÷2=300 ⇨ ●=300
300÷5=60 ⇨ ▲=**60**

15 해법 순서
① 2판의 달걀 수를 구합니다.
② 나누어 줄 수 있는 사람 수를 구합니다.

(2판의 달걀 수)=(한 판의 달걀 수)×2
=30×2=60(개)
⇨ (나누어 줄 수 있는 사람 수)
=(2판의 달걀 수)
÷(한 명에게 나누어 주는 달걀 수)
=60÷6=**10(명)**

16 해법 순서
① 전체 끈의 길이를 구합니다.
② 만들 수 있는 가장 큰 정사각형의 한 변의 길이를 구합니다.

(전체 끈의 길이)=16×3=48 (cm)
⇨ (만들 수 있는 가장 큰 정사각형의 한 변의 길이)
=48÷4=**12 (cm)**

17 만들 수 있는 두 자리 수는 20, 24, 40, 42입니다.
⇨ 20÷5=4, 24÷5=4 … 4
40÷5=8, 42÷5=8 … 2
따라서 5로 나누었을 때 나누어떨어지는 수는 20, 40으로 모두 **2개**입니다.

18 해법 순서
① 한철이가 80 m를 달리는 데 걸리는 시간을 구합니다.
② 수빈이가 80 m를 달리는 데 걸리는 시간을 구합니다.
③ 80 m를 누가 몇 초 더 빨리 달리는지 알아봅니다.

서술형 가이드 한철이와 수빈이가 80 m를 달리는 데 걸리는 시간을 각각 구하여 비교하는 풀이 과정이 들어 있어야 합니다.

채점 기준

상	한철이와 수빈이가 80 m를 달리는 데 걸리는 시간을 각각 구해 누가 몇 초 더 빨리 달리는지 바르게 구함.
중	한철이와 수빈이가 80 m를 달리는 데 걸리는 시간을 각각 구했으나 누가 몇 초 더 빨리 달리는지 구하지 못함.
하	한철이와 수빈이가 80 m를 달리는 데 걸리는 시간을 구하지 못해 답을 구하지 못함.

19 생각 열기 9는 6으로 나눌 수 있으므로 몫은 두 자리 수가 됩니다.

```
      ㉠ ㉡
 6 ) 9 ㉮
     ㉢
     ㉣ ㉤
      3 ㉥
        2
```

• 6×㉠=㉢이고 ㉢은 9보다 작으므로 6×1=6에서 ㉠=1, ㉢=6, ㉣=3입니다.
• 3㉥에 해당하는 6의 단 곱셈구구는 6×5=30, 6×6=36입니다.
⇨ ㉥=0이면 ㉤=2, ㉮=2입니다.
   ㉥=6이면 ㉤=8, ㉮=8입니다.

따라서 ㉮에 들어갈 수 있는 수는 **2, 8**입니다.

20 생각 열기 세발자전거 한 대의 바퀴는 3개, 두발자전거 한 대의 바퀴는 2개입니다.

해법 순서
① 세발자전거 14대의 바퀴 수를 구합니다.
② 두발자전거의 전체 바퀴 수를 구합니다.
③ 두발자전거 수를 구합니다.

(세발자전거 14대의 바퀴 수)
=(세발자전거 한 대의 바퀴 수)×14
=3×14=42(개)
(두발자전거의 전체 바퀴 수)
=(세발자전거와 두발자전거의 바퀴 수의 합)
−(세발자전거 14대의 바퀴 수)
=74−42=32(개)
⇨ (두발자전거 수)
=(두발자전거의 전체 바퀴 수)÷2
=32÷2=**16(대)**

3. 원

STEP 1 기본 유형 익히기 66 ~ 69쪽

1-1 점 ㄴ
1-2 1개
1-3 3 cm
1-4 ⓔ 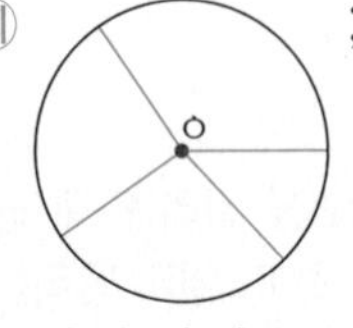
;
ⓔ 원의 반지름은 모두 1 cm이므로 한 원에서 원의 반지름의 길이는 모두 같습니다.
2-1 선분 ㄷㄹ
2-2 ⓔ 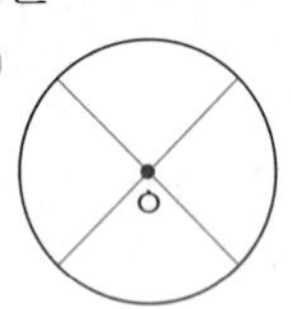
2-3 (위에서부터) 2, 4
2-4 ⓔ 한 원에서 지름의 길이는 반지름의 길이의 2배입니다.
2-5 30 cm
2-6 5 cm
2-7 정현
2-8 3 cm
3-1 ㉢
3-2 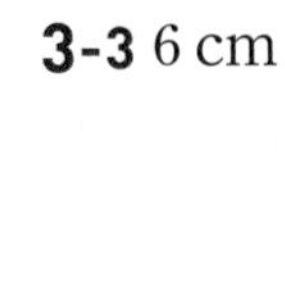
3-3 6 cm
3-4 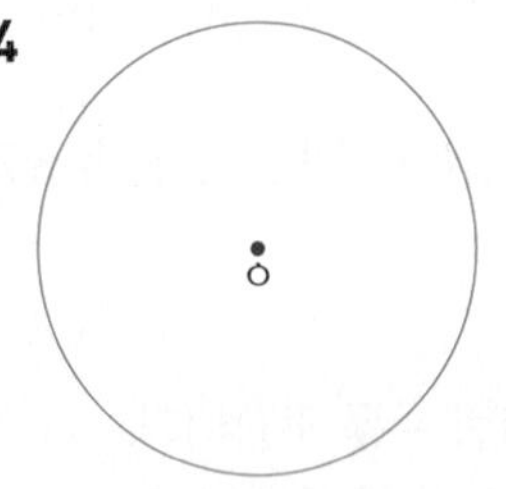
3-5 ⓔ 1 cm 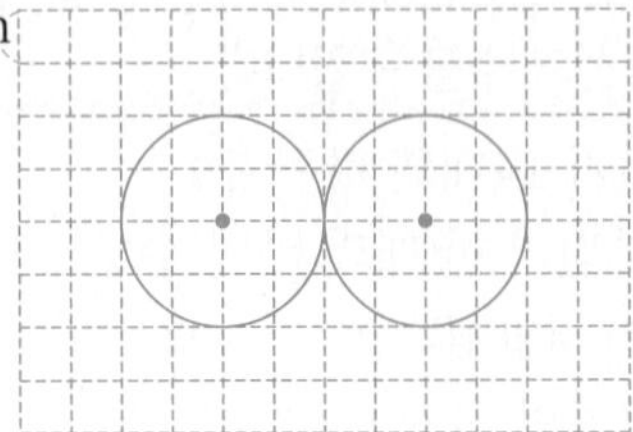
4-1 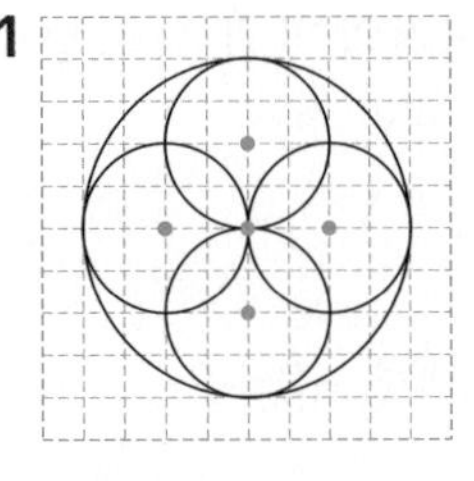
4-2 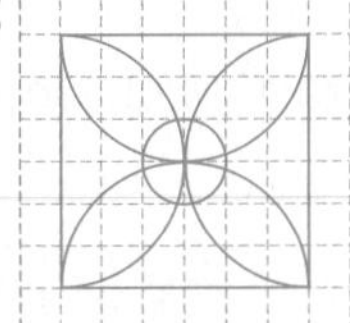
4-3 ②
4-4 ⓔ 원의 중심은 오른쪽으로 모눈 3칸, 5칸 이동하고 원의 반지름의 길이는 모눈 1칸, 2칸, 3칸으로 1칸씩 늘려서 그렸습니다.
4-5 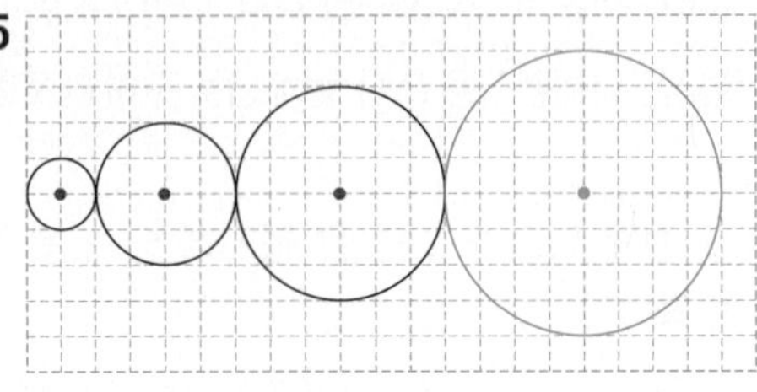

1-1 원의 한가운데에 있는 점이 원의 중심입니다.

1-2 한 원에는 중심이 **1개**뿐입니다.

1-3 원의 중심과 원 위의 한 점을 이은 선분의 길이는 **3 cm**입니다.

1-4 생각 열기 원의 중심인 점 ㅇ과 원 위의 한 점을 잇는 선분을 4개 그어 봅니다.

서술형 가이드 원의 반지름을 4개 그어야 하고 한 원에서 원의 반지름의 길이는 모두 같다는 내용이 들어 있어야 합니다.

채점 기준

상	원의 반지름을 4개 긋고 그 길이를 재어 알 수 있는 점을 바르게 씀.
중	원의 반지름을 4개 긋고 그 길이를 재었으나 알 수 있는 점을 쓰지 못함.
하	원의 반지름을 4개 긋지 못하고 알 수 있는 점도 쓰지 못함.

참고
한 원에서 원의 반지름은 무수히 많이 그을 수 있고 그 길이는 모두 같습니다.

1 cm
1 cm
1 cm
1 cm

2-1 원의 지름은 원 위의 두 점을 이은 선분 중 원의 중심을 지나는 선분입니다.

2-2 원 위의 두 점을 이은 선분이 원의 중심을 지나도록 긋습니다.

> 참고
> 한 원에서 원의 지름은 무수히 많이 그을 수 있고 그 길이는 모두 같습니다.
>
> 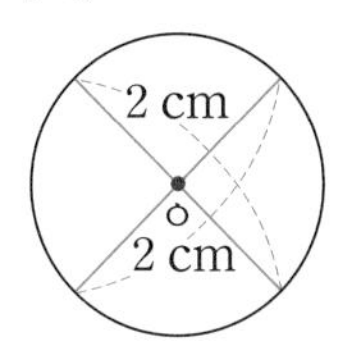
>

2-3 원의 반지름은 **2 cm**, 지름은 **4 cm**입니다.

2-4 '한 원에서 반지름의 길이는 지름의 길이의 반입니다.'라고 써도 됩니다.

서술형 가이드 한 원에서 지름의 길이는 반지름의 길이의 2배라는 내용이 들어 있어야 합니다.

채점 기준

상	원의 지름과 반지름 사이의 관계를 바르게 씀.
중	원의 지름과 반지름 사이의 관계를 썼으나 부족함.
하	원의 지름과 반지름 사이의 관계를 쓰지 못함.

2-5 생각 열기 (원의 지름)=(원의 반지름)×2

(징의 지름)=(징의 반지름)×2

=15×2=**30 (cm)**

2-6 (원의 반지름)=(원의 지름)÷2

=10÷2=**5 (cm)**

2-7 예원: 한 원에서 지름의 길이는 반지름의 길이의 2배입니다.

유빈: 원 위의 두 점을 이은 선분 중 가장 긴 선분은 원의 지름입니다.

2-8 생각 열기 선분 ㄱㄴ의 길이는 작은 원의 반지름의 길이입니다.

(작은 원의 지름)=(큰 원의 반지름)

=12÷2=6 (cm)

⇨ (선분 ㄱㄴ)=(작은 원의 반지름)

=6÷2=**3 (cm)**

3-1 생각 열기 컴퍼스를 원의 반지름만큼 벌려야 합니다.

㉠ 원의 반지름: 4 cm

㉡ 원의 반지름: 3 cm

㉢ 원의 반지름: 2 cm

따라서 컴퍼스를 바르게 벌린 것은 ㉢입니다.

3-2 컴퍼스를 1 cm 3 mm만큼 벌린 후 컴퍼스의 침을 점 ㅇ에 꽂고 원을 그립니다.

3-3 생각 열기 컴퍼스를 벌린 길이는 원의 반지름의 길이입니다.

원의 반지름이 3 cm이므로 원의 지름은

3×2=**6 (cm)**입니다.

3-4 생각 열기 금메달과 반지름의 길이가 같은 원을 그려야 합니다.

금메달의 반지름은 1 cm 5 mm이므로 컴퍼스를 1 cm 5 mm만큼 벌린 후 컴퍼스의 침을 점 ㅇ에 꽂고 원을 그립니다.

3-5 원의 중심을 표시한 후 반지름의 길이를 정해 크기가 같은 원을 2개 그립니다.

> 참고
> 원의 반지름의 길이가 꼭 정해진 것은 아니므로 크기가 같은 원을 2개 그렸으면 모두 정답입니다.

4-1 컴퍼스의 침을 꽂아야 할 곳은 각 원의 중심입니다.

4-2 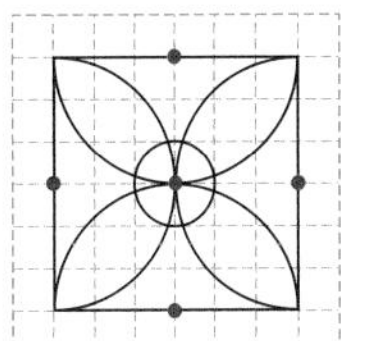

정사각형을 그린 후 반지름이 모눈 1칸인 원 1개와 정사각형의 한 변을 지름으로 하는 원의 일부분을 4개 그립니다.

4-3 ① 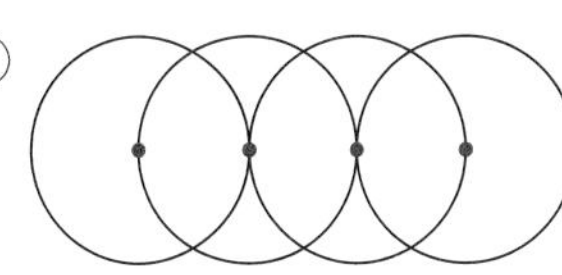

원의 중심은 이동하고 원의 반지름의 길이는 같게 하여 그렸습니다.

② 원의 중심은 같고 원의 반지름의 길이는 다르게 하여 그렸습니다.

③ 원의 중심은 이동하고 원의 반지름의 길이는 다르게 하여 그렸습니다.

④ 원의 중심은 이동하고 원의 반지름의 길이는 다르게 하여 그렸습니다.

> 참고
> 원의 중심은 같고 원의 반지름의 길이를 다르게 하여 그린 것은 한 점을 중심으로 크기가 다른 원을 여러 개 그린 것입니다.

4-4 서술형 가이드 원의 중심과 반지름(지름)을 이용하여 원을 그린 규칙을 설명해야 합니다.

채점 기준

상	원의 중심과 반지름(지름)을 이용하여 원을 그린 규칙을 바르게 설명함.
중	원의 중심과 반지름(지름)을 이용하여 원을 그린 규칙을 설명했으나 부족함.
하	원을 그린 규칙을 몰라 설명하지 못함.

4-5 원의 중심은 오른쪽으로 모눈 7칸 이동하고 원의 반지름의 길이는 모눈 4칸인 원을 그립니다.

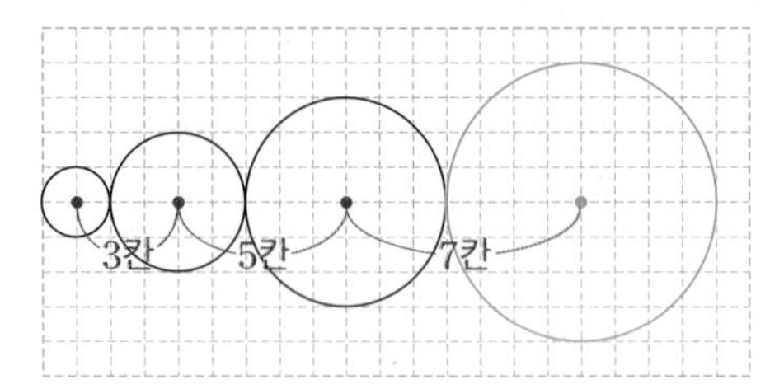

STEP 2 응용 유형 익히기 70 ~ 75쪽

응용 **1** 16 cm
예제 **1-1** 13 cm 예제 **1-2** 4 cm
응용 **2** 16 cm
예제 **2-1** 3 cm 예제 **2-2** 5 cm
응용 **3** 12 cm
예제 **3-1** 18 cm 예제 **3-2** 28 cm
응용 **4** 나, 2군데
예제 **4-1** 가, 2군데 예제 **4-2** 가
응용 **5** 250 cm
예제 **5-1** 240 cm 예제 **5-2** 160 cm
응용 **6** 21 cm
예제 **6-1** 60 cm 예제 **6-2** 14개

응용 **1** (1) (작은 원의 지름)$=$(작은 원의 반지름)$\times 2$
$=4\times 2=8$ (cm)
(큰 원의 반지름)$=8$ cm
(2) (선분 ㄱㄷ)
$=$(작은 원의 지름)$+$(큰 원의 반지름)
$=8+8=$**16 (cm)**

예제 **1-1** 해법 순서
① 큰 원의 반지름의 길이를 구합니다.
② 작은 원의 지름의 길이를 구합니다.
③ 선분 ㄱㄷ의 길이를 구합니다.

(큰 원의 반지름)$=$(큰 원의 지름)$\div 2$
$=14\div 2=7$ (cm)
(작은 원의 지름)$=$(작은 원의 반지름)$\times 2$
$=3\times 2=6$ (cm)
⇨ (선분 ㄱㄷ)
$=$(큰 원의 반지름)$+$(작은 원의 지름)
$=7+6=$**13 (cm)**

예제 **1-2** 해법 순서
① 중간 원의 지름의 길이를 구합니다.
② 가장 작은 원의 반지름의 길이를 구합니다.

(중간 원의 지름)$=5\times 2=10$ (cm)
⇨ $6+10+$(가장 작은 원의 반지름)$=20$,
$16+$(가장 작은 원의 반지름)$=20$,
(가장 작은 원의 반지름)$=20-16=$**4 (cm)**

응용 **2** (1) (큰 원의 반지름)$=3+5=8$ (cm)
(2) (큰 원의 지름)$=$(큰 원의 반지름)$\times 2$
$=8\times 2=$**16 (cm)**

예제 **2-1** 해법 순서
① 큰 원의 반지름의 길이를 구합니다.
② 작은 원의 지름의 길이를 구합니다.
③ 작은 원의 반지름의 길이를 구합니다.

(큰 원의 반지름)$=$(큰 원의 지름)$\div 2$
$=12\div 2=6$ (cm)
(작은 원의 지름)$=$(큰 원의 반지름)
$=6$ cm
⇨ (작은 원의 반지름)$=$(작은 원의 지름)$\div 2$
$=6\div 2=$**3 (cm)**

예제 **2-2** 해법 순서
① 가장 큰 원의 반지름의 길이를 구합니다.
② 가장 작은 원의 지름의 길이를 구합니다.
③ 가장 작은 원의 반지름의 길이를 구합니다.

(가장 큰 원의 반지름)$=$(가장 큰 원의 지름)$\div 2$
$=24\div 2=12$ (cm)
(가장 작은 원의 지름)$=12-2=10$ (cm)
⇨ (가장 작은 원의 반지름)
$=$(가장 작은 원의 지름)$\div 2$
$=10\div 2=$**5 (cm)**

응용 3 (1) (선분 ㄱㄴ)=4 cm
(선분 ㄴㄷ)=4+3−2=5 (cm)
(선분 ㄷㄱ)=3 cm
(2) (삼각형 ㄱㄴㄷ의 세 변의 길이의 합)
=(선분 ㄱㄴ)+(선분 ㄴㄷ)+(선분 ㄷㄱ)
=4+5+3=**12 (cm)**

예제 3-1 해법 순서
① 선분 ㄱㄴ, 선분 ㄴㄷ, 선분 ㄷㄱ의 길이를 각각 구합니다.
② 삼각형 ㄱㄴㄷ의 세 변의 길이의 합을 구합니다.
(선분 ㄱㄴ)=2+4=6 (cm)
(선분 ㄴㄷ)=4+3=7 (cm)
(선분 ㄷㄱ)=3+2=5 (cm)
⇨ (삼각형 ㄱㄴㄷ의 세 변의 길이의 합)
=(선분 ㄱㄴ)+(선분 ㄴㄷ)+(선분 ㄷㄱ)
=6+7+5=**18 (cm)**

예제 3-2 해법 순서
① 선분 ㄱㄴ, 선분 ㄴㄷ, 선분 ㄷㄹ, 선분 ㄹㄱ의 길이를 각각 구합니다.
② 사각형 ㄱㄴㄷㄹ의 네 변의 길이의 합을 구합니다.
(선분 ㄱㄴ)=(선분 ㄴㄷ)
=(큰 원의 반지름)
=6+2=8 (cm)
(선분 ㄷㄹ)=(선분 ㄹㄱ)
=(작은 원의 반지름)
=2+4=6 (cm)
⇨ (사각형 ㄱㄴㄷㄹ의 네 변의 길이의 합)
=(선분 ㄱㄴ)+(선분 ㄴㄷ)+(선분 ㄷㄹ)+(선분 ㄹㄱ)
=8+8+6+6=**28 (cm)**

응용 4 (1) 가:
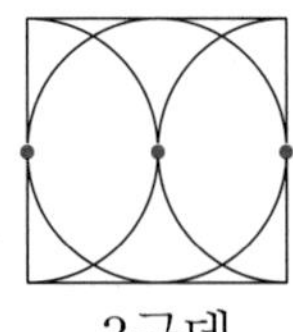
3군데
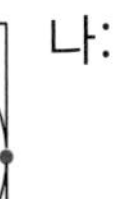
나:
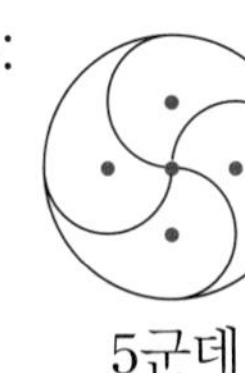
5군데
(2) **나**가 5−3=**2(군데)** 더 많습니다.

예제 4-1 가:
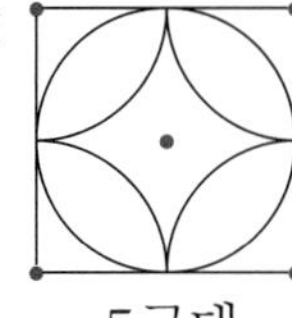
5군데
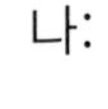
나:
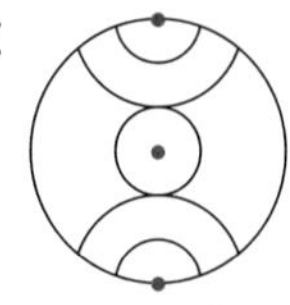
3군데
⇨ **가**가 5−3=**2(군데)** 더 많습니다.

예제 4-2 가:
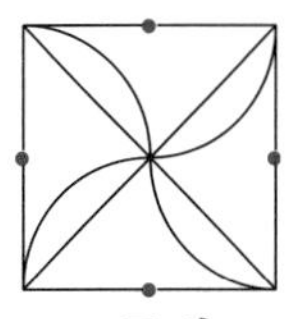
4군데
나:
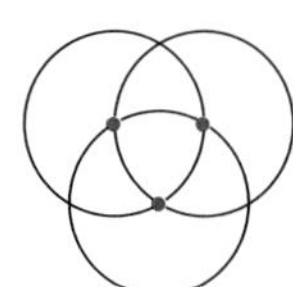
3군데
다:
3군데
⇨ 컴퍼스의 침을 꽂아야 하는 곳의 개수가 다른 하나는 **가**입니다.

응용 5 생각 열기 직사각형은 마주 보는 변의 길이가 같습니다.
(1) (변 ㄱㄴ)=(원의 지름)
=25 cm
(변 ㄴㄷ)=(원의 지름)×4
=25×4=100 (cm)
(2) (직사각형 ㄱㄴㄷㄹ의 네 변의 길이의 합)
=(변 ㄱㄴ)+(변 ㄴㄷ)+(변 ㄷㄹ)+(변 ㄹㄱ)
(변 ㄷㄹ)=(변 ㄱㄴ), (변 ㄹㄱ)=(변 ㄴㄷ)
=25+100+25+100=**250 (cm)**

예제 5-1 생각 열기 변 ㄱㄴ의 길이는 피자의 지름의 길이와 같습니다.
변 ㄱㄹ의 길이는 피자의 지름의 길이의 3배이므로 (피자의 지름)=90÷3=30 (cm)입니다.
(변 ㄱㄴ)=(피자의 지름)=30 cm이므로
(직사각형 ㄱㄴㄷㄹ의 네 변의 길이의 합)
=(변 ㄱㄴ)+(변 ㄴㄷ)+(변 ㄷㄹ)+(변 ㄹㄱ)
(변 ㄴㄷ)=(변 ㄱㄹ), (변 ㄷㄹ)=(변 ㄱㄴ)
=30+90+30+90=**240 (cm)**

예제 5-2 해법 순서
① 변 ㄱㄴ의 길이를 구합니다.
② 변 ㄴㄷ의 길이를 구합니다.
③ 직사각형 ㄱㄴㄷㄹ의 네 변의 길이의 합을 구합니다.
(변 ㄱㄴ)=(원의 반지름)×4
=8×4=32 (cm)
(변 ㄴㄷ)=(원의 반지름)×6
=8×6=48 (cm)
⇨ (직사각형 ㄱㄴㄷㄹ의 네 변의 길이의 합)
=(변 ㄱㄴ)+(변 ㄴㄷ)+(변 ㄷㄹ)+(변 ㄹㄱ)
(변 ㄷㄹ)=(변 ㄱㄴ), (변 ㄹㄱ)=(변 ㄴㄷ)
=32+48+32+48=**160 (cm)**

다른 풀이

직사각형 ㄱㄴㄷㄹ의 네 변의 길이의 합은 원의 반지름의 길이의 20배입니다.

⇨ (직사각형 ㄱㄴㄷㄹ의 네 변의 길이의 합)
=(원의 반지름)×20
=8×20=**160 (cm)**

응용 **6** (1) (원의 지름)=(원의 반지름)×2
=3×2=6 (cm)

(2) 원의 반지름 부분이 겹치므로 원의 반지름인 3 cm씩 늘어납니다.

(3) (선분 ㄱㄴ)=6+3×5
=6+15=**21 (cm)**

예제 **6-1** 해법 순서

① 원의 지름의 길이를 구합니다.
② 원을 하나씩 더 그릴 때마다 원의 중심을 지나는 선분의 길이가 몇 cm씩 늘어나는지 구합니다.
③ 선분 ㄱㄴ의 길이를 구합니다.

(원의 지름)=(원의 반지름)×2
=6×2=12 (cm)

원을 하나씩 더 그릴 때마다 원의 중심을 지나는 선분의 길이는 6 cm씩 늘어납니다.

⇨ (선분 ㄱㄴ)=12+6×8
=12+48=**60 (cm)**

다른 풀이

선분 ㄱㄴ의 길이는 원의 반지름의 길이의 10배 입니다. (10: (원의 개수)+1)

⇨ (선분 ㄱㄴ)=(원의 반지름)×10
=6×10=**60 (cm)**

예제 **6-2** 원 1개를 그렸을 때의 길이는 8 cm이고 원이 하나씩 더 늘어날 때마다 원의 반지름인 4 cm씩 늘어납니다.

60−8=52 (cm)이므로 처음 원을 뺀 나머지 원은 52÷4=13(개)입니다.

따라서 처음 원에 13개를 겹쳐서 그린 것이므로 원을 모두 **14개** 그린 것입니다.

다른 풀이

(원의 반지름)=(원의 지름)÷2
=8÷2=4 (cm)

60÷4=15이므로 60 cm는 원의 반지름인 4 cm의 15배입니다. (15: (원의 개수)+1)

따라서 원을 모두 15−1=**14(개)** 그린 것입니다.

STEP 3 응용 유형 뛰어넘기 76 ~ 80쪽

01 12 cm
02 5군데
03 7 cm
04 예 원의 지름의 길이가 길수록 큰 원입니다.
각 원의 지름의 길이를 알아보면
㉠ 5×2=10 (cm), ㉡ 12 cm,
㉢ 8×2=16 (cm), ㉣ 8 cm입니다.
따라서 큰 원부터 차례로 기호를 쓰면 ㉢, ㉡, ㉠, ㉣입니다. ; ㉢, ㉡, ㉠, ㉣
05 8 cm
06 10 cm
07 예 (선분 ㄱㅇ)+(선분 ㅇㄴ)=36−14=22 (cm)
(선분 ㄱㅇ)=(선분 ㅇㄴ)=(원의 반지름)
=22÷2=11 (cm)
⇨ (원의 지름)=11×2=22 (cm) ; 22 cm
08 8 cm
09 20 cm
10 48 cm
11 예 (선분 ㅂㄷ)=(선분 ㄹㄷ)=10 cm
(선분 ㄴㅂ)=(선분 ㅁㄴ)=18−10=8 (cm)
(선분 ㄱㄴ)=(선분 ㄹㄷ)=10 cm
⇨ (선분 ㄱㅁ)=10−8=2 (cm) ; 2 cm
12 7개
13 30 cm
14 3 cm

01 해법 순서

① 큰 원의 지름의 길이를 구합니다.
② 작은 원의 지름의 길이를 구합니다.
③ 두 원의 지름의 길이의 합을 구합니다.

(큰 원의 지름)=(큰 원의 반지름)×2
=4×2=8 (cm)

(작은 원의 지름)=(작은 원의 반지름)×2
=2×2=4 (cm)

⇨ (두 원의 지름의 길이의 합)
=8+4=**12 (cm)**

02 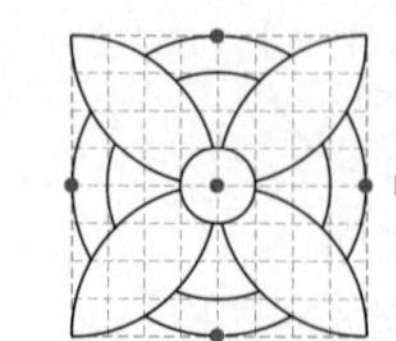  **5군데**

03 해법 순서

① 선분 ㄱㄴ의 길이는 원의 반지름의 길이의 몇 배인지 알아봅니다.

② 원의 반지름의 길이를 구합니다.

선분 ㄱㄴ의 길이는 원의 반지름의 길이의 6배입니다. ⇨ (원의 반지름)$=42\div6=$**7 (cm)**

04 서술형 가이드 각 원의 지름의 길이나 반지름의 길이를 비교하는 풀이 과정이 들어 있어야 합니다.

채점 기준

상	각 원의 지름의 길이나 반지름의 길이를 구하여 큰 원부터 차례로 기호를 씀.
중	각 원의 지름의 길이나 반지름의 길이를 구했으나 큰 원부터 차례로 기호를 쓰지 못함.
하	각 원의 지름의 길이나 반지름의 길이를 구하지 못해 큰 원부터 차례로 기호를 쓰지 못함.

다른 풀이

원의 반지름의 길이가 길수록 큰 원입니다.
각 원의 반지름의 길이를 알아보면
㉠ 5 cm, ㉡ $12\div2=6$(cm),
㉢ 8 cm, ㉣ $8\div2=4$(cm)입니다.
따라서 큰 원부터 차례로 기호를 쓰면 ㉢, ㉡, ㉠, ㉣입니다.

참고

원의 크기를 비교할 때에는 원의 지름의 길이나 반지름의 길이로 통일하여 길이를 비교합니다.

05 해법 순서

① 상자의 네 변의 길이의 합은 통조림의 지름의 길이의 몇 배인지 알아봅니다.

② 통조림의 지름의 길이를 구합니다.

상자의 네 변의 길이의 합은 통조림의 지름의 길이의 8배입니다.
⇨ (통조림의 지름)$=64\div8=$**8 (cm)**

다른 풀이

상자는 네 변의 길이가 모두 같습니다.
(상자의 한 변)=(네 변의 길이의 합)÷(변의 수)
$=64\div4=16$(cm)
상자의 한 변의 길이는 통조림의 지름의 길이의 2배입니다.
⇨ (통조림의 지름)$=16\div2=$**8 (cm)**

06 생각 열기 원의 중심은 같고 원의 반지름은 모눈 1칸씩 늘려서 그렸습니다.

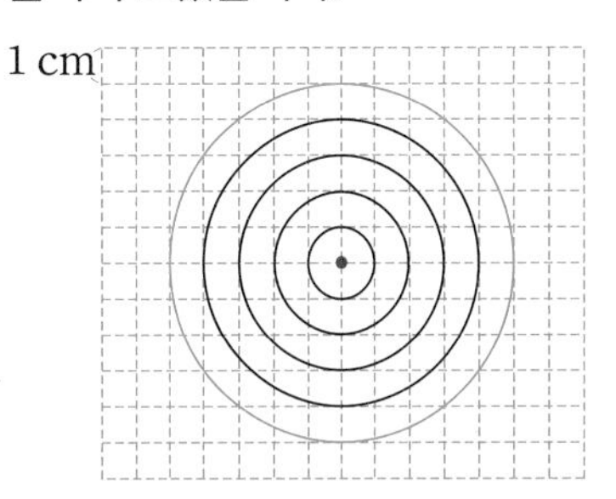

그린 원의 반지름이 5 cm이므로 지름은
$5\times2=$**10 (cm)**입니다.

07 서술형 가이드 원의 반지름의 길이를 구하여 원의 지름의 길이를 구하는 풀이 과정이 들어 있어야 합니다.

채점 기준

상	원의 반지름의 길이를 구하여 원의 지름의 길이를 바르게 구함.
중	원의 반지름의 길이를 구했으나 원의 지름의 길이를 구하지 못함.
하	원의 반지름의 길이를 구하지 못해 원의 지름의 길이를 구하지 못함.

08 생각 열기 선분 ㄱㄴ과 선분 ㄴㄷ은 큰 원의 반지름이므로 각각 12 cm입니다.

(선분 ㄱㄴ)=(선분 ㄴㄷ)=12 cm
(선분 ㄷㄹ)+(선분 ㄹㄱ)
$=40-12-12=16$ (cm)
선분 ㄷㄹ과 선분 ㄹㄱ은 작은 원의 반지름이므로 길이가 같습니다.
⇨ (작은 원의 반지름)$=16\div2=$**8 (cm)**

09 원의 반지름이 1 cm부터 시작하여 1 cm씩 늘어나는 규칙입니다.
따라서 10번째 원의 반지름은 10 cm이므로
지름은 $10\times2=$**20 (cm)**입니다.

10 해법 순서

① 바둑돌의 지름의 길이를 구합니다.

② 알파벳의 둘레는 바둑돌의 지름의 길이의 몇 배인지 알아봅니다.

③ 알파벳의 둘레는 몇 cm인지 구합니다.

바둑돌의 지름은 $1\times2=2$ (cm)이고 알파벳의 둘레는 바둑돌의 지름의 길이의 24배입니다.
⇨ $2\times24=$**48 (cm)**

11 서술형 가이드 선분 ㅂㄷ, 선분 ㄴㅂ, 선분 ㅁㄴ, 선분 ㄱㄴ의 길이를 차례로 구해 선분 ㄱㅁ의 길이를 구하는 풀이 과정이 들어 있어야 합니다.

채점 기준

상	선분 ㅂㄷ, 선분 ㄴㅂ, 선분 ㅁㄴ, 선분 ㄱㄴ의 길이를 차례로 구해 선분 ㄱㅁ의 길이를 바르게 구함.
중	선분 ㅂㄷ, 선분 ㄴㅂ, 선분 ㅁㄴ, 선분 ㄱㄴ의 길이를 차례로 구했으나 선분 ㄱㅁ의 길이를 구하지 못함.
하	선분 ㄱㅁ의 길이를 구하는 방법을 몰라 풀이 과정과 답을 모두 쓰지 못함.

12 해법 순서
① 원의 지름과 반지름의 길이를 각각 구합니다.
② 원을 하나씩 더 그릴 때마다 원의 중심을 지나는 선분의 길이가 몇 cm씩 늘어나는지 구합니다.
③ 원을 몇 개까지 그릴 수 있는지 구합니다.

원의 지름은 직사각형의 짧은 변의 길이와 같은 16 cm이므로 원의 반지름은 $16 \div 2=8$(cm)입니다.
처음 원의 지름 16 cm에 원을 하나씩 더 그릴 때마다 원의 반지름인 8 cm씩 늘어납니다.
$64-16=48$ (cm)이므로 처음 원을 뺀 나머지 원은 $48 \div 8=6$(개)입니다.
따라서 원을 $6+1=$**7(개)**까지 그릴 수 있습니다.

다른 풀이
원의 지름은 직사각형의 짧은 변의 길이와 같은 16 cm이므로 원의 반지름은 $16 \div 2=8$ (cm)입니다.
$64 \div 8=8$이므로 64 cm는 원의 반지름인 8 cm의 8배입니다.
(원의 개수)+1
따라서 원을 $8-1=$**7(개)**까지 그릴 수 있습니다.

13 생각 열기 두 동전의 중심을 이은 선분의 길이는 동전의 지름의 길이와 같습니다.

각 삼각형은 세 변의 길이가 같고 세 변의 길이의 합은 다음과 같습니다.

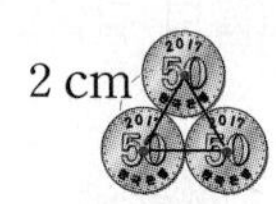

첫 번째: $2 \times 3=6$ (cm)

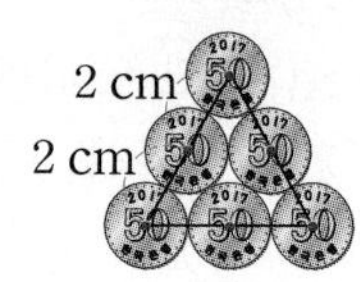

두 번째: $4 \times 3=12$ (cm)

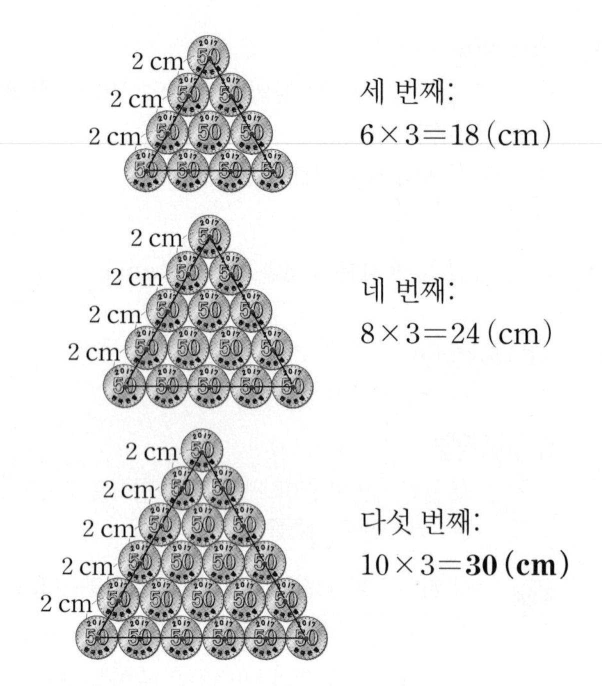

세 번째: $6 \times 3=18$ (cm)

네 번째: $8 \times 3=24$ (cm)

다섯 번째: $10 \times 3=$**30 (cm)**

14 생각 열기 직사각형의 네 변의 길이의 합은 작은 원의 지름의 길이의 몇 배인지 알아봅니다.

큰 원의 지름의 길이가 작은 원의 지름의 길이의 2배이므로 직사각형의 짧은 변의 길이는 작은 원의 지름의 길이의 2배이고 직사각형의 긴 변의 길이는 작은 원의 지름의 길이의 6배입니다.
따라서 직사각형의 네 변의 길이의 합은 작은 원의 지름의 길이의 16배입니다.
⇨ (작은 원의 지름)$\times 16=48$, $3 \times 16=48$이므로 (작은 원의 지름)=**3 cm**

실력 평가 81 ~ 83쪽

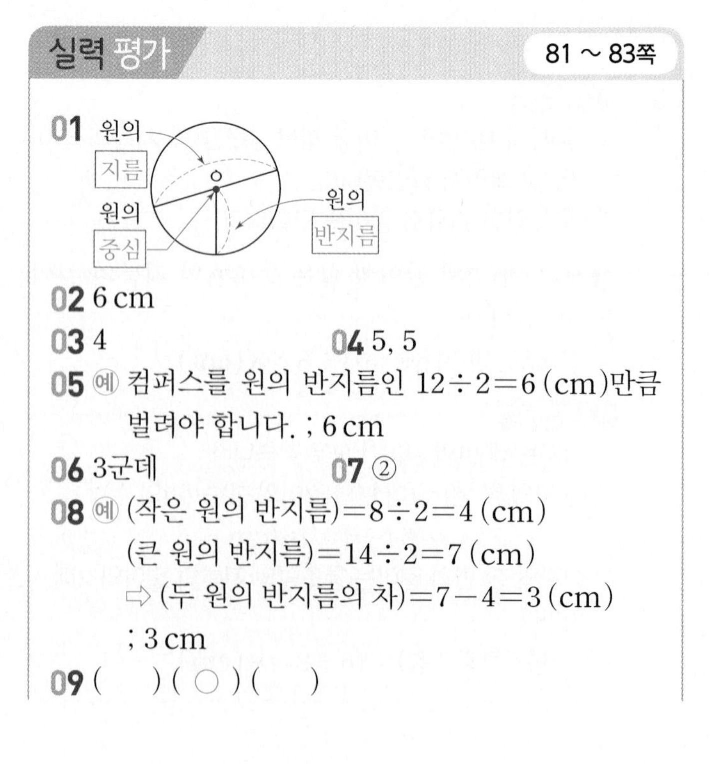

02 6 cm
03 4
04 5, 5
05 예 컴퍼스를 원의 반지름인 $12 \div 2=6$ (cm)만큼 벌려야 합니다. ; 6 cm
06 3군데
07 ②
08 예 (작은 원의 반지름)$=8 \div 2=4$ (cm)
(큰 원의 반지름)$=14 \div 2=7$ (cm)
⇨ (두 원의 반지름의 차)$=7-4=3$ (cm)
; 3 cm
09 (   ) (○) (   )

10

11 24 cm

12

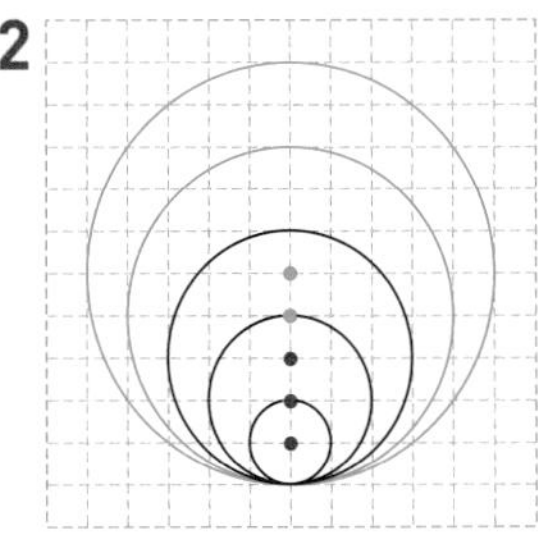

13 민우

14 12 cm

15 4 cm

16 24 cm

17 ㉢

18 예 (변 ㄱㄴ)$=10\times2=20$ (cm)

(변 ㄴㄷ)$=10\times6=60$ (cm)

⇨ (직사각형 ㄱㄴㄷㄹ의 네 변의 길이의 합)

$=20+60+20+60=160$ (cm) ; 160 cm

19 44 cm

20 28 cm

01 • 원의 **중심**: 원의 한가운데에 있는 점

• 원의 **반지름**: 원의 중심과 원 위의 한 점을 이은 선분

• 원의 **지름**: 원 위의 두 점을 이은 선분 중 원의 중심을 지나는 선분

02 원 위의 두 점을 이은 선분 중 원의 중심을 지나는 선분의 길이는 **6 cm**입니다.

03 컴퍼스의 침과 연필심 사이의 길이는 원의 반지름의 길이인 **4** cm와 같습니다.

04 한 원에서 반지름의 길이는 모두 같습니다.
따라서 □ 안에 알맞은 수는 모두 **5**입니다.

05 서술형 가이드 컴퍼스를 원의 반지름의 길이만큼 벌린다는 내용이 들어 있어야 합니다.

채점 기준

상	컴퍼스를 원의 반지름의 길이만큼 벌려야 하는 것을 알고 답을 바르게 구함.
중	컴퍼스를 원의 반지름의 길이만큼 벌려야 하는 것을 알았으나 답을 구하지 못함.
하	컴퍼스를 원의 반지름의 길이만큼 벌려야 하는 것을 몰라 답을 구하지 못함.

06 생각 열기 컴퍼스의 침을 꽂아야 할 곳은 각 원의 중심입니다.

⇨ 3군데

07 ② 한 원에서 반지름은 무수히 많이 그을 수 있습니다.

08 서술형 가이드 작은 원의 반지름의 길이와 큰 원의 반지름의 길이를 각각 구해 두 원의 반지름의 차를 구하는 풀이 과정이 들어 있어야 합니다.

채점 기준

상	작은 원의 반지름의 길이와 큰 원의 반지름의 길이를 각각 구해 두 원의 반지름의 차를 바르게 구함.
중	작은 원의 반지름의 길이와 큰 원의 반지름의 길이만 각각 구함.
하	작은 원의 반지름의 길이와 큰 원의 반지름의 길이를 각각 구하지 못해 답을 구하지 못함.

09 원의 중심은 이동하고 원의 반지름의 길이는 같게 하여 그렸습니다.

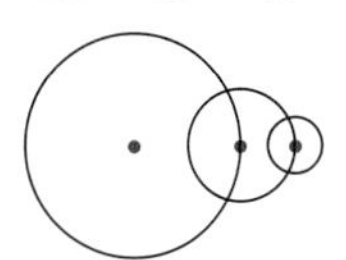

원의 중심은 이동하고 원의 반지름의 길이는 다르게 하여 그렸습니다.

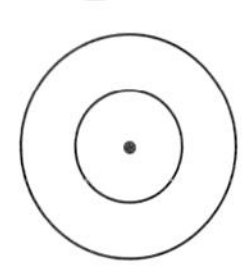

원의 중심은 같고 원의 반지름의 길이는 다르게 하여 그렸습니다.

10

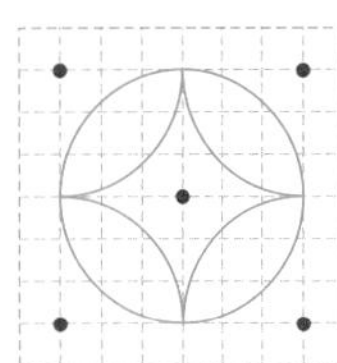

반지름이 모눈 3칸인 원을 그린 다음 그린 원 안에 반지름이 모눈 3칸인 원의 일부분을 4개 그립니다.

11 해법 순서
① 원의 지름의 길이를 구합니다.
② 삼각형의 세 변의 길이의 합을 구합니다.

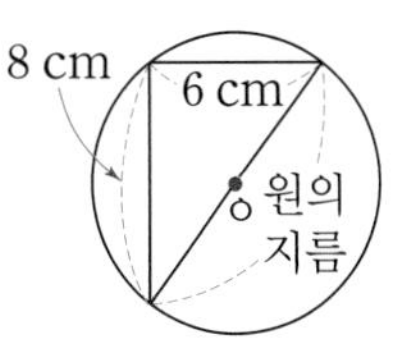

(원의 지름)$=$(원의 반지름)$\times2$

$=5\times2=10$ (cm)

⇨ (삼각형의 세 변의 길이의 합)

$=6+8+10=$ **24 (cm)**

12 원의 중심은 위쪽으로 모눈 1칸씩 이동하고 원의 반지름의 길이는 모눈 1칸씩 늘려서 그립니다.

13 생각 열기 돋보기의 지름의 길이가 길수록 큰 돋보기입니다.

각 돋보기의 지름의 길이를 알아보면 준현: 8 cm, 현성: $5\times2=10$ (cm), 민우: 6 cm입니다.
따라서 **민우**의 돋보기가 가장 작습니다.

다른 풀이
돋보기의 반지름의 길이가 길수록 큰 돋보기입니다.
각 돋보기의 반지름의 길이를 알아보면
준현: $8\div2=4$(cm), 현성: 5 cm,
민우: $6\div2=3$(cm)입니다.
따라서 **민우**의 돋보기가 가장 작습니다.

14 (삼각형의 한 변)=(동전 자석의 지름)=4 cm
⇨ (삼각형의 세 변의 길이의 합)
$=4\times3=$**12 (cm)**

15 생각 열기 정사각형은 네 변의 길이가 모두 같습니다.

(정사각형의 한 변)=(원의 지름)
$=32\div4=8$ (cm)
⇨ (선분 ㄱㅇ)=(원의 반지름)
=(원의 지름)$\div2$
$=8\div2=$**4 (cm)**

16 생각 열기 작은 원의 지름의 길이는 큰 원의 반지름의 길이와 같습니다.

(작은 원의 지름)=(큰 원의 반지름)=8 cm
(작은 원의 반지름)=(작은 원의 지름)$\div2$
$=8\div2=$**4 (cm)**
⇨ (선분 ㄱㄴ)
=(작은 원의 반지름)+(큰 원의 반지름)
+(큰 원의 반지름)+(작은 원의 반지름)
$=4+8+8+4=$**24 (cm)**

17 생각 열기 맨홀에 빠지지 않으려면 물건의 지름의 길이가 맨홀의 지름의 길이보다 길어야 합니다.

맨홀의 지름이 88 cm이므로 물건의 지름이 88 cm보다 길어야 합니다.
각 물건의 지름의 길이를 알아보면
㉠ $38\times2=76$ (cm), ㉡ 50 cm,
㉢ $45\times2=90$ (cm)입니다.
따라서 맨홀에 빠지지 않는 것은 ㉢입니다.

18 해법 순서
① 변 ㄱㄴ의 길이를 구합니다.
② 변 ㄴㄷ의 길이를 구합니다.
③ 직사각형 ㄱㄴㄷㄹ의 네 변의 길이의 합을 구합니다.

서술형 가이드 변 ㄱㄴ과 변 ㄴㄷ의 길이를 각각 구해 직사각형 ㄱㄴㄷㄹ의 네 변의 길이의 합을 구하는 풀이 과정이 들어 있어야 합니다.

채점 기준

상	변 ㄱㄴ과 변 ㄴㄷ의 길이를 각각 구해 직사각형 ㄱㄴㄷㄹ의 네 변의 길이의 합을 바르게 구함.
중	변 ㄱㄴ과 변 ㄴㄷ의 길이를 각각 구했으나 직사각형 ㄱㄴㄷㄹ의 네 변의 길이의 합을 구하지 못함.
하	변 ㄱㄴ과 변 ㄴㄷ의 길이를 구하지 못해 직사각형 ㄱㄴㄷㄹ의 네 변의 길이의 합을 구하지 못함.

다른 풀이
직사각형 ㄱㄴㄷㄹ의 네 변의 길이의 합은 원의 반지름의 길이의 16배입니다.
⇨ (직사각형 ㄱㄴㄷㄹ의 네 변의 길이의 합)
=(원의 반지름)$\times16$
$=10\times16=$**160 (cm)**

19 (원의 지름)=(원의 반지름)$\times2$
$=4\times2=8$ (cm)
처음 원의 지름 8 cm에 원을 하나씩 더 그릴 때마다 원의 반지름인 4 cm씩 늘어납니다.
⇨ (선분 ㄱㄴ)$=8+4\times9$
$=8+36=$**44 (cm)**

다른 풀이
선분 ㄱㄴ의 길이는 원의 반지름의 길이의 11배입니다. (11: (원의 개수)+1)
⇨ (선분 ㄱㄴ)=(원의 반지름)$\times11$
$=4\times11=$**44 (cm)**

20 해법 순서
① 가장 큰 원의 지름의 길이를 구합니다.
② 둘째로 큰 원의 지름의 길이를 구합니다.
③ 가장 작은 원의 지름의 길이를 구합니다.
④ 선분 ㄱㄴ의 길이를 구합니다.

(가장 큰 원의 지름)=(가장 큰 원의 반지름)$\times2$
$=8\times2=16$ (cm)
(둘째로 큰 원의 지름)$=16-4=12$ (cm)
(가장 작은 원의 지름)$=12-4=8$ (cm)
⇨ (선분 ㄱㄴ)
=(가장 작은 원의 지름)+(둘째로 큰 원의 지름)
+(가장 큰 원의 반지름)
$=8+12+8=$**28 (cm)**

4. 분수

STEP 1 기본 유형 익히기 90 ~ 93쪽

1-1 2 **1-2** $\frac{1}{2}$

1-3 예 ; 4, $\frac{2}{4}$

1-4 8, $\frac{6}{8}$ **1-5** $\frac{4}{5}$

1-6 준성 ; 예 사탕 18개를 6개씩 묶으면 동생에게 준 사탕 6개는 18개의 $\frac{1}{3}$이야.

2-1 (1) 4 (2) 6 **2-2** (1) 20 (2) 60

2-3 5개 **2-4** 4개

2-5 예

2-6 9시간

3-1 $\frac{1}{3}$, $\frac{6}{9}$에 ○표 ; $\frac{7}{5}$, $\frac{12}{12}$에 △표

3-2 $2\frac{3}{4}$ **3-3** (1) $2\frac{5}{9}$ (2) $\frac{14}{8}$

3-4 $\frac{1}{8}$, $\frac{2}{8}$, $\frac{3}{8}$, $\frac{4}{8}$, $\frac{5}{8}$, $\frac{6}{8}$, $\frac{7}{8}$

3-5 $\frac{46}{5}$ m

3-6 예 분자가 분모와 같거나 분모보다 큰 분수는 $\frac{11}{5}$, $\frac{9}{9}$로 모두 2개입니다. ; 2개

3-7 4개

4-1 > **4-2** (1) < (2) <

4-3 종혁

4-4 (위에서부터) $1\frac{7}{8}$, $\frac{14}{8}$, $1\frac{7}{8}$

4-5 예 $\frac{12}{9}=1\frac{3}{9}$입니다.
$1\frac{\square}{9}<1\frac{3}{9}$에서 □ 안에 들어갈 수 있는 자연수는 1, 2로 모두 2개입니다. ; 2개

1-1 생각 열기 도토리 전체(7개)를 1개씩 묶으면 7묶음이 됩니다.
부분(2개)은 전체(7개)를 똑같이 7부분으로 나눈 것 중의 **2**입니다.

1-2 사과를 4개씩 묶으면 사과 4개는 전체 8개의 $\frac{1}{2}$입니다.

1-3 16을 4씩 묶으면 **4**묶음이 됩니다.
8은 4묶음 중의 2묶음이므로 8은 16의 $\frac{2}{4}$입니다.

1-4 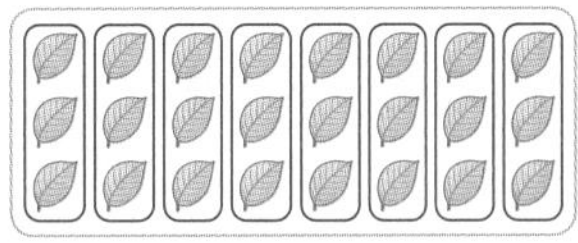
24를 3씩 묶으면 **8**묶음이 됩니다.
18은 8묶음 중의 6묶음이므로 18은 24의 $\frac{6}{8}$입니다.

1-5 25를 5씩 묶으면 5묶음이 됩니다.
20은 5묶음 중의 4묶음이므로 20은 25의 $\frac{4}{5}$입니다.

1-6 18을 6씩 묶으면 3묶음이 됩니다.
6은 3묶음 중의 1묶음이므로 6은 18의 $\frac{1}{3}$입니다.

서술형 가이드 분수로 나타낸 것이 틀린 사람을 찾고 바르게 고쳤는지 확인합니다.

채점 기준

상	분수로 나타낸 것이 틀린 사람을 찾고 바르게 고침.
중	분수로 나타낸 것이 틀린 사람은 찾았으나 바르게 고치지 못함.
하	분수로 나타내는 방법을 몰라서 문제를 풀지 못함.

2-1 (1) 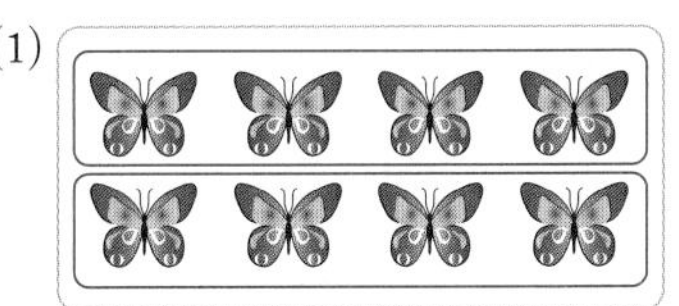
8을 똑같이 2묶음으로 나눈 것 중의 1묶음은 4입니다.
⇨ 8의 $\frac{1}{2}$은 **4**입니다.

(2) 
8을 똑같이 4묶음으로 나눈 것 중의 3묶음은 6입니다.
⇨ 8의 $\frac{3}{4}$은 **6**입니다.

2-2 생각 열기 1 m=100 cm임을 생각합니다.
(1) 1 m를 똑같이 10묶음으로 나눈 것 중의 1묶음은 10 cm이므로 2묶음은 **20** cm입니다.
(2) 1 m를 똑같이 5묶음으로 나눈 것 중의 1묶음은 20 cm이므로 3묶음은 **60** cm입니다.

2-3  15개의 $\frac{1}{3}$은 **5개**입니다.

2-4 생각 열기 교실이 2, 3, 4층에 각각 8개씩 있으므로 모두 $8\times3=24$(개)입니다.
24개의 $\frac{1}{6}$은 **4개**입니다.

2-5 • 빨간색: 14의 $\frac{3}{7}$은 6이므로 ○ 6개를 색칠합니다.
• 초록색: 14의 $\frac{4}{7}$는 8이므로 ○ 8개를 색칠합니다.

2-6 24시간을 똑같이 8묶음으로 나눈 것 중의 1묶음은 3시간입니다. 따라서 24시간의 $\frac{3}{8}$은 24시간을 똑같이 8묶음으로 나눈 것 중의 3묶음이므로 **9시간**입니다.

3-1 • 진분수: 분자가 분모보다 작은 분수
⇨ $\mathbf{\frac{1}{3}, \frac{6}{9}}$
• 가분수: 분자가 분모와 같거나 분모보다 큰 분수
⇨ $\mathbf{\frac{7}{5}, \frac{12}{12}}$

참고
남은 수 2는 자연수입니다.

3-2 2와 $\frac{3}{4}$을 $\mathbf{2\frac{3}{4}}$이라 씁니다.

참고
$2\frac{3}{4}$을 '2와 4분의 3'이라고 읽습니다.

3-3 (1) $\frac{23}{9} \to \frac{18}{9}$과 $\frac{5}{9} \to 2$와 $\frac{5}{9} \to \mathbf{2\frac{5}{9}}$
(2) $1\frac{6}{8} \to 1$과 $\frac{6}{8} \to \frac{8}{8}$과 $\frac{6}{8} \to \mathbf{\frac{14}{8}}$

참고
다음과 같은 방법으로 가분수를 대분수로, 대분수를 가분수로 나타낼 수도 있습니다.
(1) $\frac{23}{9}$ ⇨ $23\div9=2\cdots5$ ⇨ $2\frac{5}{9}$
(2) $1\frac{6}{8}=\frac{1\times8+6}{8}=\frac{14}{8}$

3-4 생각 열기 분모가 8인 진분수 $\frac{\square}{8}$에서 분자 □는 8보다 작아야 합니다.
분자는 1, 2, 3, 4, 5, 6, 7이 될 수 있으므로
$\mathbf{\frac{1}{8}, \frac{2}{8}, \frac{3}{8}, \frac{4}{8}, \frac{5}{8}, \frac{6}{8}, \frac{7}{8}}$입니다.

3-5 생각 열기 첨성대의 높이는 약 $9\frac{1}{5}$ m이므로 $9\frac{1}{5}$을 가분수로 나타내어 봅니다.
$9\frac{1}{5} \to 9$와 $\frac{1}{5} \to \frac{45}{5}$와 $\frac{1}{5} \to \mathbf{\frac{46}{5}}$

3-6 서술형 가이드 가분수는 분자가 분모와 같거나 분모보다 큰 분수임을 알고 가분수의 개수를 구하는 풀이 과정이 들어 있어야 합니다.

채점 기준

상	가분수를 알고 가분수가 모두 몇 개인지 바르게 구함.
중	가분수가 무엇인지 알지만 가분수를 모두 찾지 못하여 답이 틀림.
하	가분수가 무엇인지 알지 못하여 문제를 해결하지 못함.

참고
$\frac{5}{8}, \frac{3}{4}, \frac{2}{6}$는 분자가 분모보다 작으므로 진분수입니다.

3-7 분모가 7인 진분수 중에서 분자가 2보다 큰 수는 $\frac{3}{7}, \frac{4}{7}, \frac{5}{7}, \frac{6}{7}$으로 모두 **4개**입니다.

4-1 자연수 부분이 같으므로 분자의 크기를 비교합니다.
분자의 크기를 비교하면 $2>1$이므로 $1\frac{2}{3}>1\frac{1}{3}$입니다.

4-2 (1) $8<10$ ⇨ $\frac{8}{7}<\frac{10}{7}$
(2) $2<3$ ⇨ $2\frac{4}{5}<3\frac{1}{5}$

참고
• 분모가 같은 분수의 크기 비교
(1) 분모가 같은 가분수는 분자가 클수록 더 큰 수입니다.
(2) 분모가 같은 대분수는 자연수 부분이 다르면 자연수가 클수록 더 큰 수이고, 자연수 부분이 같으면 분자가 클수록 더 큰 수입니다.

4-3 $\frac{11}{10}<\frac{13}{10}$이므로 딸기를 더 많이 딴 사람은 **종혁**입니다.

4-4 • $\frac{14}{8}>\frac{11}{8}$, $1\frac{3}{8}<1\frac{7}{8}$
• $\frac{14}{8}=1\frac{6}{8}$ ⇨ $1\frac{6}{8}<1\frac{7}{8}$

4-5 생각 열기 분수의 형태를 통일할 때에는 □가 있는 분수의 형태와 같게 합니다.

$\frac{12}{9}$를 대분수로 나타낸 다음 크기를 비교합니다.

$\frac{12}{9} \to \frac{9}{9}$와 $\frac{3}{9} \to 1$과 $\frac{3}{9} \to 1\frac{3}{9}$

서술형 가이드 두 분수의 형태를 통일한 후 □ 안에 들어갈 수 있는 자연수가 모두 몇 개인지 구하는 풀이 과정이 들어 있어야 합니다.

채점 기준

상	두 분수의 형태를 통일한 후 크기 비교를 하여 □ 안에 들어갈 수 있는 자연수가 모두 몇 개인지 바르게 구함.
중	두 분수의 형태를 통일했으나 크기 비교를 하는 과정에서 실수가 있어 답이 틀림.
하	두 분수의 형태를 통일하지 못하여 답을 구하지 못함.

STEP 2 응용 유형 익히기 94 ~ 101쪽

응용 **1** $\frac{3}{8}$

예제 **1-1** $\frac{1}{4}$ 예제 **1-2** $\frac{2}{20}$

응용 **2** 9장

예제 **2-1** 15명 예제 **2-2** 4개

응용 **3** 36 cm

예제 **3-1** 54 cm 예제 **3-2** 30 mm

응용 **4** 4시간 12분

예제 **4-1** 5시간 20분 예제 **4-2** 8시간

응용 **5** $\frac{3}{5}, \frac{3}{7}, \frac{5}{7}, \frac{3}{8}, \frac{5}{8}, \frac{7}{8}$

예제 **5-1** 6개 예제 **5-2** 4개

응용 **6** $3\frac{3}{7}$

예제 **6-1** $3\frac{6}{10}$ 예제 **6-2** $\frac{23}{6}, \frac{29}{6}$

응용 **7** 공원

예제 **7-1** 연준

예제 **7-2** 동준, 민호, 정은, 유미

응용 **8** 1, 2, 3

예제 **8-1** 5개

예제 **8-2** $1\frac{1}{4}, 1\frac{2}{4}, 1\frac{3}{4}, 2\frac{1}{4}, 2\frac{2}{4}, 2\frac{3}{4}$

응용 **1** (1) (서영이와 은지가 먹은 고구마 수)
$=6+9=15$(개)
⇨ (남은 고구마 수)$=24-15=9$(개)
(2) 고구마 24개를 3개씩 묶으면 8묶음이 됩니다.
(3) 남은 고구마 9개는 8묶음 중의 3묶음이므로 24개의 $\frac{3}{8}$입니다.

예제 **1-1** 해법 순서
① 앞으로 모아야 할 칭찬 붙임딱지 수를 구합니다.
② 칭찬 붙임딱지 20장을 5장씩 묶으면 몇 묶음이 되는지 알아봅니다.
③ 앞으로 모아야 할 칭찬 붙임딱지 수는 20장의 얼마인지 분수로 나타내어 봅니다.

지영이가 으뜸 어린이로 뽑히기 위해 앞으로 모아야 할 칭찬 붙임딱지는 $20-15=5$(장)입니다.
칭찬 붙임딱지 20장을 5장씩 묶으면 4묶음이 됩니다.
따라서 앞으로 모아야 할 칭찬 붙임딱지 5장은 4묶음 중의 1묶음이므로 20장의 $\frac{1}{4}$입니다.

예제 **1-2** 생각 열기 먼저 우체국 기호의 수를 구합니다.
(우체국을 뺀 나머지 기호의 수)
$=9+1+2+12+4+5+3=36$(개)
(우체국 기호의 수)
$=40-$(우체국을 뺀 나머지 기호의 수)
$=40-36=4$(개)
40개를 2개씩 묶으면 20묶음이 됩니다. 우체국 기호의 수 4개는 20묶음 중의 2묶음이므로 전체의 $\frac{2}{20}$입니다.

주의
전체 기호를 2개씩 묶는다는 조건이 있으므로 정답은 $\frac{(\text{부분 묶음 수})}{(\text{전체 묶음 수})}=\frac{2}{20}$입니다. 전체 기호를 1개씩 묶어 $\frac{4}{40}$로 답하거나 전체 기호를 4개씩 묶어 $\frac{1}{10}$로 답하지 않도록 주의합니다.

응용 **2** (1) 40장을 똑같이 8묶음으로 나눈 것 중의 1묶음은 5장이므로 2묶음은 10장입니다.
(2) 지훈이가 사용하고 남은 색종이는 $40-10=30$(장)입니다.
30장을 똑같이 10묶음으로 나눈 것 중의 1묶음은 3장이므로 3묶음은 **9장**입니다.

예제 **2-1** 생각 열기 먼저 첫 번째 문제를 맞힌 학생 수를 구합니다.

해법 순서

① 첫 번째 문제를 맞힌 학생 수를 구합니다.
② 두 번째 문제를 맞힌 학생 수를 구합니다.

- 32명을 똑같이 4묶음으로 나눈 것 중의 3묶음은 24명이므로 첫 번째 문제를 맞힌 학생은 24명입니다.
- 24명을 똑같이 8묶음으로 나눈 것 중의 5묶음은 15명이므로 두 번째 문제를 맞힌 학생은 **15명**입니다.

참고

- ■의 $\frac{▲}{●}$ 알아보기

① ■의 $\frac{1}{●}$을 먼저 구합니다. ⇨ ■÷●

② $\frac{▲}{●}$는 $\frac{1}{●}$이 ▲개이므로 ■의 $\frac{▲}{●}$는 ①에서 구한 것의 ▲배입니다. ⇨ ■÷●×▲ (■÷● : ①)

예제 **2-2** 해법 순서

① 사과의 수를 구합니다.
② 귤의 수를 구합니다.
③ 감의 수를 구합니다.
④ 배의 수를 구합니다.

- 90개를 똑같이 3묶음으로 나눈 것 중의 1묶음은 30개이므로 사과는 30개입니다.
- 전체에서 사과를 뺀 나머지는 90−30=60(개)이고, 60개를 똑같이 5묶음으로 나눈 것 중의 3묶음은 36개이므로 귤은 36개입니다.
- 전체에서 사과와 귤을 뺀 나머지는 90−30−36=24(개)이고, 24개를 똑같이 6묶음으로 나눈 것 중의 5묶음은 20개이므로 감은 20개입니다.
- 배는 전체에서 사과, 귤, 감을 뺀 나머지이므로 90−30−36−20=**4(개)**입니다.

주의

귤과 감의 수를 구할 때 전체의 분수만큼으로 생각하여 구하지 않도록 주의합니다.

응용 **3** 생각 열기 두 번째에 튀어 오른 공의 높이는 첫 번째에 튀어 오른 공의 높이의 $\frac{2}{3}$입니다.

(1) 81 cm의 $\frac{2}{3}$를 구합니다.
⇨ 81 cm를 똑같이 3묶음으로 나눈 것 중의 1묶음은 81÷3=27 (cm)이므로 2묶음은 27×2=54 (cm)입니다.

(2) 54 cm의 $\frac{2}{3}$를 구합니다.
⇨ 54 cm를 똑같이 3묶음으로 나눈 것 중의 1묶음은 54÷3=18 (cm)이므로 2묶음은 18×2=**36 (cm)**입니다.

예제 **3-1** 첫 번째에 튀어 오른 공의 높이는 떨어진 높이 96 cm의 $\frac{3}{4}$입니다.
96 cm를 똑같이 4묶음으로 나눈 것 중의 1묶음은 96÷4=24 (cm)이므로 3묶음은 24×3=72 (cm)입니다.
두 번째에 튀어 오른 공의 높이는 첫 번째에 튀어 오른 공의 높이 72 cm의 $\frac{3}{4}$입니다.
72 cm를 똑같이 4묶음으로 나눈 것 중의 1묶음은 72÷4=18 (cm)이므로 3묶음은 18×3=**54 (cm)**입니다.

예제 **3-2** 머리: 48 mm의 $\frac{1}{8}$이므로 48÷8=6 (mm)
가슴: 48 mm의 $\frac{1}{4}$이므로 48÷4=12 (mm)
배: 48−6−12=**30 (mm)**

응용 **4** 생각 열기 1시간=60분임을 생각합니다.

(1) 1시간은 60분입니다. 60분을 똑같이 5묶음으로 나눈 것 중의 1묶음은 12분이므로 3묶음은 36분입니다.
(2) 일주일은 7일이므로 일주일 동안 운동하는 시간은 36×7=252(분)입니다.
252분=240분+12분=**4시간 12분**

예제 **4-1** 해법 순서

① 경훈이가 하루에 노래 연습을 하는 시간은 몇 분인지 구합니다.
② 경훈이가 10일 동안 노래 연습을 하는 시간은 몇 시간 몇 분인지 구합니다.

1시간은 60분입니다. 60분을 똑같이 15묶음으로 나눈 것 중의 1묶음은 4분이므로 8묶음은 32분입니다.
32분씩 10일 동안 노래 연습을 하는 시간은 32×10=320(분)입니다.
320분=300분+20분=**5시간 20분**

예제 **4-2** 하루는 24시간입니다.

- 24시간을 똑같이 3묶음으로 나눈 것 중의 1묶음은 8시간이므로 잠을 자는 시간은 8시간입니다.
- 24시간을 똑같이 4묶음으로 나눈 것 중의 1묶음은 6시간이므로 학교에 있는 시간은 6시간입니다.
- 24시간을 똑같이 12묶음으로 나눈 것 중의 1묶음은 2시간이므로 축구를 하는 시간은 2시간입니다.

따라서 나머지 시간은 $24-8-6-2=$ **8(시간)** 입니다.

응용 **5** 생각 열기 진분수는 분자가 분모보다 작은 분수입니다.

(1) 진분수는 분자가 분모보다 작으므로 가장 작은 수는 분모에 놓을 수 없습니다. 따라서 분모에 놓을 수 있는 수는 5, 7, 8입니다.

(2) 분모가 5일 때: $\mathbf{\frac{3}{5}}$

분모가 7일 때: $\mathbf{\frac{3}{7}}, \mathbf{\frac{5}{7}}$

분모가 8일 때: $\mathbf{\frac{3}{8}}, \mathbf{\frac{5}{8}}, \mathbf{\frac{7}{8}}$

예제 **5-1** 생각 열기 가분수는 분자가 분모와 같거나 분모보다 큰 분수입니다.

가분수는 분자가 분모와 같거나 분모보다 크므로 가장 큰 수는 분모에 놓을 수 없습니다. 따라서 분모에 놓을 수 있는 수는 2, 3, 6입니다.

- 분모가 2일 때: $\frac{3}{2}, \frac{6}{2}, \frac{9}{2}$
- 분모가 3일 때: $\frac{6}{3}, \frac{9}{3}$
- 분모가 6일 때: $\frac{9}{6}$

⇨ 만들 수 있는 가분수는 모두 **6개**입니다.

예제 **5-2** 생각 열기 대분수는 자연수와 진분수로 이루어진 분수입니다.

대분수의 분수 부분은 진분수이어야 합니다.

- 자연수 부분이 1일 때: $1\frac{4}{7}$
- 자연수 부분이 4일 때: $4\frac{1}{7}$
- 자연수 부분이 9일 때: $9\frac{1}{7}, 9\frac{4}{7}$

따라서 만들 수 있는 분수 중 분모가 7인 대분수는 모두 **4개**입니다.

응용 **6** (1) (분자)$\div 8=3$에서 (분자)$=8\times3=24$이므로 가분수는 $\frac{24}{7}$입니다.

(2) $\frac{24}{7} \rightarrow \frac{21}{7}$과 $\frac{3}{7} \rightarrow 3$과 $\frac{3}{7} \rightarrow \mathbf{3\frac{3}{7}}$

예제 **6-1** 해법 순서

① 가분수의 분자를 구하여 가분수를 구합니다.

② ①에서 구한 가분수를 대분수로 나타냅니다.

(분자)$\div 9=4$에서 (분자)$=9\times4=36$이므로 가분수는 $\frac{36}{10}$입니다.

$\frac{36}{10} \rightarrow \frac{30}{10}$과 $\frac{6}{10} \rightarrow 3$과 $\frac{6}{10} \rightarrow \mathbf{3\frac{6}{10}}$

예제 **6-2** 수 카드 3장을 사용하여 만들 수 있는 분자가 5인 대분수는 $3\frac{5}{6}$, $4\frac{5}{6}$입니다.

- $3\frac{5}{6} \rightarrow 3$과 $\frac{5}{6} \rightarrow \frac{18}{6}$과 $\frac{5}{6} \rightarrow \mathbf{\frac{23}{6}}$
- $4\frac{5}{6} \rightarrow 4$와 $\frac{5}{6} \rightarrow \frac{24}{6}$와 $\frac{5}{6} \rightarrow \mathbf{\frac{29}{6}}$

응용 **7** (1) $\frac{19}{11} \rightarrow \frac{11}{11}$과 $\frac{8}{11} \rightarrow 1$과 $\frac{8}{11} \rightarrow 1\frac{8}{11}$

(2) $1\frac{6}{11}<1\frac{8}{11}<2\frac{1}{11}$이므로 학교에서 가장 가까운 곳은 **공원**입니다.

예제 **7-1** 생각 열기 세 사람이 가지고 있는 철사의 길이를 같은 형태의 분수로 나타낸 다음 비교합니다.

지희가 가지고 있는 철사의 길이를 가분수로 나타냅니다.

$2\frac{5}{8} \rightarrow 2$와 $\frac{5}{8} \rightarrow \frac{16}{8}$과 $\frac{5}{8} \rightarrow \frac{21}{8}$

$\frac{23}{8}>\frac{21}{8}>\frac{19}{8}$이므로 가장 긴 철사를 가지고 있는 사람은 **연준**입니다.

다른 풀이

현우와 연준이가 가지고 있는 철사의 길이를 대분수로 나타내어 비교합니다.

- 현우: $\frac{19}{8}=2\frac{3}{8}$ • 연준: $\frac{23}{8}=2\frac{7}{8}$

⇨ $2\frac{7}{8}>2\frac{5}{8}>2\frac{3}{8}$ (연준, 지희, 현우)

따라서 가장 긴 철사를 가지고 있는 사람은 연준입니다.

예제 7-2 생각 열기 네 사람의 키를 같은 형태의 분수로 나타낸 다음 비교합니다.

동준이와 정은이의 키를 가분수로 나타냅니다.

• 동준: $1\frac{6}{9} \rightarrow 1$과 $\frac{6}{9} \rightarrow \frac{9}{9}$와 $\frac{6}{9} \rightarrow \frac{15}{9}$

• 정은: $1\frac{4}{9} \rightarrow 1$과 $\frac{4}{9} \rightarrow \frac{9}{9}$와 $\frac{4}{9} \rightarrow \frac{13}{9}$

$\frac{15}{9} > \frac{14}{9} > \frac{13}{9} > \frac{12}{9}$이므로 키가 큰 사람부터 차례로 쓰면 **동준, 민호, 정은, 유미**입니다.

다른 풀이

유미와 민호의 키를 대분수로 나타내어 비교합니다.

• 유미: $\frac{12}{9} = 1\frac{3}{9}$ • 민호: $\frac{14}{9} = 1\frac{5}{9}$

⇨ $1\frac{6}{9} > 1\frac{5}{9} > 1\frac{4}{9} > 1\frac{3}{9}$
동준 민호 정은 유미

따라서 키가 큰 사람부터 차례로 쓰면 동준, 민호, 정은, 유미입니다.

응용 8 (1) $\frac{39}{5} \rightarrow \frac{35}{5}$와 $\frac{4}{5} \rightarrow 7$과 $\frac{4}{5} \rightarrow 7\frac{4}{5}$

(2) $7\frac{4}{5} > 7\frac{\square}{5}$에서 $4 > \square$이므로 □ 안에 들어갈 수 있는 수는 **1, 2, 3**입니다.

예제 8-1 해법 순서

① $\frac{12}{9}$를 대분수로 나타냅니다.

② 대분수와 자연수의 크기를 비교하여 □ 안에 들어갈 수 있는 분수 중 분모가 9인 대분수를 구합니다.

③ ②에서 구한 대분수는 모두 몇 개인지 알아봅니다.

$\frac{12}{9} \rightarrow \frac{9}{9}$와 $\frac{3}{9} \rightarrow 1$과 $\frac{3}{9} \rightarrow 1\frac{3}{9}$

따라서 $1\frac{3}{9} < \square < 2$이므로 □ 안에 들어갈 수 있는 대분수는 $1\frac{4}{9}$, $1\frac{5}{9}$, $1\frac{6}{9}$, $1\frac{7}{9}$, $1\frac{8}{9}$로 모두 **5개**입니다.

예제 8-2 3보다 작은 대분수의 자연수 부분은 1 또는 2입니다.

• 자연수가 1인 경우: $\mathbf{1\frac{1}{4}}$, $\mathbf{1\frac{2}{4}}$, $\mathbf{1\frac{3}{4}}$

• 자연수가 2인 경우: $\mathbf{2\frac{1}{4}}$, $\mathbf{2\frac{2}{4}}$, $\mathbf{2\frac{3}{4}}$

주의

분모가 4인 대분수이므로 분자에 올 수 있는 수는 1, 2, 3 뿐입니다.

STEP 3 응용 유형 뛰어넘기 102 ~ 106쪽

01 $2\frac{2}{8}$, $\frac{18}{8}$ **02** $\frac{16}{9}$, $1\frac{6}{9}$에 ○표

03 클립 **04** 30 km

05 33개

06 예 가분수는 분자가 분모와 같거나 분모보다 크므로 분자는 8, 9, 10, 11이 될 수 있습니다.
$\frac{8}{8}$, $\frac{9}{8}$, $\frac{10}{8}$, $\frac{11}{8}$ 중에서 가장 큰 가분수는 $\frac{11}{8}$이므로 $\frac{11}{8}$을 대분수로 나타내면 $1\frac{3}{8}$입니다.
; $1\frac{3}{8}$

07 4시간 40분

08 예 $\frac{33}{7} = 4\frac{5}{7}$이므로 분모가 7인 대분수 중에서 $3\frac{4}{7}$보다 크고 $4\frac{5}{7}$보다 작은 분수는 $3\frac{5}{7}$, $3\frac{6}{7}$, $4\frac{1}{7}$, $4\frac{2}{7}$, $4\frac{3}{7}$, $4\frac{4}{7}$로 모두 6개입니다. ; 6개

09 ㉮

10 예 형이 먹은 호두과자는 48개의 $\frac{1}{6}$이므로 8개입니다. 남은 호두과자는 $48-8=40$(개)이고, 지수가 먹은 호두과자는 40개의 $\frac{2}{8}$이므로 10개입니다. 따라서 지수가 먹은 호두과자가 $10-8=2$(개) 더 많습니다. ; 지수, 2개

11 2개 **12** 72장

13 $\frac{32}{5}$ cm, $\frac{16}{5}$ cm에 ○표

14 21살

01 생각 열기 작은 눈금 한 칸의 크기는 $\frac{1}{8}$입니다.

㉠은 2에서 $\frac{2}{8}$만큼 오른쪽으로 간 수이므로 대분수로 나타내면 $\mathbf{2\frac{2}{8}}$입니다.

$2\frac{2}{8} \rightarrow 2$와 $\frac{2}{8} \rightarrow \frac{16}{8}$과 $\frac{2}{8} \rightarrow \mathbf{\frac{18}{8}}$

02 $1\frac{5}{9} \rightarrow 1$과 $\frac{5}{9} \rightarrow \frac{9}{9}$와 $\frac{5}{9} \rightarrow \frac{14}{9}$

$\frac{14}{9} < \frac{16}{9}$, $1\frac{5}{9} > 1\frac{2}{9}$, $1\frac{5}{9} < 1\frac{6}{9}$, $\frac{14}{9} > \frac{5}{9}$

따라서 $1\frac{5}{9}$보다 큰 수는 $\frac{16}{9}$과 $1\frac{6}{9}$입니다.

03 $\frac{17}{5} = 3\frac{2}{5}$, $\frac{11}{5} = 2\frac{1}{5}$이므로 $3\frac{3}{5} > 3\frac{2}{5} > 2\frac{1}{5} > 1\frac{1}{5}$입니다. 따라서 가장 긴 것은 **클립**입니다.

다른 풀이

누름 못과 클립의 길이를 가분수로 나타내어 비교합니다.

• 누름 못: $1\frac{1}{5}=\frac{6}{5}$ • 클립: $3\frac{3}{5}=\frac{18}{5}$

⇨ $\frac{18}{5}>\frac{17}{5}>\frac{11}{5}>\frac{6}{5}$
클립 집게 나사못 누름 못

따라서 가장 긴 것은 클립입니다.

04 42 km의 $\frac{2}{7}$는 12 km이므로 앞으로 달려야 할 거리는 $42-12=$**30 (km)**입니다.

05 해법 순서

① 창현이가 먹은 귤의 수를 구합니다.
② 동생이 먹은 귤의 수를 구합니다.
③ 창현이와 동생이 먹고 남은 귤의 수를 구합니다.

창현이가 먹은 귤은 54개의 $\frac{1}{6}$이므로 9개입니다.
동생이 먹은 귤은 54개의 $\frac{2}{9}$이므로 12개입니다.
⇨ 남은 귤은 $54-9-12=$**33(개)**입니다.

06 해법 순서

① 만들 수 있는 가분수를 모두 구합니다.
② 만들 수 있는 가분수 중에서 가장 큰 가분수를 구합니다.
③ ②에서 구한 가분수를 대분수로 나타냅니다.

서술형 가이드 만들 수 있는 가분수 중에서 가장 큰 가분수를 구한 다음 대분수로 나타내는 풀이 과정이 들어 있어야 합니다.

채점 기준

상	만들 수 있는 가분수 중에서 가장 큰 가분수를 대분수로 바르게 나타냄.
중	만들 수 있는 가분수 중에서 가장 큰 가분수는 구했으나 대분수로 나타내는 과정에서 실수가 있어 답이 틀림.
하	만들 수 있는 가분수 중에서 가장 큰 가분수를 구하지 못하여 문제를 해결하지 못함.

07 생각 열기 1시간은 60분입니다.

1시간은 60분이므로 60분의 $\frac{1}{3}$은 20분입니다.
매일 20분씩 2주일 동안 줄넘기를 하는 시간은 $20\times14=280$(분)입니다.
280분＝240분＋40분＝**4시간 40분**

08 서술형 가이드 조건을 만족하는 분수를 구하는 풀이 과정이 들어 있어야 합니다.

채점 기준

상	대분수는 자연수와 진분수로 이루어진 분수임을 알고 크기를 비교하여 조건을 만족하는 분수가 몇 개인지 바르게 구함.
중	대분수는 자연수와 진분수로 이루어진 분수임을 알지만 크기를 비교하는 과정에서 실수가 있어 답이 틀림.
하	대분수를 알지 못하여 문제를 해결하지 못함.

09 해법 순서

① 전체 남학생 수와 파란색을 좋아하는 남학생 수를 알아보고 분수 ㉮를 구합니다.
② 전체 여학생 수와 노란색을 좋아하는 여학생 수를 알아보고 분수 ㉯를 구합니다.
③ ㉮와 ㉯의 크기를 비교합니다.

• 전체 남학생 수: $3+5+6=14$(명)
파란색을 좋아하는 남학생 수: 5명
⇨ 14를 1씩 묶으면 5는 14의 $\frac{5}{14}$이므로 ㉮는 $\frac{5}{14}$입니다.

• 전체 여학생 수: $6+5+3=14$(명)
노란색을 좋아하는 여학생 수: 3명
⇨ 14를 1씩 묶으면 3은 14의 $\frac{3}{14}$이므로 ㉯는 $\frac{3}{14}$입니다.

따라서 $\frac{5}{14}>\frac{3}{14}$이므로 ㉮가 더 큰 수입니다.

10 해법 순서

① 형이 먹은 호두과자의 수를 구합니다.
② 지수가 먹은 호두과자의 수를 구합니다.
③ ①과 ②의 수를 비교합니다.

서술형 가이드 형과 지수가 먹은 호두과자의 수를 각각 구하여 누가 먹은 호두과자가 몇 개 더 많은지 구하는 풀이 과정이 들어 있어야 합니다.

채점 기준

상	형과 지수가 먹은 호두과자의 수를 각각 구하여 누가 먹은 호두과자가 몇 개 더 많은지 바르게 구함.
중	형과 지수가 먹은 호두과자의 수를 구하는 과정에서 실수가 있어 답이 틀림.
하	분수만큼은 얼마인지 구하는 방법을 알지 못하여 문제를 풀지 못함.

11 해법 순서

① 분모에 놓을 수 있는 수를 알아봅니다.
② 만들 수 있는 가분수를 모두 알아봅니다.
③ ②에서 만든 분수 중에서 3보다 큰 수는 모두 몇 개인지 구합니다.

가분수는 분자가 분모와 같거나 분모보다 크므로 가장 큰 수는 분모에 놓을 수 없습니다. 따라서 분모에 놓을 수 있는 수는 2, 6, 7입니다.

- 분모가 2인 가분수: $\frac{6}{2}$, $\frac{7}{2}$, $\frac{9}{2}$
- 분모가 6인 가분수: $\frac{7}{6}$, $\frac{9}{6}$
- 분모가 7인 가분수: $\frac{9}{7}$

이 중에서 3보다 큰 가분수는 $\frac{7}{2}$, $\frac{9}{2}$로 모두 **2개**입니다.

12 남은 색종이 수 24장은 동생이 $\frac{1}{2}$만큼 쓰고 남은 것이므로 동생이 쓰기 전 색종이 수의 $\frac{1}{2}$입니다.

동생이 쓰기 전 색종이 수: $24\times2=48$(장)

색종이 48장은 오빠가 $\frac{1}{3}$만큼 쓰고 남은 것이므로 처음 색종이 수의 $\frac{2}{3}$입니다.

따라서 처음 색종이 수의 $\frac{1}{3}$은 $48\div2=24$(장)이고 처음 색종이는 $24\times3=$**72(장)**입니다.

참고

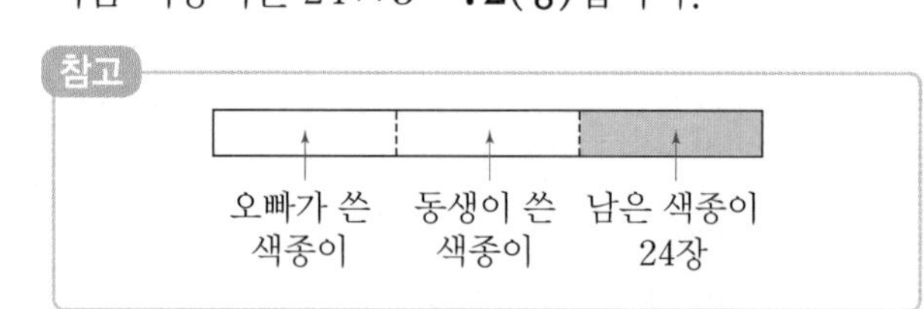

13 생각 열기 자석의 양쪽 끝 부분에 최대한 길게 이어 붙인 클립의 길이가 $9\frac{3}{5}$ cm이므로 ㉠에 붙는 클립의 길이는 $9\frac{3}{5}$ cm보다 짧아야 합니다.

$9\frac{3}{5}=\frac{48}{5}$이므로

$\frac{48}{5}>\frac{32}{5}$, $\frac{48}{5}<\frac{64}{5}$, $\frac{48}{5}<\frac{80}{5}$, $\frac{48}{5}>\frac{16}{5}$, $\frac{48}{5}<\frac{51}{5}$입니다.

㉠에 붙는 클립의 길이는 $9\frac{3}{5}$ cm보다 짧아야 하므로 알맞은 길이는 $\frac{32}{5}$ cm, $\frac{16}{5}$ cm입니다.

14 해법 순서

① 몇 살까지 소년으로 보냈는지 알아봅니다.
② 몇 살이 지나서 얼굴에 수염이 자라기 시작했는지 알아봅니다.

84년의 $\frac{1}{6}$은 14년이므로 14살까지 소년으로 보냈고 84년의 $\frac{1}{12}$은 7년이므로 $14+7=$**21(살)**이 지나서 얼굴에 수염이 자라기 시작했습니다.

참고

84년의 $\frac{1}{7}$은 12년이므로 $21+12=33$(살)에 결혼했습니다.

실력 평가 (107 ~ 109쪽)

01 예 [그림] ; (1) $\frac{2}{5}$ (2) $\frac{4}{5}$

02 (1) 2 (2) 6

03 $\frac{3}{5}$, $\frac{4}{5}$, $\frac{7}{5}$, $\frac{9}{5}$

04 $\frac{1}{12}$, $\frac{4}{5}$에 ○표 ; $\frac{15}{7}$, $\frac{7}{3}$, $\frac{10}{10}$에 △표

05 ⑤

06 2개

07 (1) $\frac{19}{8}$ (2) $6\frac{1}{4}$

08 연주

09 대분수

10 예 $1\frac{5}{8}=\frac{13}{8}$입니다.
$\frac{13}{8}<\frac{15}{8}$이므로 영호네 집에서 더 가까운 곳은 우체국입니다. ; 우체국

11 4개

12 종, 왕 ; 세종대왕

13 $\frac{29}{4}$ cm

14 $\frac{3}{8}$

15 $\frac{12}{8}$, $1\frac{5}{8}$에 ○표

16 예 $\frac{20}{13}=1\frac{7}{13}$이므로 $1\frac{7}{13}<1\frac{\square}{13}<1\frac{11}{13}$입니다.
따라서 □ 안에 들어갈 수 있는 수는 8, 9, 10으로 모두 3개입니다. ; 3개

17 7개

18 예 (전체 책의 수)$=14\times4=56$(권)
과학책은 56권의 $\frac{3}{8}$이므로 21권입니다. ; 21권

19 $7\frac{3}{8}$

20 5권, 5권

01 (1) 15를 3씩 묶으면 5묶음이 됩니다.
6은 5묶음 중의 2묶음이므로 6은 15의 $\mathbf{\frac{2}{5}}$입니다.
(2) 15를 3씩 묶으면 5묶음이 됩니다.
12는 5묶음 중의 4묶음이므로 12는 15의 $\mathbf{\frac{4}{5}}$입니다.

02 (1) 단추 10개를 똑같이 5묶음으로 나눈 것 중의 1묶음은 **2**개입니다.
(2) 단추 10개를 똑같이 5묶음으로 나눈 것 중의 3묶음은 **6**개입니다.

03 생각 열기 눈금 한 칸의 크기는 $\frac{1}{5}$입니다.

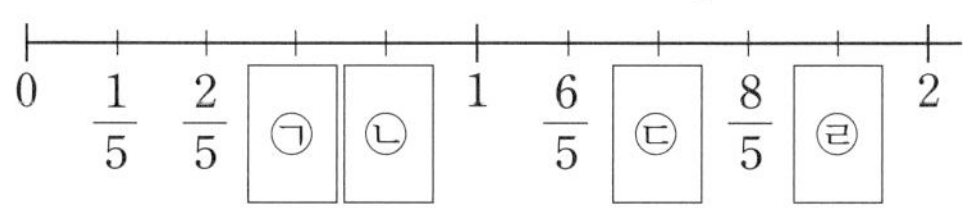

㉠ $\frac{1}{5}$이 3개이므로 $\mathbf{\frac{3}{5}}$입니다.
㉡ $\frac{1}{5}$이 4개이므로 $\mathbf{\frac{4}{5}}$입니다.
㉢ $\frac{1}{5}$이 7개이므로 $\mathbf{\frac{7}{5}}$입니다.
㉣ $\frac{1}{5}$이 9개이므로 $\mathbf{\frac{9}{5}}$입니다.

04 • 진분수: 분자가 분모보다 작은 분수 ⇨ $\frac{1}{12}$, $\frac{4}{5}$
• 가분수: 분자가 분모와 같거나 분모보다 큰 분수
⇨ $\frac{15}{7}$, $\frac{7}{3}$, $\frac{10}{10}$

참고
남은 수 $3\frac{1}{9}$은 자연수와 진분수로 이루어진 대분수입니다.

05 대분수의 분수 부분은 진분수이어야 하므로 □ 안에 7은 들어갈 수 없습니다.

06 생각 열기 자연수와 진분수로 이루어진 분수를 찾습니다.
대분수는 자연수와 진분수로 이루어진 분수이므로 $5\frac{1}{12}$, $2\frac{2}{3}$로 모두 **2개**입니다.

참고
$\frac{2}{9}$, $\frac{8}{11}$은 진분수이고 $\frac{13}{13}$은 가분수입니다.

07 (1) $2\frac{3}{8}$ → 2와 $\frac{3}{8}$ → $\frac{16}{8}$과 $\frac{3}{8}$ → $\mathbf{\frac{19}{8}}$
(2) $\frac{25}{4}$ → $\frac{24}{4}$와 $\frac{1}{4}$ → 6과 $\frac{1}{4}$ → $\mathbf{6\frac{1}{4}}$

다른 풀이
(1) $2\frac{3}{8}=\frac{2\times8+3}{8}=\frac{19}{8}$
(2) $\frac{25}{4}$ ⇨ $25\div4=6\cdots1$ ⇨ $6\frac{1}{4}$

08 생각 열기 두 사람이 들고 있는 분수를 같은 형태로 나타낸 후 크기를 비교합니다.
$3\frac{2}{7}=\frac{23}{7}$이므로 $\frac{25}{7}>\frac{23}{7}$입니다.
⇨ 더 큰 분수를 들고 있는 사람은 **연주**입니다.

다른 풀이
연주가 들고 있는 분수를 대분수로 나타냅니다.
$\frac{25}{7}=3\frac{4}{7}$ ⇨ $3\frac{4}{7}>3\frac{2}{7}$
(연주) (지호)
따라서 더 큰 분수를 들고 있는 사람은 연주입니다.

09 첫 번째와 세 번째 물고기는 클립이 달려 있어 자석을 가까이 가져가면 자석 쪽으로 끌려 갑니다.
⇨ 가운데 물고기에 쓰인 분수 $3\frac{4}{5}$는 **대분수**입니다.

참고
$\frac{4}{5}$는 진분수이고 $\frac{8}{5}$은 가분수입니다.

10 서술형 가이드 대분수와 가분수의 크기를 비교하여 영호네 집에서 더 가까운 곳은 어디인지 구하는 풀이 과정이 들어 있어야 합니다.

채점 기준

상	두 분수를 같은 형태로 나타낸 다음 크기를 비교하여 영호네 집에서 더 가까운 곳은 어디인지 바르게 구함.
중	두 분수를 같은 형태로 나타냈지만 크기를 비교하는 과정에서 실수가 있어 답이 틀림.
하	두 분수를 같은 형태로 나타내지 못하여 문제를 풀지 못함.

11 해법 순서
① 분자가 될 수 있는 수를 모두 구합니다.
② 분모가 5인 진분수는 모두 몇 개인지 구합니다.
진분수는 분자가 분모보다 작으므로 분모가 5인 진분수의 분자는 1, 2, 3, 4입니다.
따라서 $\frac{1}{5}$, $\frac{2}{5}$, $\frac{3}{5}$, $\frac{4}{5}$로 모두 **4개**입니다.

12 • 12의 $\frac{1}{3}$은 4입니다.

• 12의 $\frac{1}{6}$은 2이므로 12의 $\frac{5}{6}$는 10입니다.

13 물을 처음에 사용한 그릇에 다시 옮겨 담으면 물의 높이는 처음과 같습니다.

$7\frac{1}{4} \rightarrow 7$과 $\frac{1}{4} \rightarrow \frac{28}{4}$과 $\frac{1}{4} \rightarrow \frac{29}{4}$

따라서 물의 높이를 가분수로 나타내면 $\mathbf{\frac{29}{4}}$ **cm**입니다.

다른 풀이

$7\frac{1}{4}=\frac{7\times4+1}{4}=\frac{29}{4}$

14 생각 열기 방학 생활 계획표에서 눈금 한 칸은 1시간을 나타냅니다.

연재가 잠자는 시간은 9시간입니다.

⇨ 24를 3씩 묶으면 9는 24의 $\mathbf{\frac{3}{8}}$입니다.

15 해법 순서

① 분수를 모두 같은 형태로 나타냅니다.

② $1\frac{3}{8}$보다 크고 $\frac{15}{8}$보다 작은 분수를 모두 찾습니다.

$1\frac{3}{8}=\frac{11}{8}$이고 $2\frac{1}{8}=\frac{17}{8}$, $1\frac{5}{8}=\frac{13}{8}$입니다.

⇨ $1\frac{3}{8}$보다 크고 $\frac{15}{8}$보다 작은 분수는 $\frac{12}{8}$, $1\frac{5}{8}$입니다.

16 해법 순서

① $\frac{20}{13}$을 대분수로 나타냅니다.

② 대분수의 크기를 비교하여 □ 안에 들어갈 수 있는 수는 모두 몇 개인지 구합니다.

$\frac{20}{13} \rightarrow \frac{13}{13}$과 $\frac{7}{13} \rightarrow 1$과 $\frac{7}{13} \rightarrow 1\frac{7}{13}$

서술형 가이드 가분수를 대분수로 나타낸 다음 대분수의 크기를 비교하는 풀이 과정이 들어 있어야 합니다.

채점 기준

상	가분수를 대분수로 나타낸 다음 대분수의 크기 비교를 하여 □ 안에 들어갈 수 있는 수의 개수를 바르게 구함.
중	가분수를 대분수로 나타냈으나 대분수의 크기를 비교하는 과정에서 실수하여 답이 틀림.
하	가분수를 대분수로 나타내지 못해 문제를 풀지 못함.

17 생각 열기 먼저 $1\frac{7}{10}$을 가분수로 나타냅니다.

$1\frac{7}{10}=\frac{17}{10}$이므로 $\frac{17}{10}$보다 작고 분모가 10인 가분수는 $\frac{10}{10}$, $\frac{11}{10}$, $\frac{12}{10}$, $\frac{13}{10}$, $\frac{14}{10}$, $\frac{15}{10}$, $\frac{16}{10}$으로 모두 **7개**입니다.

주의

가분수이어야 하므로 분자는 10이거나 10보다 커야 합니다.

18 서술형 가이드 전체 책의 수를 구한 다음 과학책이 몇 권인지 알아보는 풀이 과정이 들어 있어야 합니다.

채점 기준

상	전체 책의 수를 구한 다음 과학책의 수를 바르게 구함.
중	전체 책의 수는 구했지만 과학책의 수를 구하는 과정에서 실수하여 답이 틀림.
하	전체 책의 수를 구하지 못해 문제를 풀지 못함.

19 생각 열기 8을 제외한 나머지 수 카드 중에서 가장 큰 수를 자연수 부분에 놓습니다.

2, 7, 3, 1 중에서 가장 큰 수인 7을 자연수 부분에 놓습니다.

⇨ 자연수 부분이 7인 대분수 $7\frac{1}{8}$, $7\frac{2}{8}$, $7\frac{3}{8}$ 중에서 가장 큰 수는 $\mathbf{7\frac{3}{8}}$입니다.

참고

• 분모가 같은 대분수의 크기 비교

① 자연수 부분이 클수록 더 큰 수입니다.

② 자연수 부분이 같으면 분자가 클수록 더 큰 수입니다.

20 해법 순서

① 나누어 줄 공책 수를 구합니다.

② 나눗셈을 계산하여 한 명에게 줄 수 있는 공책 수와 남는 공책 수를 구합니다.

나누어 줄 공책은 64권의 $\frac{5}{8}$이므로 40권입니다.

공책 40권을 7명에게 똑같이 나누어 주면 $40\div7=5\cdots5$이므로 한 명에게 공책을 **5권**씩 줄 수 있고, **5권**이 남습니다.

5. 들이와 무게

STEP 1 기본 유형 익히기 116 ~ 119쪽

1-1 컵 **1-2** 2배
1-3 예 그릇에 물을 가득 채운 다음 모양과 크기가 같은 큰 그릇에 각각 옮겨 담아서 큰 그릇에 담긴 물의 양을 비교합니다.
2-1 (1) 3060 (2) 1, 300
2-2 350 mL **2-3** ㉰
3-1 (1) L (2) mL **3-2** 솔비
3-3 500 mL
4-1 6, 700 **4-2** 1 L 100 mL
4-3 1 L 600 mL+1 L 500 mL=3 L 100 mL ; 3 L 100 mL
5-1 3, 1, 2 **5-2** 필통, 11개
5-3 복숭아
6-1 5 kg 400 g (또는 5400 g)
6-2 2 kg 800 g
6-3 ㉡ ; 예 2 kg 60 g은 2060 g입니다.
7-1 (1) g (2) kg **7-2** ㉢
7-3 (1) 책가방 (2) 트럭
8-1 (1) 3 kg 700 g (2) 5 kg 600 g
8-2 7 kg 800 g **8-3** 3 kg 800 g

1-1 우유갑의 물은 컵에 가득 차지 않으므로 **컵**의 들이가 더 많습니다.

참고
㉮ 컵에 물을 가득 채운 후 ㉯ 컵에 옮겨 담았을 때 물이 다 들어가면 ㉯ 컵의 들이가 더 많은 것이고, 물이 다 들어가지 않으면 ㉮ 컵의 들이가 더 많은 것입니다.

1-2 생각 열기 그릇에 물을 가득 채운 다음 크기가 작은 그릇에 옮겨 담아서 작은 그릇의 수를 비교하는 방법입니다.
12÷6=2이므로 ㉯ 병의 들이는 ㉮ 병의 들이의 **2배**입니다.

1-3 서술형 가이드 들이를 비교하는 방법을 바르게 썼는지 확인합니다.

채점 기준

상	들이 비교 방법을 바르게 씀.
중	들이 비교 방법을 썼으나 어색함.
하	들이 비교 방법을 쓰지 못함.

다른 풀이
- 한쪽 그릇에 물을 가득 채운 다음 다른 그릇에 옮겨 담아 비교합니다.
- 그릇에 물을 가득 채우기 위해 사용한 컵의 수를 비교합니다.
- 그릇에 물을 가득 채운 다음 크기가 작은 그릇에 옮겨 담아서 작은 그릇의 수를 비교합니다.

2-1 생각 열기 1 L=1000 mL임을 이용합니다.
(1) 3 L 60 mL=3 L+60 mL
=3000 mL+60 mL
=**3060** mL
(2) 1300 mL=1000 mL+300 mL
=1 L+300 mL
=**1** L **300** mL

2-2 큰 눈금 한 칸이 100 mL를 나타내므로 작은 눈금 한 칸은 10 mL를 나타냅니다.
물의 높이에 맞게 눈금을 읽으면 **350 mL**입니다.

2-3 생각 열기 단위를 ■ L ▲ mL 또는 ◆ mL로 통일한 후 들이를 비교합니다.
㉯ 2000 mL=2 L이므로
21 L 100 mL(㉰) > 18 L 300 mL(㉮) > 2 L(㉯)입니다.

참고
단위를 통일할 때는 개수가 많은 쪽으로 바꾸어 비교하는 것이 편리합니다.

3-1 (1) 양동이의 들이는 약 4 L와 약 4 mL 중에서 약 4 **L**가 적절합니다.
(2) 물병의 들이는 약 500 L와 약 500 mL 중에서 약 500 **mL**가 적절합니다.

3-2 음료수 캔의 들이는 mL 단위로 나타내기 알맞습니다.
⇨ 단비: 음료수 캔에 음료수가 250 mL 들어 있어.

3-3 컵의 들이는 **500 mL**입니다.

4-1 생각 열기 L는 L끼리, mL는 mL끼리 더합니다.

  2 L 500 mL
+ 4 L 200 mL
6 L **700** mL

4-2 생각 열기 L는 L끼리, mL는 mL끼리 뺍니다.

3 L 500 mL > 2 L 400 mL

⇨ 3 L 500 mL − 2 L 400 mL = **1 L 100 mL**

4-3 생각 열기 참기름의 들이와 들기름의 들이를 더합니다.

1 L 600 mL + 1 L 500 mL = 3 L 100 mL (받아올림 1)

서술형 가이드 L는 L끼리, mL는 mL끼리 더하고 1000 mL=1 L임을 이용해 받아올림을 바르게 계산했는지 확인합니다.

채점 기준

상	식 1 L 600 mL+1 L 500 mL=3 L 100 mL를 쓰고 답을 바르게 썼음.
중	식 1 L 600 mL+1 L 500 mL만 썼음.
하	식을 쓰지 못함.

참고

mL끼리 더한 값이 1000 mL가 되면 1000 mL를 1 L로 받아올림합니다.

5-1 의자가 가장 무겁고 색종이가 가장 가볍습니다.

5-2 생각 열기 바둑돌이 더 많이 놓인 것이 더 무겁습니다.

필통은 바둑돌 18개의 무게와 같고, 테이프는 바둑돌 7개의 무게와 같습니다.

⇨ **필통**이 바둑돌 18−7=**11(개)**만큼 더 무겁습니다.

5-3 구슬 수가 많을수록 더 무거우므로 **복숭아**, 감, 키위의 순서대로 무겁습니다.

참고

같은 단위로 여러 물건의 무게를 비교할 때에는 단위가 많이 사용된 물건일수록 더 무겁습니다.

6-1 작은 눈금 한 칸은 100 g을 나타냅니다.
5 kg에서 작은 눈금 4칸 더 간 곳을 가리키므로 **5 kg 400 g**입니다.

6-2 2 kg보다 800 g 더 무거운 무게는 2 kg 800 g이므로 코코넛의 무게는 **2 kg 800 g**입니다.

6-3 생각 열기 1000 g=1 kg, 1000 kg=1 t임을 이용합니다.

㉠ 4870 g=4000 g+870 g
=4 kg+870 g=4 kg 870 g

㉡ 2 kg 60 g=2 kg+60 g
=2000 g+60 g=2060 g

㉢ 1000 kg=1 t ⇨ 5000 kg=5 t

서술형 가이드 단위를 잘못 사용한 문장을 찾고 바르게 고쳐야 합니다.

채점 기준

상	단위를 잘못 사용한 문장을 찾고 바르게 고침.
중	단위를 잘못 사용한 문장을 찾았으나 바르게 고치지 못함.
하	단위를 잘못 사용한 문장을 찾지 못하여 문제를 해결하지 못함.

7-1 (1) 당근의 무게는 약 250 g과 약 250 kg 중에서 약 250 **g**이 적절합니다.
(2) 의자의 무게는 약 6 g과 약 6 kg 중에서 약 6 **kg**이 적절합니다.

7-2 무게가 1 t보다 무거운 것은 코끼리 1마리입니다.

8-1 생각 열기 kg은 kg끼리, g은 g끼리 계산합니다.

(1) 1 kg 300 g + 2 kg 400 g = **3 kg 700 g**
(2) 8 kg 700 g − 3 kg 100 g = **5 kg 600 g**

8-2 생각 열기 아름이와 도일이가 캔 감자의 무게의 합을 구합니다.

(두 사람이 캔 감자의 무게)
=(아름이가 캔 감자의 무게)
+(도일이가 캔 감자의 무게)
=3 kg 600 g+4 kg 200 g=**7 kg 800 g**

8-3 생각 열기 흙을 담은 화분의 무게에서 흙의 무게를 뺍니다.

7 kg 600 g − 3 kg 800 g = **3 kg 800 g** (받아내림: 7 → 6, 1000)

참고

g끼리 뺄 수 없으면 1 kg을 1000 g으로 받아내림합니다.

STEP 2 응용 유형 익히기 120 ~ 127쪽

응용 1 2배
예제 1-1 3배　예제 1-2 라, 나, 가, 다
응용 2 5 L 90 mL
예제 2-1 4150 mL　예제 2-2 다, 나, 라, 가
응용 3 예 ㉯ 그릇에 물을 가득 담아 빈 ㉮ 그릇이 찰 때까지 붓고 남은 것을 수조에 붓습니다.
예제 3-1 예 ㉮ 그릇에 물을 가득 담아 빈 ㉯ 그릇이 찰 때까지 붓고 남은 것을 수조에 붓습니다.
예제 3-2 예 ㉯ 그릇에 물을 가득 담아 수조에 2번 부은 후 수조에서 빈 ㉮ 그릇으로 물을 가득 담아 덜어 냅니다.
응용 4 준성
예제 4-1 성호네 가족, 140 mL
예제 4-2 A 세탁기, 870 mL
응용 5 물병, 7개
예제 5-1 당근 1개, 3개　예제 5-2 배, 사과, 오렌지
응용 6 우유
예제 6-1 2 kg 300 g
예제 6-2 강아지, 오리, 토끼, 닭
응용 7 세미
예제 7-1 동우　예제 7-2 재희
응용 8 163 kg 800 g
예제 8-1 11 kg 160 g　예제 8-2 13 kg 350 g

응용 1 (1) 가 물통의 들이는 작은 컵으로 6개, 나 물통의 들이는 작은 컵으로 3개입니다.
(2) 가 물통의 들이는 나 물통의 들이의 $6 \div 3 = $ **2(배)**입니다.

예제 1-1 모양과 크기가 같은 컵으로 ㉮ 그릇에는 18번, ㉯ 그릇에는 6번 부어야 가득 차므로 ㉮ 그릇의 들이가 ㉯ 그릇의 들이보다 더 많습니다.
⇨ $18 \div 6 = $ **3(배)**

예제 1-2 각 컵으로 부은 횟수가 많을수록 컵의 들이가 적습니다.
⇨ $13 > 11 > 7 > 5$이므로 들이가 적은 컵부터 차례로 쓰면 **라, 나, 가, 다**입니다.

주의
부은 횟수가 적을수록 컵의 들이가 적다고 생각하지 않도록 합니다.

응용 2 (1) ◆ mL로 단위를 통일합니다.
⇨ 지수네 가족: 5 L 850 mL
= 5000 mL + 850 mL
= 5850 mL
(2) 5090 mL < 5850 mL < 6000 mL이므로 혜림이네 가족이 가장 적게 마십니다.
(3) 5090 mL = 5000 mL + 90 mL
= 5 L + 90 mL = **5 L 90 mL**

예제 2-1 4060 mL = 4 L 60 mL
⇨ 4 L 150 mL > 4 L 60 mL > 4 L 3 mL이므로 ㉮ 기계에 냉각수가 가장 많이 들어갑니다.
⇨ 4 L 150 mL = **4150 mL**

예제 2-2 생각 열기 1000 mL = 1 L임을 이용하여 단위를 통일한 다음 비교합니다.
나: 2120 mL = 2 L 120 mL
다: 2020 mL = 2 L 20 mL
⇨ 2 L 20 mL(다) < 2 L 120 mL(나) < 2 L 200 mL(라) < 2 L 210 mL(가)

다른 풀이
가와 라의 들이를 ◆ mL로 나타낸 다음 비교합니다.
가: 2 L 210 mL = 2210 mL
라: 2 L 200 mL = 2200 mL
⇨ 2020 mL(다) < 2120 mL(나) < 2200 mL(라) < 2210 mL(가)

응용 3 (1), (2) 1 L = 1000 mL이므로 500과 1000을 이용하여 500이 되는 식을 만들어 보면 1000 − 500 = 500입니다.

서술형 가이드 두 그릇의 들이의 합과 차를 이용하여 500 mL를 만드는 방법이 들어 있는지 확인합니다.

채점 기준

상	사용한 그릇의 횟수를 쓰고, 500 mL를 만듦.
중	두 그릇의 들이의 합과 차를 이용해 500 mL를 만들었으나 어떤 그릇을 사용했는지 쓰지 않음.
하	사용한 그릇의 횟수도 쓰지 못하고, 500 mL도 만들지 못함.

예제 **3-1** 1 L 200 mL=1200 mL이므로 1200과 400을 이용하여 800을 만들어 보면
1200−400=800입니다.
⇨ 1 L 200 mL−400 mL=800 mL

서술형 가이드 두 그릇의 들이의 합과 차를 이용하여 800 mL를 만드는 방법이 들어 있는지 확인합니다.

채점 기준

상	사용한 그릇의 횟수를 쓰고, 800 mL를 만듦.
중	두 그릇의 들이의 합과 차를 이용해 800 mL를 만들었으나 어떤 그릇을 사용했는지 쓰지 않음.
하	사용한 그릇의 횟수도 쓰지 못하고, 800 mL도 만들지 못함.

예제 **3-2** 2 L 300 mL=2300 mL이고
1 L 500 mL=1500 mL이므로
700과 1500을 이용하여 2300을 만들어 보면
1500+1500=3000, 3000−700=2300입니다.
⇨ 1 L 500 mL+1 L 500 mL=3 L,
3 L−700 mL=2 L 300 mL

서술형 가이드 두 그릇의 들이의 합과 차를 이용하여 2 L 300 mL를 만드는 방법이 들어 있는지 확인합니다.

채점 기준

상	사용한 그릇의 횟수를 쓰고, 2 L 300 mL를 만듦.
중	두 그릇의 들이의 합과 차를 이용해 2 L 300 mL를 만들었으나 어떤 그릇을 사용했는지 쓰지 않음.
하	사용한 그릇의 횟수도 쓰지 못하고, 2 L 300 mL도 만들지 못함.

응용 **4** (1) 2 L 135 mL+2 L 340 mL=4 L 475 mL
(2) 3 L 10 mL+1 L 200 mL=4 L 210 mL
(3) 4 L 475 mL > 4 L 210 mL
준성 지웅

예제 **4-1** 성호네 가족: 5 L 140 mL+3 L 380 mL
=8 L 520 mL
유선이네 가족: 2 L 90 mL+6 L 290 mL
=8 L 380 mL
⇨ 8 L 520 mL−8 L 380 mL=**140 mL**

예제 **4-2** A 세탁기: 15 L 400 mL+26 L 950 mL
=42 L 350 mL
B 세탁기: 14 L 830 mL+28 L 390 mL
=43 L 220 mL
⇨ 43 L 220 mL−42 L 350 mL=**870 mL**

응용 **5** (1) 물병의 무게는 100원짜리 동전 35개의 무게와 같고 컵의 무게는 100원짜리 동전 28개의 무게와 같습니다.
(2) **물병**이 컵보다 100원짜리 동전
35−28=**7(개)**만큼 더 무겁습니다.

참고
같은 단위로 두 물건의 무게를 비교할 때에는 단위가 많이 사용된 물건이 더 무겁습니다.

예제 **5-1** 해법 순서
① 오이 1개의 무게는 바둑돌 몇 개의 무게와 같은지 알아봅니다.
② 당근 1개의 무게는 바둑돌 몇 개의 무게와 같은지 알아봅니다.
③ 오이 1개와 당근 1개 중에서 어느 것이 얼마나 더 무거운지 알아봅니다.

오이 1개의 무게는 바둑돌 30÷2=15(개)의 무게와 같고, 당근 1개의 무게는 바둑돌 18개의 무게와 같습니다.
⇨ **당근 1개**가 오이 1개보다 바둑돌
18−15=**3(개)**만큼 더 무겁습니다.

예제 **5-2** 생각 열기 오렌지 2개의 무게는 배 1개의 무게와 같으므로 오렌지 4개의 무게는 배 2개의 무게와 같습니다.

(오렌지 4개의 무게)=(배 2개의 무게)
=(사과 3개의 무게)
무게가 같을 때 개수가 적을수록 더 무거우므로 **배, 사과, 오렌지** 순으로 무겁습니다.

응용 **6** (1) 주스: 1400 g과 1600 g의 한가운데이므로 1500 g입니다.
우유: 1 kg보다 800 g 더 무거우므로 1 kg 800 g입니다.
⇨ 1 kg 800 g=1800 g
(2) 1500 g<1800 g이므로 **우유**가 더 무겁습니다.

예제 6-1 해법 순서

① 호박과 멜론의 무게를 각각 구합니다.
② 호박과 멜론 중에서 더 가벼운 것의 무게는 몇 kg 몇 g인지 구합니다.

호박: 2500 g보다 200 g 더 무거우므로 2700 g입니다.
멜론: 2500 g보다 200 g 더 가벼우므로 2300 g입니다.
따라서 2300 g<2700 g이므로 멜론의 무게가 더 가볍고, 2300 g=**2 kg 300 g**입니다.

예제 6-2 생각 열기 동물들의 무게의 단위를 통일한 다음 비교합니다.

오리: 2300 g=2 kg 300 g
강아지: 2860 g=2 kg 860 g
⇨ 2 kg 860 g(강아지)>2 kg 300 g(오리)>2 kg 40 g(토끼)>1 kg 800 g(닭)

다른 풀이
토끼와 닭의 무게를 ◆g으로 나타낸 다음 비교합니다.
토끼: 2 kg 40 g=2040 g
닭: 1 kg 800 g=1800 g
⇨ 2860 g(강아지)>2300 g(오리)>2040 g(토끼)>1800 g(닭)

응용 7

(1) 희주: 2 kg 450 g−2 kg 200 g=250 g
세미: 2 kg 600 g−2 kg 450 g=150 g
(2) 250 g>150 g이므로 실제 무게에 더 가깝게 어림한 사람은 **세미**입니다.

참고
어림한 무게와 실제 무게의 차가 작을수록 더 가깝게 어림한 것입니다.

예제 7-1 해법 순서

① 동우와 유리가 어림한 무게와 실제 무게의 차를 각각 구합니다.
② ①에서 구한 무게의 차를 비교하여 실제 무게에 더 가깝게 어림한 사람을 찾습니다.

동우: 3 kg 200 g−3 kg 50 g=150 g
유리: 3 kg 400 g−3 kg 200 g=200 g
⇨ 150 g<200 g이므로 실제 무게에 더 가깝게 어림한 사람은 **동우**입니다.

예제 7-2 해법 순서

① 무의 실제 무게를 구합니다.
② 민우, 정은, 재희가 어림한 무게와 실제 무게의 차를 각각 구합니다.
③ ②에서 구한 무게의 차를 비교하여 실제 무게에 가장 가깝게 어림한 사람을 찾습니다.

저울의 작은 눈금 한 칸은 10 g입니다.
무의 실제 무게는 1800 g보다 40 g 더 무거우므로 1840 g입니다. ⇨ 1840 g=1 kg 840 g
어림한 무게와 실제 무게의 차를 각각 구하면 다음과 같습니다.

• 민우: 2 kg−1 kg 840 g=160 g
• 정은: 1 kg 840 g−1 kg 700 g=140 g
• 재희: 1 kg 950 g−1 kg 840 g=110 g

⇨ 110 g<140 g<160 g이므로 실제 무게에 가장 가깝게 어림한 사람은 **재희**입니다.

응용 8

(1) (아버지의 몸무게)
=34 kg 600 g+36 kg 800 g
=71 kg 400 g
(2) (어머니의 몸무게)
=71 kg 400 g−13 kg 600 g
=57 kg 800 g
(3) (종수, 아버지, 어머니의 몸무게의 합)
=34 kg 600 g+71 kg 400 g+57 kg 800 g
=106 kg+57 kg 800 g=**163 kg 800 g**

참고
• 받아올림이 있는 무게의 합
g끼리 더한 값이 1000 g이 되면 1000 g을 1 kg으로 받아올림합니다.
• 받아내림이 있는 무게의 차
g끼리 뺄 수 없으면 1 kg을 1000 g으로 받아내림합니다.

예제 8-1 해법 순서

① 한자사전의 무게를 구합니다.
② 영어사전의 무게를 구합니다.
③ 국어사전, 한자사전, 영어사전의 무게의 합을 구합니다.

(한자사전의 무게)=3 kg 470 g+1 kg 570 g
=5 kg 40 g
(영어사전의 무게)=5 kg 40 g−2 kg 390 g
=2 kg 650 g
⇨ (국어사전, 한자사전, 영어사전의 무게의 합)
=3 kg 470 g+5 kg 40 g+2 kg 650 g
=8 kg 510 g+2 kg 650 g=**11 kg 160 g**

예제 8-2 생각 열기 가방에 20 kg까지 담을 수 있습니다.

해법 순서

① 물건을 담은 가방의 무게를 구합니다.

② 가방에 더 담을 수 있는 무게를 구합니다.

(빈 가방의 무게)=1 kg 400 g=1400 g
(물건을 담은 가방의 무게)
=1400 g+1700 g+900 g+1450 g+1200 g
=6650 g=6 kg 650 g
⇨ (가방에 더 담을 수 있는 무게)
=20 kg−6 kg 650 g=**13 kg 350 g**

STEP 3 응용 유형 뛰어넘기 128 ~ 132쪽

01 t **02** ㉯
03 1380 mL **04** 감자 1개, 10개
05 2 kg 500 g
06 예 (가방의 무게)=(배구공의 무게)+970 g
=350 g+970 g=1320 g
(야구 글러브의 무게)
=(가방의 무게)−640 g
=1320 g−640 g=680 g ; 680 g
07 지혜
08 예 (남은 흰색 페인트)
=5 L 150 mL−2 L 480 mL=2 L 670 mL
(남은 파란색 페인트)
=4 L 670 mL−1 L 790 mL=2 L 880 mL
⇨ 파란색 페인트가
2 L 880 mL−2 L 670 mL=210 mL
더 많이 남았습니다.
; 파란색 페인트, 210 mL
09 920 g
10 예 ㉮ 그릇에 물을 가득 담아 빈 ㉯ 그릇이 찰 때까지 2번 붓고 남은 것을 수조에 붓습니다.
11 53 kg 100 g **12** 21 kg
13 약 17 kg 400 g
14 예 포도 주스 3병을 삽니다.
; 예 3000원으로 포도 주스는
500 mL+500 mL+500 mL
=1500 mL=1 L 500 mL, 망고 주스는
700 mL+700 mL=1400 mL
=1 L 400 mL를 살 수 있는데
1 L 500 mL>1 L 400 mL이기 때문입니다.

01 생각 열기 무게의 단위 g, kg, t을 생각해 봅니다.

하마의 무게는 2 g, 2 kg, 2 t 중에서 **2 t**이 가장 적절합니다.

02 들이가 많을수록 한 번에 부을 수 있는 물의 양이 많아지므로 붓는 횟수는 줄어듭니다.
⇨ 9<13<16이므로 들이가 가장 많은 그릇은 **㉯**입니다.

03 물은 담는 그릇에 따라 모양은 변하지만 양은 변하지 않습니다.
⇨ 1 L 380 mL=**1380 mL**

04 해법 순서

① 감자 1개와 밤 1개의 무게는 각각 바둑돌 몇 개의 무게와 같은지 구합니다.

② 어느 것이 얼마나 더 무거운지 알아봅니다.

감자 1개의 무게는 바둑돌 30÷2=15(개)의 무게와 같고, 밤 1개의 무게는 바둑돌 15÷3=5(개)의 무게와 같습니다.
⇨ **감자 1개**가 밤 1개보다 바둑돌 15−5=**10(개)** 만큼 더 무겁습니다.

05 해법 순서

① 가장 무거운 악기를 찾습니다.

② 가장 가벼운 악기를 찾습니다.

③ ①과 ②에서 찾은 두 악기의 무게의 차를 구합니다.

(장구의 무게)=1700 g=1 kg 700 g
1 kg 700 g<1 kg 850 g<4 kg 200 g이므로
가장 무거운 악기는 징이고 가장 가벼운 악기는 장구입니다.
⇨ 4 kg 200 g−1 kg 700 g=**2 kg 500 g**

06 해법 순서

① 배구공의 무게를 이용하여 가방의 무게를 구합니다.

② 가방의 무게를 이용하여 야구 글러브의 무게를 구합니다.

서술형 가이드 가방의 무게를 구한 다음 야구 글러브의 무게를 구하는 풀이 과정이 들어 있어야 합니다.

채점 기준

상	가방의 무게를 구한 다음 야구 글러브의 무게를 바르게 구함.
중	가방의 무게를 구했지만 야구 글러브의 무게를 구하는 과정에서 실수하여 답이 틀림.
하	가방의 무게를 몰라서 문제를 풀지 못함.

07 해법 순서

① 지혜, 성규, 보라가 어림한 들이와 실제 들이의 차를 각각 구합니다.

② ①에서 구한 들이의 차를 비교하여 실제 들이에 가장 가깝게 어림한 사람을 찾습니다.

지혜: 350 mL＋350 mL＋350 mL
＝1050 mL＝1 L 50 mL
⇨ 1 L 50 mL－1 L＝50 mL

성규: 550 mL＋550 mL
＝1100 mL＝1 L 100 mL
⇨ 1 L 100 mL－1 L＝100 mL

보라: 250 mL＋250 mL＋190 mL＋190 mL
＝880 mL
⇨ 1 L－880 mL＝120 mL

따라서 50 mL＜100 mL＜120 mL이므로 가장 가깝게 어림한 사람은 **지혜**입니다.

08 해법 순서

① 남은 흰색 페인트의 양을 구합니다.

② 남은 파란색 페인트의 양을 구합니다.

③ 어떤 색 페인트가 몇 mL 더 많이 남았는지 알아봅니다.

서술형 가이드 남은 흰색 페인트와 파란색 페인트의 양을 각각 구한 다음 어떤 색 페인트가 몇 mL 더 많이 남았는지 구하는 풀이 과정이 들어 있어야 합니다.

채점 기준

상	남은 흰색 페인트와 파란색 페인트의 양을 각각 구하여 어떤 색 페인트가 몇 mL 더 많이 남았는지 바르게 구함.
중	남은 흰색 페인트와 파란색 페인트의 양을 각각 구했지만 어떤 색 페인트가 몇 mL 더 많이 남았는지는 구하지 못함.
하	남은 흰색 페인트와 파란색 페인트의 양을 각각 구하지 못하여 문제를 해결하지 못함.

09 해법 순서

① 물의 무게를 구합니다.

② 마신 물의 무게를 구합니다.

③ 물을 마신 후 물이 담긴 물통의 무게를 구합니다.

(물의 무게)＝1 kg 80 g－600 g＝480 g

480 g의 $\frac{1}{3}$은 160 g입니다.

따라서 물을 $\frac{1}{3}$만큼 마신 후 물이 담긴 물통의 무게는 1 kg 80 g－160 g＝**920 g**입니다.

10 1 L 200 mL＝1200 mL이므로 1200과 300을 이용하여 600을 만들어 보면
1200－300－300＝600입니다.
⇨ 1 L 200 mL－300 mL－300 mL＝600 mL

서술형 가이드 두 그릇의 들이의 합과 차를 이용하여 600 mL를 만드는 방법이 들어 있는지 확인합니다.

채점 기준

상	사용한 그릇의 횟수를 쓰고, 600 mL를 만듦.
중	두 그릇의 들이의 합과 차를 이용해 600 mL를 만들었으나 어떤 그릇을 사용했는지 쓰지 않음.
하	사용한 그릇의 횟수도 쓰지 못하고, 600 mL도 만들지 못함.

다른 풀이

㉯ 그릇에 물을 가득 담아 수조에 2번 붓습니다.

11 생각 열기 오늘 성주가 세운 기록을 먼저 알아봅니다.

해법 순서

① 오늘 성주의 기록을 구합니다.

② 연태의 기록을 구합니다.

③ 민욱이의 기록을 구합니다.

(성주의 기록)＝56 kg 500 g＋2 kg 700 g
＝59 kg 200 g

(연태의 기록)＝59 kg 200 g－4 kg 700 g
＝54 kg 500 g

⇨ (민욱이의 기록)＝54 kg 500 g－1 kg 400 g
＝**53 kg 100 g**

12 해법 순서

① 첫 번째, 세 번째, 네 번째 그림을 보고 식을 만들어 노란색 상자의 무게를 구합니다.

② 두 번째 그림을 보고 식을 만들어 빨간색 상자의 무게를 구합니다.

(파란색 상자)＋(노란색 상자)＋(초록색 상자)
＝55 kg입니다.
(파란색 상자)＝17 kg이고,
(노란색 상자)＋2 kg＝(초록색 상자)이므로
17 kg＋(노란색 상자)＋(노란색 상자)＋2 kg
＝55 kg,
(노란색 상자)＋(노란색 상자)＋19 kg＝55 kg,
(노란색 상자)＋(노란색 상자)＝36 kg,
(노란색 상자)＝18 kg입니다.
따라서 (빨간색 상자)＝18＋3＝**21 (kg)**입니다.

13 생각 열기 사용한 고구마와 쇠고기의 무게를 각각 관과 근 단위로 알아봅니다.

잔치에 사용한 고구마와 쇠고기는 각각 $4-1=3$(관), $11-2=9$(근)입니다.
(사용한 고구마)$=4\times3=12$ (kg)
(사용한 쇠고기)$=600\times9=5400$ (g)
⇨ 5 kg 400 g
⇨ (사용한 고구마와 쇠고기)
$=12$ kg$+5$ kg 400 g$=17$ kg 400 g

14 서술형 가이드 3000원으로 더 많은 양의 주스를 사는 방법과 이유를 써야 합니다.

채점 기준

상	3000원으로 더 많은 양의 주스를 사는 방법과 이유를 바르게 썼음.
중	3000원으로 더 많은 양의 주스를 사는 방법은 썼지만 이유를 쓰지 못함.
하	3000원으로 더 많은 양의 주스를 사는 방법을 알지 못하여 문제를 해결하지 못함.

실력 평가

133 ~ 135쪽

01 가　**02** 4, 740
03 3, 340　**04** (1) 2, 300 (2) 5080
05 ③　**06** >
07 예 의자의 무게는 약 3 kg입니다.
08 2 L 200 mL　**09** 볼펜, 색연필, 풀
10 1 L 200 mL　**11** 5 kg 200 g
12 나, 가, 다　**13** 1 L 100 mL
14 2　**15** 3 L 200 mL
16 예 잘못 비교했습니다.
; 예 동전의 수는 같지만 100원짜리 동전의 무게와 500원짜리 동전의 무게가 다르기 때문입니다.
17 3 kg 150 g　**18** 동혁
19 예 (동생이 마신 주스)
$=1$ L 340 mL-450 mL$=890$ mL
(두 사람이 마신 주스)
$=1$ L 340 mL$+890$ mL$=2$ L 230 mL
⇨ (남은 주스)$=5$ L-2 L 230 mL
$=2$ L 770 mL
; 2 L 770 mL
20 8 kg 500 g

01 생각 열기 컵의 수가 적을수록 들이가 적습니다.

가의 물은 6컵, 나의 물은 8컵이므로 **가**의 들이가 더 적습니다.

02 L는 L끼리, mL는 mL끼리 더합니다.

03 kg은 kg끼리, g은 g끼리 뺍니다.

04 생각 열기 1 L$=1000$ mL, 1 kg$=1000$ g임을 이용합니다.

(1) 2300 mL$=2000$ mL$+300$ mL
$=2$ L$+300$ mL$=$**2** L **300** mL
(2) 5 kg 80 g$=5$ kg$+80$ g$=5000$ g$+80$ g
$=$**5080** g

05 생각 열기 1 kg$=1000$ g임을 이용합니다.

① 4 kg 200 g$=4$ kg$+200$ g
$=4000$ g$+200$ g$=4200$ g
② 1005 g$=1000$ g$+5$ g
$=1$ kg$+5$ g$=1$ kg 5 g
③ 8 kg 100 g$=8$ kg$+100$ g
$=8000$ g$+100$ g$=8100$ g
④ 9200 g$=9000$ g$+200$ g
$=9$ kg$+200$ g$=9$ kg 200 g
⑤ 5 kg 4 g$=5$ kg$+4$ g
$=5000$ g$+4$ g$=5004$ g

06 생각 열기 단위를 통일한 후 들이를 비교합니다.

4060 mL$=4$ L 60 mL이므로
4 L 600 mL (>) 4 L 60 mL입니다.

다른 풀이
4 L 600 mL$=4600$ mL
⇨ 4600 mL (>) 4060 mL

07 1 t은 1 t 트럭에 실을 수 있는 무게이므로 의자의 무게로 3 t은 적절하지 않습니다. 의자의 무게는 약 3 kg이 적절합니다.

서술형 가이드 단위를 잘못 사용한 문장을 바르게 고쳤는지 확인합니다.

채점 기준

상	단위를 잘못 사용한 문장을 바르게 고쳤음.
중	무게의 단위를 사용하여 문장을 고쳤으나 어색함.
하	무게의 단위를 알지 못하여 문장을 바르게 고치지 못함.

08 2 L+200 mL=**2 L 200 mL**

09 사용한 클립의 수가 적을수록 가볍습니다.
15<17<21이므로 **볼펜**, **색연필**, **풀**의 순서로 가볍습니다.

10 (요리하는 데 사용한 간장의 양)
=(전체 간장의 양)−(남은 간장의 양)
=1 L 800 mL−600 mL
=**1 L 200 mL**

11 (물에 녹은 소금의 무게)
=(처음 소금의 무게)−(남은 소금의 무게)
=9 kg 500 g−4 kg 300 g
=**5 kg 200 g**

12 각 컵으로 부은 횟수가 적을수록 컵의 들이가 많습니다.
⇨ 7<10<12이므로 들이가 많은 컵부터 차례로 쓰면 **나**, **가**, **다**입니다.

13 생각 열기 라면 1개를 끓이는 데 필요한 물은 550 mL이므로 550 mL를 2번 더합니다.
(라면 2개를 끓이는 데 필요한 물의 양)
=550 mL+550 mL=1100 mL
=**1 L 100 mL**

14 300과 500을 이용하여 100을 만들어 보면
300+300=600, 600−500=100입니다.
⇨ 300 mL+300 mL=600 mL,
600 mL−500 mL=100 mL

15 (수조의 들이)=1 L 800 mL+1 L 400 mL
=**3 L 200 mL**

16 서술형 가이드 무게를 잘못 비교했는지 알고 그 이유를 바르게 썼는지 확인합니다.

채점 기준

상	무게를 잘못 비교했는지 알고 그 이유를 바르게 썼음.
중	무게를 잘못 비교했는지 알지만 그 이유를 쓰지 못함.
하	무게를 잘못 비교했는지 알지 못하여 문제를 해결하지 못함.

참고
같은 물건이라도 사용하는 단위가 다르면 단위의 수가 달라집니다. 따라서 다른 단위로 두 물건의 무게를 비교할 수 없습니다.

17 저울이 가리키는 무게는 1300 g입니다.
(재준이가 모은 헌 종이의 무게)
=1300 g=1 kg 300 g
(범석이가 모은 헌 종이의 무게)
=1 kg 300 g+1 kg 850 g=**3 kg 150 g**

18 생각 열기 수직선에 각각의 어림한 무게를 나타내어 봅니다.

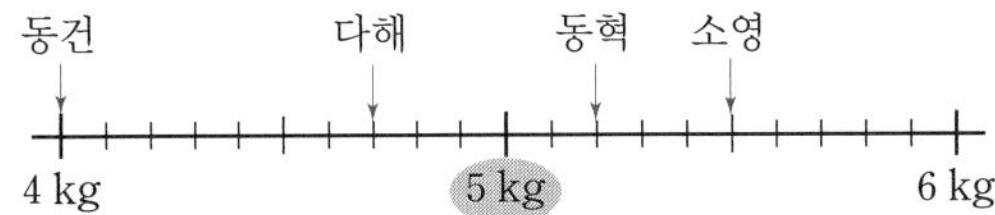

수직선에 각각 어림한 무게를 나타내었을 때 5 kg에 가장 가깝게 무게를 어림한 사람은 **동혁**입니다.

19 해법 순서
① 동생이 마신 주스의 양을 구합니다.
② 두 사람이 마신 주스의 양을 구합니다.
③ 남은 주스의 양을 구합니다.

서술형 가이드 동생이 마신 주스의 양과 두 사람이 마신 주스의 양을 구한 후 남은 주스의 양을 구하는 풀이 과정이 들어 있어야 합니다.

채점 기준

상	두 사람이 마신 주스의 양을 구한 후 남은 주스의 양을 바르게 구함.
중	두 사람이 마신 주스의 양은 구했지만 남은 주스의 양을 구하는 과정에서 실수하여 답이 틀림.
하	들이의 합과 차를 계산하는 방법을 몰라 문제를 풀지 못함.

20 해법 순서
① ㉯+㉯=18 kg에서 ㉯를 구합니다.
② ㉰=㉯+700 g에서 ㉰를 구합니다.
③ ㉮+㉯+㉰=27 kg 200 g에서 ㉮를 구합니다.

18÷2=9이므로 ㉯=9 kg,
㉰=9 kg+700 g=9 kg 700 g
㉮+9 kg+9 kg 700 g=27 kg 200 g,
㉮+18 kg 700 g=27 kg 200 g
⇨ ㉮=27 kg 200 g−18 kg 700 g
=**8 kg 500 g**

6. 자료의 정리

STEP 1 기본 유형 익히기 142 ~ 145쪽

1-1 9명　**1-2** 2배
1-3 민들레, 장미, 튤립, 제비꽃
1-4 축구　**1-5** 피구
1-6 간식 예 떡볶이
이유 예 민재네 반 학생들과 정아네 반 학생들이 가장 좋아하는 간식이기 때문입니다.
2-1 4, 3, 5, 12　**2-2** 플라스틱
2-3 5명
2-4

동물	강아지	고양이	햄스터	병아리	합계
남학생 수(명)	3	3	1	1	8
여학생 수(명)	3	2	4	3	12

2-5 강아지
3-1 10명, 1명　**3-2** 34명
3-3 예 1반: 28명, 2반: 34명, 3반: 30명
따라서 28 < 30 < 34이므로 학생 수가 가장 적은 반은 1반입니다. ; 1반
3-4 17　**3-5** 70개
3-6 예 17일에는 16일보다 음료수가 80개 더 많이 팔렸습니다.
4-1 16개
4-2 마을별 병원 수

마을	병원 수
가	◎◎●●●●
나	◎●●●●●●
다	◎◎●●
라	◎●●●●●●●●●

◎ 10개 ● 1개

4-3 1500, 800, 2000, 1300, 5600
4-4 지선이가 받은 용돈

종류	금액
심부름	▭○○○○○
설거지	○○○○○○○○
빨래 갬.	▭▭
동생 돌봄.	▭○○○

▭ 1000원 ○ 100원

1-1 생각 열기 장미, 민들레, 제비꽃, 튤립을 좋아하는 학생 수의 합은 30명입니다.
(장미를 좋아하는 학생 수)
$=30-10-5-6=$**9(명)**

1-2 민들레를 좋아하는 학생은 10명이고, 제비꽃을 좋아하는 학생은 5명입니다.
⇨ $10 \div 5=$**2(배)**

1-3 $10>9>6>5$이므로 좋아하는 학생 수가 많은 꽃부터 순서대로 쓰면 **민들레**, **장미**, **튤립**, **제비꽃**입니다.

1-4 생각 열기 좋아하는 남학생 수가 가장 많은 운동을 찾습니다.
축구를 좋아하는 남학생이 6명으로 가장 많습니다.

1-5 생각 열기 먼저 운동별로 좋아하는 남학생 수와 여학생 수의 차를 각각 구합니다.
- 축구: $6-2=4$(명)
- 농구: $5-4=1$(명)
- 피구: $7-1=6$(명)
- 야구: $3-2=1$(명)

⇨ 좋아하는 남학생 수와 여학생 수의 차가 가장 큰 운동은 **피구**입니다.

1-6 서술형 가이드 간식으로 준비하면 좋은 것을 고르고, 그 이유를 바르게 썼는지 확인합니다.

채점 기준

상	간식으로 준비하면 좋은 것을 고르고, 그 이유를 바르게 씀.
중	간식으로 준비하면 좋은 것을 골랐으나 이유를 쓰지 못함.
하	표를 이해하지 못하여 문제를 풀지 못함.

참고
가장 많은 학생이 좋아하는 간식이 아니더라도 타당한 이유를 제시하면 정답입니다.

2-1
- 종이: 딱지, 상자, 동화책, 색종이
⇨ **4**개
- 고무: 지우개, 풍선, 고무신
⇨ **3**개
- 플라스틱: 장난감, 헬멧, 그릇, 자, 빨대
⇨ **5**개

2-2 생각 열기 2-1번의 표를 보고 찾습니다.

5 > 4 > 3
플라스틱 종이 고무

⇨ **플라스틱**으로 이루어진 물체가 5개로 가장 많습니다.

참고
표로 나타내면 항목별로 수가 얼마나 더 많은지 알기 쉽습니다.

2-3 생각 열기 고양이를 좋아하는 남학생과 여학생 수의 합을 구합니다.
고양이를 좋아하는 학생 수를 세어 보면 남학생 3명, 여학생 2명으로 모두 **5명**입니다.

2-4 남학생 수는 파란색 붙임딱지, 여학생 수는 빨간색 붙임딱지 수를 셉니다.

참고
조사한 자료를 표로 나타낼 때 파란색은 남학생, 빨간색은 여학생을 나타내므로 각 항목별로 남학생과 여학생 수를 각각 세어 나타내어야 합니다.

2-5 **강아지**는 좋아하는 남학생과 여학생이 각각 3명으로 같습니다.

3-1 (큰 그림)은 **10명**을 나타내고, (작은 그림)은 **1명**을 나타냅니다.

참고
그림그래프: 알려고 하는 수(조사한 수)를 그림으로 나타낸 그래프

3-2 생각 열기 10명을 나타내는 (큰 그림)의 개수와 1명을 나타내는 (작은 그림)의 개수를 세어 봅니다.
2반의 학생 수는 (큰 그림) 3개와 (작은 그림) 4개이므로 **34명**입니다.

3-3 서술형 가이드 그림그래프를 보고 학생 수가 가장 적은 반을 찾는 풀이 과정이 들어 있어야 합니다.

채점 기준

상	반별 학생 수를 구하여 학생 수가 가장 적은 반을 바르게 찾음.
중	학생 수가 가장 적은 반을 찾았으나 설명이 부족함.
하	그림그래프를 이해하지 못하여 문제를 해결하지 못함.

참고
그림그래프에서 큰 그림의 수가 많을수록 수량이 많고, 큰 그림의 수가 같으면 작은 그림의 수가 많을수록 수량이 많습니다.

3-4 생각 열기 가장 더운 날이 음료수가 가장 많이 팔린 날입니다.
음료수가 가장 많이 팔린 날을 찾아보면 100개를 나타내는 그림이 가장 많은 **17**일입니다.

참고
음료수가 16일에는 160개, 17일에는 240개, 18일에는 170개 팔렸습니다.

3-5 (17일 판매량)−(18일 판매량)
=240−170=**70(개)**

3-6 서술형 가이드 그림그래프를 보고 알 수 있는 내용을 바르게 썼는지 확인합니다.

채점 기준

상	그림그래프를 보고 알 수 있는 내용을 바르게 썼음.
중	그림그래프를 보고 알 수 있는 내용을 썼으나 미흡함.
하	그림그래프를 이해하지 못하여 알 수 있는 내용을 쓰지 못함.

다른 풀이
이 외에도 그림그래프를 보고 알 수 있는 내용을 썼으면 정답입니다.
예 • 18일에 팔린 음료수는 170개입니다.
• 16일에 음료수가 가장 적게 팔렸습니다.

4-1 생각 열기 합계에서 가, 다, 라 마을의 병원 수를 뺍니다.
가: 24개, 다: 22개, 라: 18개
⇨ (나 마을의 병원 수)
=80−24−22−18=**16(개)**

4-2 생각 열기 병원 10개는 ◎로, 1개는 ●로 나타냅니다.
가 마을(24개): ◎ 2개, ● 4개
나 마을(16개): ◎ 1개, ● 6개
다 마을(22개): ◎ 2개, ● 2개
라 마을(18개): ◎ 1개, ● 8개

4-3 생각 열기 지선이의 일기를 읽고 지선이가 받은 용돈을 표로 나타냅니다.

심부름: **1500**원, 설거지: **800**원,
빨래 갬.: **2000**원, 동생 돌봄.: **1300**원
⇨ (합계)=1500+800+2000+1300
=**5600**(원)

4-4 생각 열기 천의 자리 숫자와 백의 자리 숫자를 보고 그림의 개수를 알아봅니다.

설거지(800원): ● 8개
빨래 갬.(2000원): ▬ 2개
동생 돌봄.(1300원): ▬ 1개, ● 3개

참고

표	그림그래프
• 그림을 일일이 세지 않아도 됩니다. • 각각의 자료를 서로 비교하기 불편합니다.	• 한눈에 비교가 됩니다. • 어느 정도 많은지 쉽게 비교가 됩니다.

STEP 2 응용 유형 익히기 146 ~ 151쪽

응용 **1** 7 ; 예 좋아하는 학생이 가장 적은 과목은 과학입니다.

예제 **1-1** 39 ; 예 위인전의 수는 시집의 수의 3배입니다.

예제 **1-2** (위에서부터) 249, 267
; 예 여학생 수가 남학생 수보다 더 많은 학교는 지혜 초등학교, 기쁨 초등학교입니다.

응용 **2**

맛	오렌지 맛	딸기 맛	포도 맛	사과 맛	합계
남학생 수(명)	5	3	6	1	15
여학생 수(명)	3	3	5	4	15

; 사과 맛

예제 **2-1**

운동	태권도	배드민턴	수영	줄넘기	합계
1반 학생 수(명)	6	10	8	4	28
2반 학생 수(명)	9	7	8	3	27

; 수영

응용 **3** 나 마을

예제 **3-1** 주민

응용 **4** 마을별 키위 수확량

마을	키위 수확량
바람	○○○●●●●
햇살	○○○●●●●●●
별빛	○○
구름	○○○

○ 100상자 ● 10상자

예제 **4-1** 초등학교별 나무 수

초등학교	나무 수
파도	○○●●●●●
한솔	○○●●
가람	○○●●●
희망	○○
사랑	○

○ 10그루 ● 1그루

응용 **5** 목장별 우유 생산량

목장	우유 생산량
가	○○●●●●
나	○○○○●●●●●●
다	○○●●●●●●●●

○ 10 kg ● 1 kg

목장별 우유 생산량

목장	우유 생산량
가	○○●●●●
나	○○○○◎●
다	○○◎●●●

○ 10 kg ◎ 5 kg ● 1 kg

예제 **5-1** 빌려간 책 수

월	책 수
3월	○●●●●●●●●●
4월	○○○●●●●●●
5월	○○●●●

○ 10권 ● 1권

빌려간 책 수

월	책 수
3월	○◎●●●●
4월	○○○◎●
5월	○○●●●

○ 10권 ◎ 5권 ● 1권

응용 6 45, 134

; 판매한 빵의 수

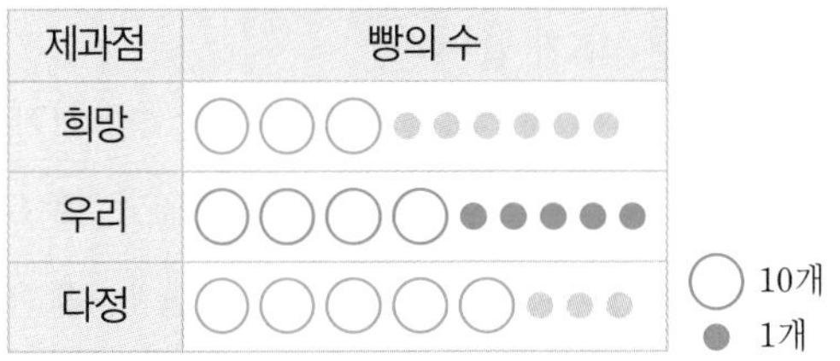

제과점	빵의 수
희망	○○○●●●●●●
우리	○○○○●●●●●
다정	○○○○○●●●

○ 10개
● 1개

예제 6-1 124, 438

; 마을별 학생 수

마을	학생 수
가	◎◎○○●●●●
나	◎○○●●●
다	◎◎○○○●●●●●
라	◎◎●●●●●●

◎ 50명
○ 10명
● 1명

; 다 마을

응용 1 (1) (국어를 좋아하는 학생 수)
$=25-8-6-4=\mathbf{7}$(명)

(2) 이 외에도 그림그래프를 보고 알 수 있는 내용을 썼으면 정답입니다.

다른 풀이
예 국어를 좋아하는 학생은 사회를 좋아하는 학생보다 1명 더 많습니다.

예제 1-1 (위인전의 수)
$=115-34-29-13=\mathbf{39}$(권)

다른 풀이
예 • 가장 많은 책은 위인전입니다.
• 동화책은 과학책보다 5권 더 많습니다.

예제 1-2 **생각 열기** 남학생 수 합계를 이용하여 사랑 초등학교 남학생 수를 구하고, 여학생 수 합계를 이용하여 꽃잎 초등학교 여학생 수를 구합니다.

(사랑 초등학교 남학생 수)
$=1079-298-275-257=\mathbf{249}$(명)
(꽃잎 초등학교 여학생 수)
$=1064-305-232-260=\mathbf{267}$(명)

다른 풀이
예 • 남학생 수와 여학생 수의 차가 가장 적은 학교는 기쁨 초등학교입니다.
• 지혜 초등학교의 학생 수는 603명입니다.

응용 2 (1) 남학생 수는 파란색 붙임딱지, 여학생 수는 빨간색 붙임딱지 수를 셉니다.

(2) 표를 보고 사탕 맛별로 좋아하는 남학생 수와 여학생 수의 차를 각각 구합니다.
• 오렌지 맛: $5-3=2$(명)
• 딸기 맛: $3-3=0$(명)
• 포도 맛: $6-5=1$(명)
• 사과 맛: $4-1=3$(명)
⇨ 차가 가장 큰 사탕 맛은 **사과 맛**입니다.

예제 2-1 **생각 열기** 1반 학생 수는 주황색 붙임딱지, 2반 학생 수는 초록색 붙임딱지 수를 세어 표로 나타냅니다.

표를 보고 운동별로 좋아하는 1반 학생 수와 2반 학생 수의 차를 각각 구합니다.
• 태권도: $9-6=3$(명)
• 배드민턴: $10-7=3$(명)
• 수영: $8-8=0$(명)
• 줄넘기: $4-3=1$(명)
⇨ 차가 가장 작은 운동은 **수영**입니다.

응용 3 (1) 가 마을:  3개, 2개 ⇨ 320가마니

나 마을:  5개 ⇨ 500가마니

다 마을:  2개, 5개 ⇨ 250가마니

따라서 가, 나, 다 마을의 벼 수확량은 모두 $320+500+250=1070$(가마니)입니다.

(2) (라 마을의 벼 수확량)
=(전체 수확량)−(가, 나, 다 마을의 수확량)
$=1490-1070=420$(가마니)

(3) $\underset{나}{500}>\underset{라}{420}>\underset{가}{320}>\underset{다}{250}$
⇨ 벼 수확량이 가장 많은 마을은 **나 마을**입니다.

예제 3-1 **해법 순서**
① 연주, 경수, 민혁, 태영이가 마신 물의 양을 구합니다.
② 주민이가 마신 물의 양을 구합니다.
③ 물을 가장 적게 마신 사람을 알아봅니다.

(연주, 경수, 민혁, 태영이가 마신 물의 양)
$=32+40+34+31=137$ (L)
(주민이가 마신 물의 양)
$=160-137=23$ (L)
⇨ $\underset{주민}{23}<\underset{태영}{31}<\underset{연주}{32}<\underset{민혁}{34}<\underset{경수}{40}$
따라서 물을 가장 적게 마신 사람은 **주민**입니다.

응용 4 (1) 햇살 마을의 키위 수확량은 바람 마을의 키위 수확량보다 20상자 더 많습니다.
(햇살 마을의 수확량)
$=$(바람 마을의 수확량)$+20$
$=340+20=360$(상자)
(2) 구름 마을의 키위 수확량은 전체 수확량에서 바람, 햇살, 별빛 마을의 키위 수확량을 뺍니다.
(구름 마을의 키위 수확량)
$=1200-340-360-200=300$(상자)
(3) ◯은 100상자, ●은 10상자를 나타내므로 햇살 마을의 키위 수확량 360상자는 ◯ 3개, ● 6개를 그리고, 구름 마을의 키위 수확량 300상자는 ◯ 3개를 그립니다.

예제 4-1 해법 순서
① 희망, 사랑 초등학교의 나무 수의 합을 구합니다.
② 희망 초등학교와 사랑 초등학교의 나무 수를 각각 구합니다.
③ 그림그래프를 완성합니다.
(희망, 사랑 초등학교의 나무 수의 합)
$=100-25-22-23=30$(그루)
$30=20+10$이고 $20=10\times2$이므로 사랑 초등학교는 10그루, 희망 초등학교는 20그루입니다.

응용 5 (1) 나 목장(46 kg): ◯ 4개, ● 6개
다 목장(28 kg): ◯ 2개, ● 8개
(2) 왼쪽 그림그래프에서 ● 5개를 ◎ 1개로 바꿔서 나타냅니다.

참고
그림그래프를 3가지 그림으로 나타내면 2가지 그림으로 나타낸 것보다 그림이 줄어서 더 간단하게 나타낼 수 있습니다.

예제 5-1 생각 열기 그림별로 나타내는 양을 잘 확인한 후 그림그래프로 나타냅니다.
- 왼쪽 그림그래프
  3월(19권): ◯ 1개, ● 9개
  4월(36권): ◯ 3개, ● 6개
  5월(23권): ◯ 2개, ● 3개
- 오른쪽 그림그래프
  왼쪽 그림그래프에서 ● 5개를 ◎ 1개로 바꿔서 나타냅니다.

응용 6 (1) 그림그래프에서 우리 제과점은 ◯이 4개, ●이 5개이므로 우리 제과점에서 판매한 빵은 **45**개입니다.
⇨ (합계)$=36+45+53=$**134**(개)
(2) 희망 제과점(36개): ◯ 3개, ● 6개
다정 제과점(53개): ◯ 5개, ● 3개

예제 6-1 해법 순서
① 그림그래프를 보고 가 마을의 학생 수를 구하여 표를 완성합니다.
② 표를 보고 그림그래프를 완성합니다.
③ 학생 수를 비교하여 학생 수가 가장 많은 마을을 알아봅니다.
그림그래프에서 가 마을은 ◉이 2개, ●이 2개, •이 4개이므로 가 마을의 학생 수는 **124**명입니다.
⇨ (합계)$=124+73+135+106=$**438**(명)
- 나 마을(73명): ◉ 1개, ● 2개, • 3개
- 다 마을(135명): ◉ 2개, ● 3개, • 5개
- 라 마을(106명): ◉ 2개, • 6개

$135>124>106>73$이므로 학생 수가 가장 많은 마을은 **다 마을**입니다.

STEP 3 응용 유형 뛰어넘기 152 ~ 156쪽

01 620판

02 달걀 판매량

월	달걀 판매량
4월	●●●••••
5월	●●●●●●••
6월	●●●●••••••

● 100판
• 10판

03 ㉠ 해가 갈수록 김장양이 줄어들고 있습니다.

04 바다에 ○표

05

마을	반달	은하	사랑	행복	합계
남학생 수(명)	3	1	6	6	16
여학생 수(명)	3	4	4	5	16

06 정우 ; ㉠ 남학생 수와 여학생 수의 차가 가장 큰 마을은 은하 마을입니다.

07 나비, 43, 매미, 24

08 예 (저학년 학생 수)$=220+300+230=750$(명)
(고학년 학생 수)$=310+250+150=710$(명)
따라서 저학년이 고학년보다
$750-710=40$(명) 더 많습니다. ; 40명

09 260, 340, 1270
; 어선별 잡은 물고기 양

어선	물고기 양
가	◯◯◎●
나	◯◯◯◎●●●
다	◯◯◎●●●●●
라	◯◯◯●●●●●

◯ 100마리 ◎ 50마리 ● 10마리

10 나, 라, 다, 가

11 135명

12 오늘 과수원별 포도 수확량

과수원	포도 수확량
싱싱	◯◯◯●●
맛나	◯◯
튼튼	◯◯●●●

◯ 10상자 ● 1상자

01 생각 열기 합계에서 4월, 6월의 달걀 수를 뺍니다.
(5월 달걀 판매량)
$=1420-340-460=$**620(판)**

02 생각 열기 은 100판을 나타내고 은 10판을 나타냅니다.
4월(340판): 3개, 4개
5월(620판): 6개, 2개
6월(460판): 4개, 6개

03 생각 열기 먼저 연도별로 김장할 때 쓴 배추 수를 알아봅니다.
2014년: 2개, 1개 ⇨ 210포기
2015년: 1개, 7개 ⇨ 170포기
2016년: 1개, 4개 ⇨ 140포기
2017년: 8개 ⇨ 80포기

서술형 가이드 해가 갈수록 승원이네 집의 김장양이 어떻게 변하고 있는지 바르게 설명해야 합니다.

채점 기준

상	해가 갈수록 승원이네 집의 김장양이 어떻게 변하고 있는지 바르게 설명함.
중	해가 갈수록 승원이네 집의 김장양이 어떻게 변하고 있는지 알지만 설명이 미흡함.
하	그림그래프를 이해하지 못하여 설명하지 못함.

04 생각 열기 그림그래프를 보고 현주네 고장 사람들이 많이 하는 일이 무엇인지 알아봅니다.
벼농사 짓기 20명, 배 조립하기 330명, 고기잡이 260명이므로 현주네 고장 사람들은 배를 조립하거나 고기를 잡는 사람들이 많음을 알 수 있습니다.
따라서 현주는 바다가 있는 고장에서 삽니다.

05 생각 열기 남학생 수는 파란색 붙임딱지, 여학생 수는 빨간색 붙임딱지 수를 세어 표로 나타냅니다.
(남학생 수 합계)$=3+1+6+6=16$(명)
(여학생 수 합계)$=3+4+4+5=16$(명)

06 남학생 수와 여학생 수의 차를 구해 봅니다.
• 반달 마을: $3-3=0$(명)
• 은하 마을: $4-1=3$(명)
• 사랑 마을: $6-4=2$(명)
• 행복 마을: $6-5=1$(명)
⇨ 남학생 수와 여학생 수의 차가 가장 큰 마을은 은하 마을입니다.

서술형 가이드 잘못 말한 사람의 이름을 쓰고 바르게 고쳐야 합니다.

채점 기준

상	잘못 말한 사람의 이름을 쓰고 바르게 고침.
중	잘못 말한 사람의 이름을 썼으나 바르게 고치지 못함.
하	표를 이해하지 못하여 문제를 해결하지 못함.

07 생각 열기 먼저 곤충의 종류별로 큰 그림과 작은 그림의 수를 세어 곤충 수를 알아봅니다.
잠자리: 큰 그림 3개, 작은 그림 2개 ⇨ 32마리
나비: 큰 그림 4개, 작은 그림 3개 ⇨ 43마리
벌: 큰 그림 2개, 작은 그림 5개 ⇨ 25마리
매미: 큰 그림 2개, 작은 그림 4개 ⇨ 24마리
⇨ $43>32>25>24$이므로 곤충 수가 많은 것부터 차례로 쓰면 나비, 잠자리, 벌, 매미입니다.

08 생각 열기 1~3학년은 저학년이고 4~6학년은 고학년입니다.

해법 순서
① 저학년 학생 수를 구합니다.
② 고학년 학생 수를 구합니다.
③ ①과 ②에서 구한 두 수의 차를 구합니다.

(저학년 학생 수)
=(1학년 학생 수)+(2학년 학생 수)+(3학년 학생 수)
(고학년 학생 수)
=(4학년 학생 수)+(5학년 학생 수)+(6학년 학생 수)

서술형 가이드 저학년과 고학년 학생 수를 각각 알아보고 두 수의 차를 구하는 풀이 과정이 들어 있어야 합니다.

채점 기준

상	저학년과 고학년 학생 수를 각각 알아보고 두 수의 차를 바르게 구함.
중	각 학년 학생 수를 구하는 과정에서 실수하여 답이 틀림.
하	그림그래프를 보고 각 학년 학생 수를 구하지 못해 문제를 풀지 못함.

09 생각 열기 잡은 전체 양이 1270마리이므로 표의 합계는 1270입니다.

해법 순서
① 그림그래프를 보고 가 어선에서 잡은 물고기 양을 구하여 표에 써넣습니다.
② 라 어선에서 잡은 물고기 양을 구하여 표를 완성합니다.
③ 표를 보고 그림그래프를 완성합니다.

그림그래프에서 가 어선에서 잡은 물고기 양은
◯ 2개, ◎ 1개, ● 1개이므로 **260**마리입니다.
잡은 전체 양이 1270마리이므로 라 어선에서 잡은 물고기 양은 1270−260−380−290=**340**(마리)입니다.

나 어선(380마리): ◯ 3개, ◎ 1개, ● 3개
다 어선(290마리): ◯ 2개, ◎ 1개, ● 4개
라 어선(340마리): ◯ 3개, ● 4개

10 가 마을: 큰 집 2개, 작은 집 2개 ⇨ 22가구
나 마을: 큰 집 3개, 작은 집 3개 ⇨ 33가구
다 마을: 큰 집 1개, 작은 집 8개 ⇨ 18가구
라 마을: 큰 집 3개, 작은 집 5개 ⇨ 35가구

가구 수가 가장 많은 마을은 라 마을이고, 가구 수가 가장 적은 마을은 다 마을입니다.
라 마을에서 다 마을로 6가구가 이사를 가면
라 마을은 35−6=29(가구),
다 마을은 18+6=24(가구)가 됩니다.
⇨ 33>29>24>22이므로 가구 수가 많은 마을부터 차례대로 쓰면 **나, 라, 다, 가**입니다.

주의
• 가 마을과 나 마을의 가구 수는 변하지 않습니다.
• 이사 가기 전 마을별 가구 수가 많은 마을부터 쓰면 안 됩니다.

11 B형: 240명, AB형: 150명
⇨ (A형과 O형인 학생 수)
=930−240−150=540(명)
540÷2=270이므로 A형인 학생은 270명이고,
270의 $\frac{1}{2}$은 135이므로 A형인 여학생은 **135명**입니다.

12 해법 순서
① 어제 전체 포도 수확량이 몇 kg인지 구합니다.
② 오늘 전체 포도 수확량이 몇 kg인지 구합니다.
③ 오늘 싱싱 과수원과 맛나 과수원의 포도 수확량이 몇 kg인지 구합니다.
④ 오늘 튼튼 과수원의 포도 수확량이 몇 kg인지 구합니다.

(어제 전체 포도 수확량)
=42+26+34=102(상자) ⇨ 102×5=510 (kg)
(오늘 전체 포도 수확량)
=510+15=525 (kg)
(오늘 싱싱 과수원과 맛나 과수원의 포도 수확량)
=32+20=52(상자) ⇨ 52×7=364 (kg)
(오늘 튼튼 과수원의 포도 수확량)
=525−364=161 (kg)
따라서 오늘 튼튼 과수원의 포도 수확량은
161÷7=23(상자)입니다.

실력 평가

157 ~ 159쪽

01 28명
02 28, 43, 35, 16, 122
03 122명
04 여름
05 110개

06 아이스크림 판매량

월	판매량
6월	●●●●●●●●
7월	◯●
8월	◯●●●●●
9월	◯●●

◯100개 ●10개

07 예 8월

08 예 8월에 아이스크림이 가장 많이 팔렸기 때문입니다.

09 버스 정류장별 버스 수

정류장	버스 수
㉮	◎○○○○○○○○
㉯	◎◎◎○○○○○○
㉰	◎◎
㉱	○○○○○

◎100대 ○10대

10 예 100대를 나타내는 그림이 많은 정류장부터 찾습니다. 따라서 3>2>1>0이므로 버스가 많이 지나는 정류장부터 차례로 쓰면 ㉯, ㉰, ㉮, ㉱입니다.
; ㉯, ㉰, ㉮, ㉱

11 ㉯

12 가 농장

13 8마리

14 예 라 농장의 닭은 17마리입니다.
17×2=34이므로 닭이 34마리인 농장을 찾으면 다 농장입니다. ; 다 농장

15 예 닭이 가장 적은 농장은 라 농장입니다.

16 27, 23, 21, 25, 96

17 5, 7, 8, 6, 26

18 3반

19 9, 7, 2, 1 ; 들

20 37, 42, 169
; 가고 싶은 장소별 학생 수

장소	학생 수
동물원	◯◯◯◯●●●●
식물원	◯◯◯●●●●●●●
미술관	◯◯◯◯●●
과학관	◯◯◯◯●●●●●●

◯10명 ●1명

01 봄에 붙인 붙임딱지가 28장이므로 봄에 태어난 학생은 **28명**입니다.

02 계절별로 붙임딱지 수를 세어 보면 봄은 **28**명, 여름은 **43**명, 가을은 **35**명, 겨울은 **16**명입니다.
⇨ (합계)=28+43+35+16=**122**(명)

참고
조사한 자료는 항목별 수나 전체 합계를 한눈에 알기 어려우므로 표로 나타내면 편리합니다.

03 생각 열기 표의 합계를 보면 조사한 학생 수를 알 수 있습니다.
표의 합계가 122이므로 조사한 학생은 모두 **122명**입니다.

참고
표는 조사한 전체 수를 알기 쉽습니다.

04 43(여름) > 35(가을) > 28(봄) > 16(겨울)
⇨ **여름**에 태어난 학생이 43명으로 가장 많습니다.

05 생각 열기 합계에서 6월, 8월, 9월의 아이스크림 판매량을 뺍니다.
(7월의 아이스크림 판매량)
=460−80−150−120=110(개)

06 생각 열기 ◯은 100개를 나타내고 ●은 10개를 나타냅니다.
6월(80개): ● 8개
7월(110개): ◯ 1개, ● 1개
8월(150개): ◯ 1개, ● 5개
9월(120개): ◯ 1개, ● 2개

07 아이스크림이 가장 많이 팔린 **8월**에 가장 많이 준비해 놓으면 좋습니다.

08 서술형 가이드 아이스크림을 가장 많이 준비해 놓아야 하는 이유를 타당하게 썼는지 확인합니다.

채점 기준

상	아이스크림을 가장 많이 준비해 놓아야 하는 이유를 타당하게 설명함.
중	아이스크림을 가장 많이 준비해 놓아야 하는 이유를 쓴 내용이 어색함.
하	이유를 쓰지 못함.

09 생각 열기 ◎은 100대를 나타내고 ○은 10대를 나타냅니다.

㉮ 정류장(180대): ◎ 1개, ○ 8개
㉯ 정류장(360대): ◎ 3개, ○ 6개
㉰ 정류장(200대): ◎ 2개
㉱ 정류장(50대): ○ 5개

10 생각 열기 100대를 나타내는 그림이 많은 정류장부터 찾습니다.

서술형 가이드 버스가 많이 지나는 정류장부터 차례대로 쓰는 풀이 과정이 들어 있어야 합니다.

채점 기준

상	버스가 많이 지나는 정류장부터 차례대로 썼음.
중	버스가 많이 지나는 정류장부터 차례대로 썼으나 설명이 부족함.
하	그림그래프를 이해하지 못하여 문제를 해결하지 못함.

11 생각 열기 고장의 중심에 있는 버스 정류장은 버스가 가장 많이 지납니다.

㉯ 정류장에 버스가 가장 많이 지나므로 수현이가 사는 고장의 중심에 있는 버스 정류장은 **㉯**입니다.

12 $\underset{가}{38} > \underset{다}{34} > \underset{나}{26} > \underset{라}{17}$

⇨ 닭이 가장 많은 농장은 **가 농장**입니다.

13 해법 순서
① 나 농장과 다 농장의 닭의 수를 각각 구합니다.
② 나 농장과 다 농장의 닭의 수의 차를 구합니다.

나 농장: 26마리, 다 농장: 34마리
⇨ $34-26=$**8(마리)**

14 서술형 가이드 닭의 수가 라 농장의 2배인 농장을 찾는 풀이 과정이 들어 있어야 합니다.

채점 기준

상	닭의 수가 라 농장의 2배인 농장을 바르게 찾음.
중	닭의 수가 라 농장의 2배인 농장을 찾았으나 설명이 부족함.
하	그림그래프를 이해하지 못하여 문제를 해결하지 못함.

15 서술형 가이드 그림그래프를 보고 수를 비교하여 알 수 있는 내용이 들어 있어야 합니다.

채점 기준

상	그림그래프를 보고 알 수 있는 내용을 바르게 씀.
중	그림그래프를 보고 알 수 있는 내용을 썼으나 부족함.
하	그림그래프를 보고 알 수 있는 내용을 쓰지 못함.

16 1반: (큰 그림) 2개, (작은 그림) 7개 ⇨ **27명**
2반: (큰 그림) 2개, (작은 그림) 3개 ⇨ **23명**
3반: (큰 그림) 2개, (작은 그림) 1개 ⇨ **21명**
4반: (큰 그림) 2개, (작은 그림) 5개 ⇨ **25명**

17 생각 열기 반별 휴대전화를 가지고 있지 않은 학생 수는 전체 학생 수에서 휴대전화를 가지고 있는 학생 수를 빼서 구합니다.

반별 휴대전화를 가지고 있지 않은 학생 수는 다음과 같습니다.
1반: $32-27=$**5**(명), 2반: $30-23=$**7**(명),
3반: $29-21=$**8**(명), 4반: $31-25=$**6**(명)
⇨ (합계)$=5+7+8+6=$**26**(명)

18 $\underset{\textbf{3반}}{8} > \underset{2반}{7} > \underset{4반}{6} > \underset{1반}{5}$

19 지도에 사용된 기호를 세어 보면 논 9개, 밭 7개, 공장 2개, 시청 1개입니다.
따라서 논과 밭이 많으므로 이 고장의 자연환경은 **들**임을 알 수 있습니다.

20 해법 순서
① 식물원, 미술관에 가고 싶은 학생 수를 차례로 구하여 표에 써넣습니다.
② 표에서 합계에 알맞은 수를 써넣습니다.
③ 그림그래프에서 동물원, 미술관, 과학관에 알맞게 그림을 그려 넣습니다.

그림그래프에서 식물원에 가고 싶은 학생은 **37**명이고, 미술관에 가고 싶은 학생은 $37+5=$**42**(명)입니다.
⇨ (합계)$=44+37+42+46=$**169**(명)
• 동물원(44명): ◯ 4개, ● 4개
• 미술관(42명): ◯ 4개, ● 2개
• 과학관(46명): ◯ 4개, ● 6개

참 잘했어요

수학의 모든 응용 문제를 풀 정도로
실력이 성장한 것을 축하하며
이 상장을 드립니다.

이름 ____________________

날짜 ________ 년 ____ 월 ____ 일

수학 전문 교재

●연산 학습

빅터연산	예비초~6학년, 총 20권
창의융합 빅터연산	예비초~4학년, 총 16권

●개념 학습

개념클릭 해법수학	1~6학년, 학기용

●수준별 수학 전문서

해결의법칙(개념/유형/응용)	1~6학년, 학기용

●단원평가 대비

수학 단원평가	1~6학년, 학기용

●단기완성 학습

초등 수학전략	1~6학년, 학기용

●상위권 학습

최고수준 S 수학	1~6학년, 학기용
최고수준 수학	1~6학년, 학기용
최강 TOT 수학	1~6학년, 학년용

●경시대회 대비

해법 수학경시대회 기출문제	1~6학년, 학기용

예비 중등 교재

●해법 반편성 배치고사 예상문제	6학년
●해법 신입생 시리즈(수학/영어)	6학년

맞춤형 학교 시험대비 교재

●열공 전과목 단원평가	1~6학년, 학기용(1학기 2~6년)

한자 교재

●해법 NEW 한자능력검정시험 자격증 한번에 따기	6~3급, 총 8권
●씽씽 한자 자격시험	8~5급, 총 4권
●한자 전략	8~5급Ⅱ, 총 12권